彩图 1 夏播大蒜全秆

黑色地膜覆盖抑草

彩图 3 交流电供电式杀虫灯

彩图 4 太阳能供电式杀虫灯

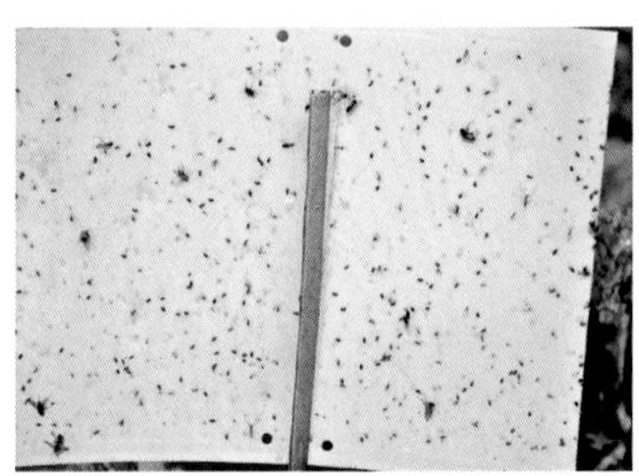

彩图 5 黄板 + 黄曲条跳甲诱芯诱捕黄曲条跳甲成虫

彩图 6 蓟马性信息素诱蓝板 + 性诱剂诱杀豇豆田蓟马

彩图 7 防虫网小拱棚覆盖

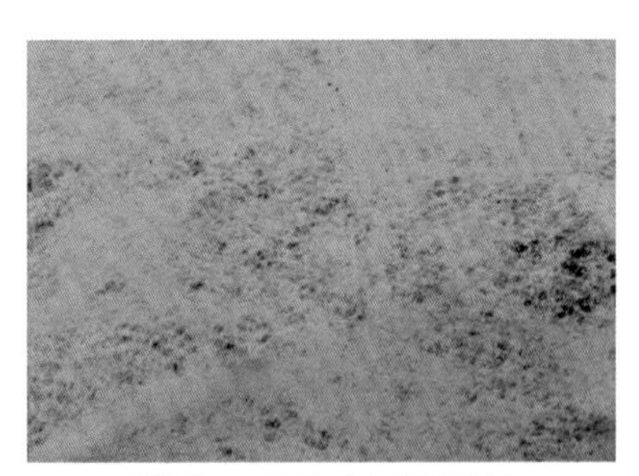

彩图 8 无纺布浮面覆盖

彩图 9　性诱剂水盆式诱杀斜纹夜蛾或甜菜夜蛾效果图

彩图 10　斜纹夜蛾诱捕器

彩图 11　蓟马为害黄瓜花朵

彩图 12　黄蓟马若虫为害荷兰豆荚

彩图 13　豇豆上甜菜夜蛾卵块

彩图 14　豇豆叶背甜菜夜蛾低龄幼虫群集

彩图 15　甜菜夜蛾高龄幼虫

彩图 16　甜菜夜蛾为害大葱

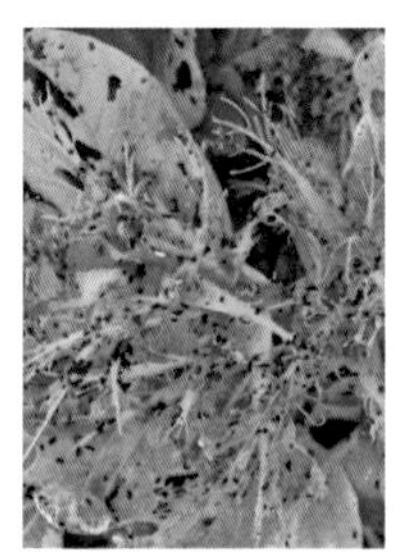

彩图 17 甜菜夜蛾为害菜心状

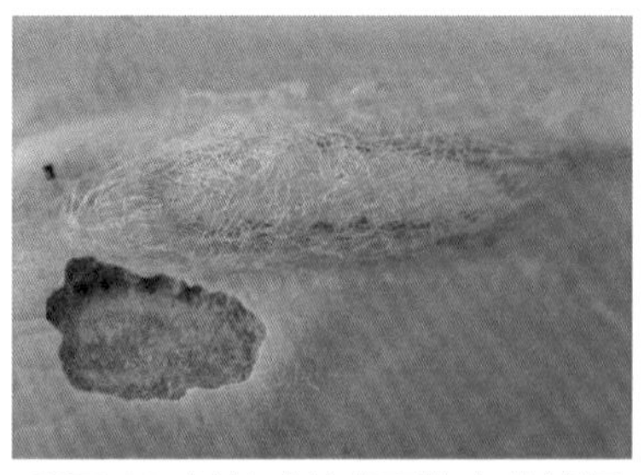

彩图 18 甘蓝叶片背面的小菜蛾蛹

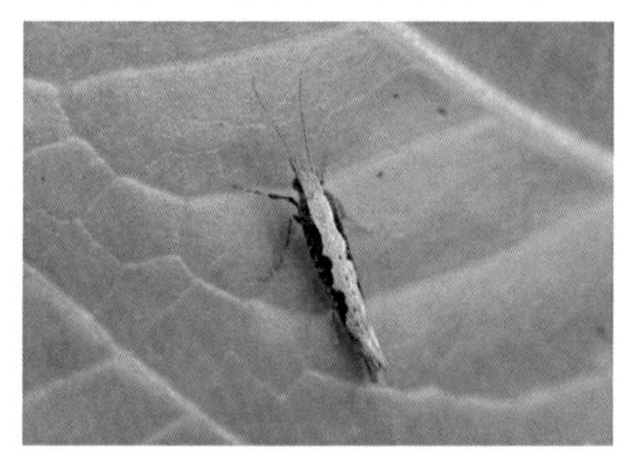

彩图 19 小白菜上的小菜蛾成虫

彩图 20 甘蓝叶片背面的小菜蛾幼虫在咬食

彩图 21 小菜蛾幼虫咬食萝卜叶片后正面呈开天窗状

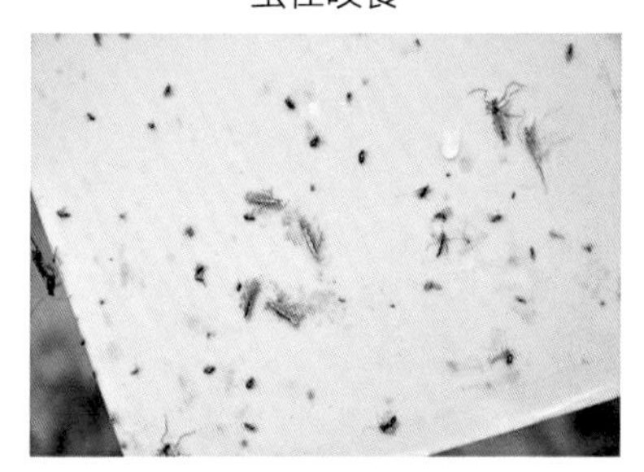

彩图 22 小菜蛾性信息素诱杀成虫

彩图 23 斜纹夜蛾幼虫为害大白菜

彩图 24 斜纹夜蛾幼虫为害辣椒叶片

彩图 25 斜纹夜蛾为害花椰菜

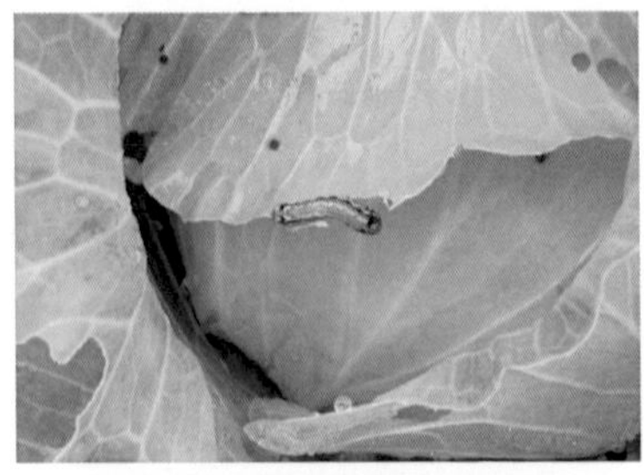

彩图 26 斜纹夜蛾为害甘蓝

彩图 27 斜纹夜蛾为害豇豆花

彩图 28 烟粉虱

彩图 29 辣椒叶片受烟粉虱为害后的煤污

彩图 30 烟粉虱成虫和伪蛹

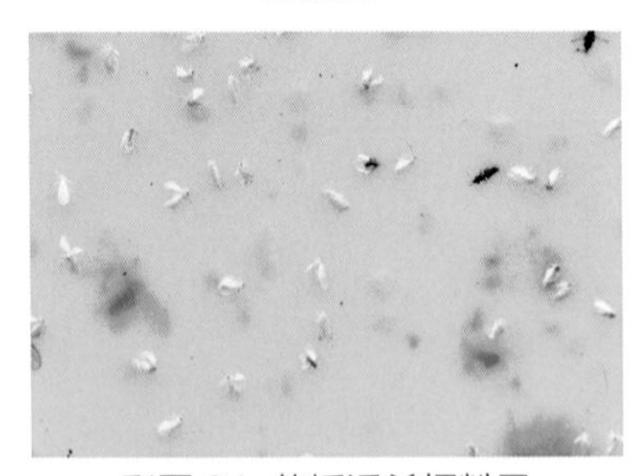

彩图 31 黄板诱杀烟粉虱

彩图 32 黄曲条跳甲成虫为害小白菜

彩图 33　黄曲条跳甲幼虫为害大白菜

彩图 34 黄曲条跳甲为害十字花科蔬菜（被害状）

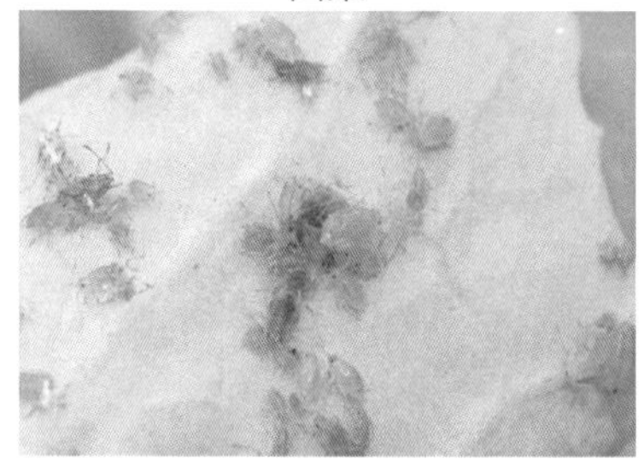

彩图 35 菜蚜为害小白菜

彩图 36 豆蚜为害豇豆

彩图 37 莴苣指管蚜为害莴笋

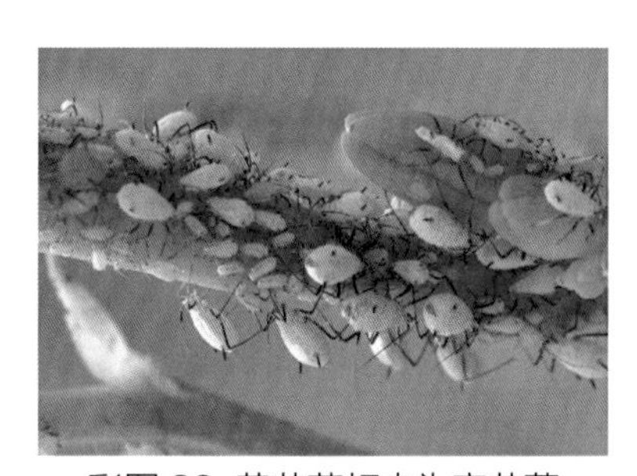

彩图 38 黄花菜蚜虫为害花蕾

彩图 39 桃蚜聚集在榨菜叶片背面

彩图 40 菜粉蝶成虫

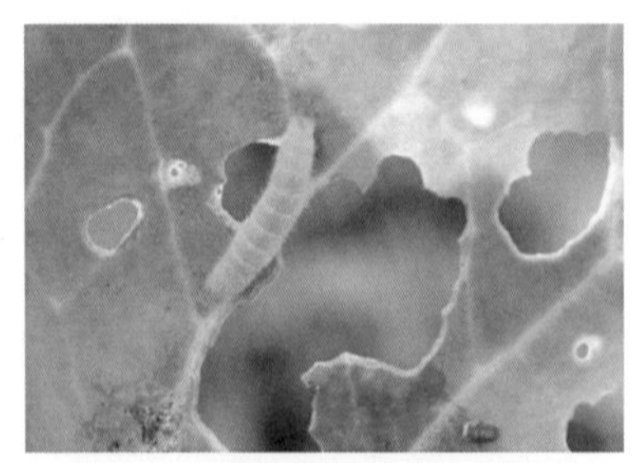

彩图 41 菜青虫为害花椰菜叶片

彩图 42 菜粉蝶蛹

彩图 43 瓜实蝇成虫在苦瓜果实上为害

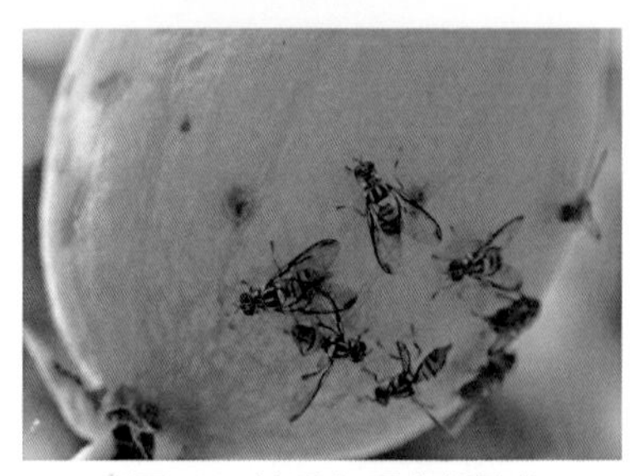

彩图 44 丝瓜上瓜实蝇聚集

彩图 45 瓜实蝇为害苦瓜造成的蛀孔

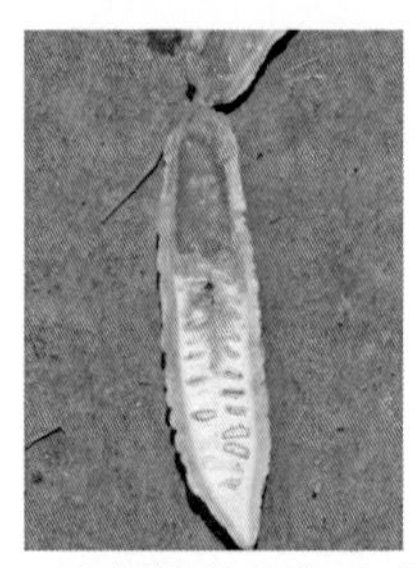

彩图 46 瓜实蝇幼虫为害苦瓜果实剖面图

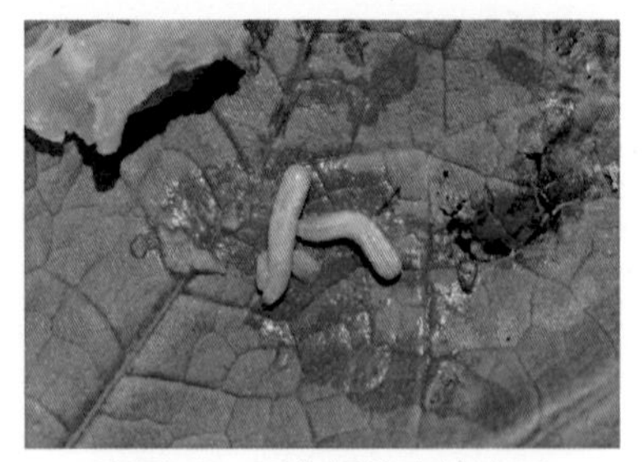

彩图 47 瓜实蝇幼虫放大图

彩图 48 "黏蝇纸"诱杀瓜实蝇成虫

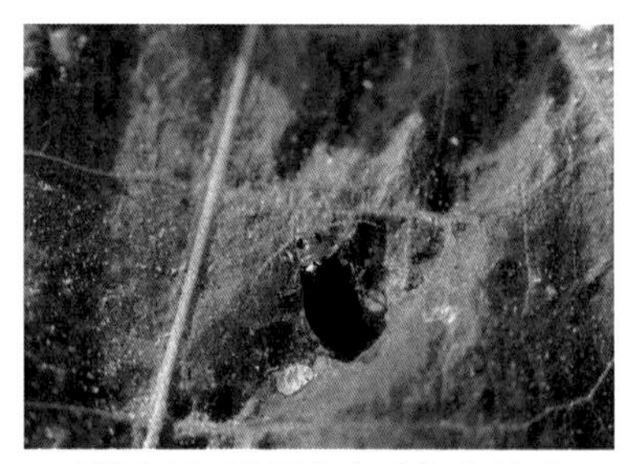

彩图 49 黑足黄守瓜为害丝瓜

彩图 50 黄足黄守瓜为害黄瓜

彩图 51 黄守瓜为害黄瓜叶后状

彩图 52 红蜘蛛为害茄子叶片

彩图 53 红蜘蛛为害莴笋叶片

彩图 54 茶黄螨为害辣椒叶片状

彩图 55 茶黄螨为害辣椒植株

彩图 56 茶黄螨为害茄子果实

彩图 57 茶黄螨为害茄子叶片背面

彩图 58 美洲斑潜蝇为害豌豆

彩图 59 美洲斑潜蝇为害豇豆叶片状

彩图 60 豆荚野螟成虫

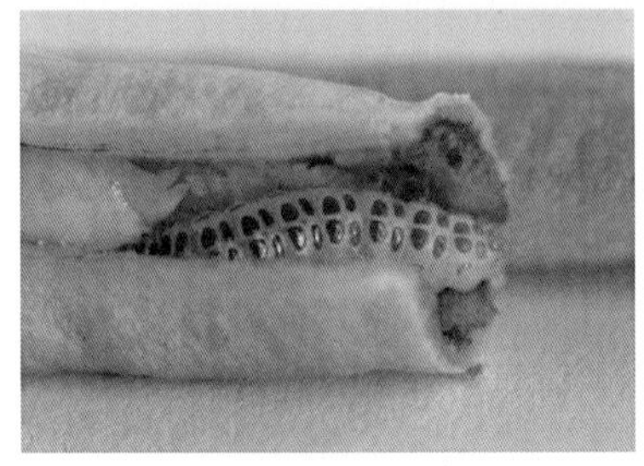
彩图 61 豇豆荚螟幼虫为害豆荚

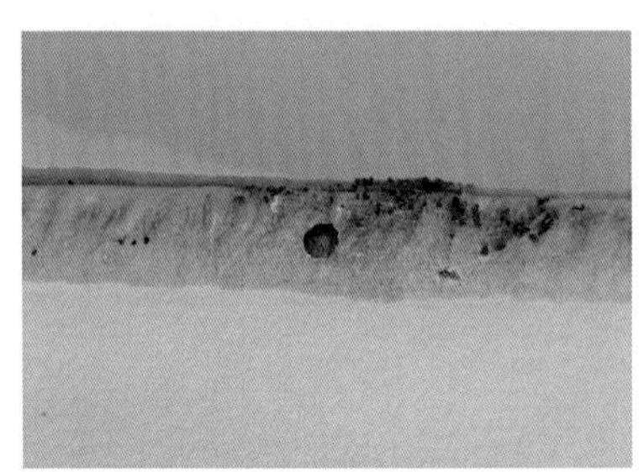
彩图 62 豆荚野螟为害豇豆蛀孔

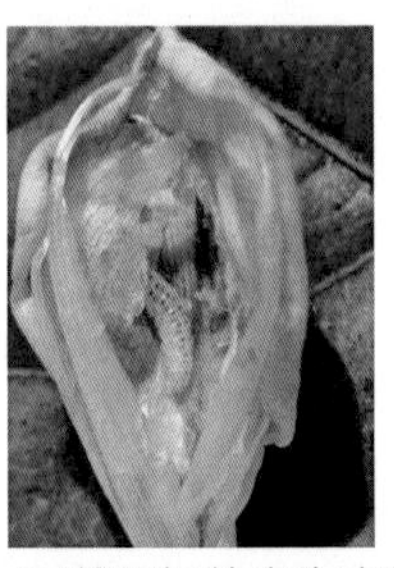
彩图63 豆荚野螟幼虫为害豇豆花，（背面）

彩图 64 瓜绢螟雌成虫

彩图 65 瓜绢螟蛹

彩图 66 瓜绢螟幼虫为害丝瓜叶片

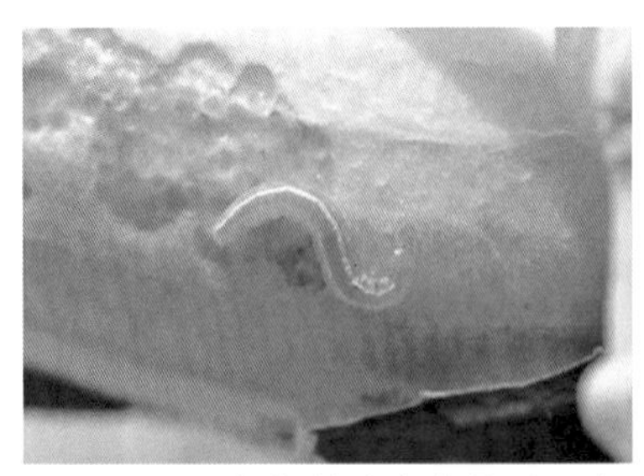
彩图 67 瓜绢螟幼虫为害丝瓜果实

彩图 68 瓜绢螟幼虫蛀食苦瓜的蛀孔，外有虫粪

彩图 69 瓜绢螟幼虫蛀食苦瓜

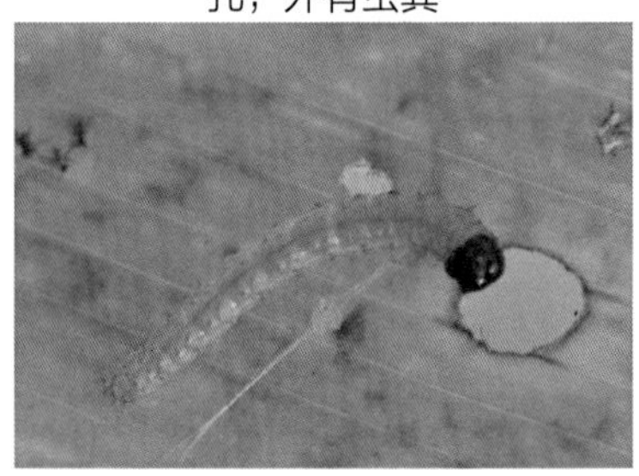
彩图 70 亚洲玉米螟幼虫为害玉米叶片

彩图 71 亚洲玉米螟蛀食玉米茎

彩图 72 玉米螟幼虫为害雄穗

彩图 73 玉米螟幼虫为害花丝

彩图 74 玉米挂生物导弹

彩图 75 菜螟为害大白菜苗

彩图 76 菜螟为害萝卜叶柄

彩图 77 菜螟幼虫放大图

彩图 78 棉铃虫成虫

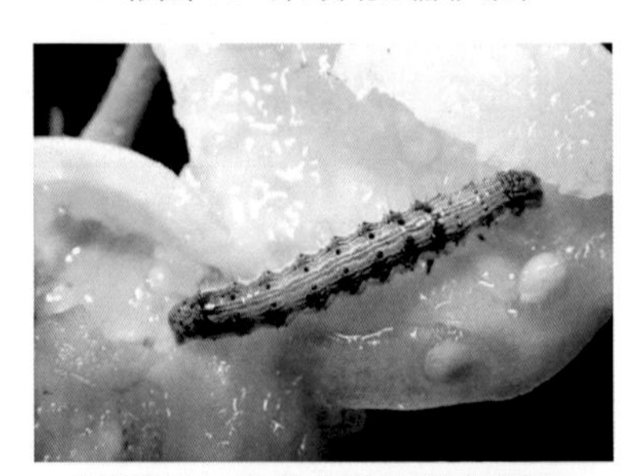
彩图 79 棉铃虫幼虫蛀食番茄

彩图 80 蛀入辣椒果内的棉铃虫幼虫

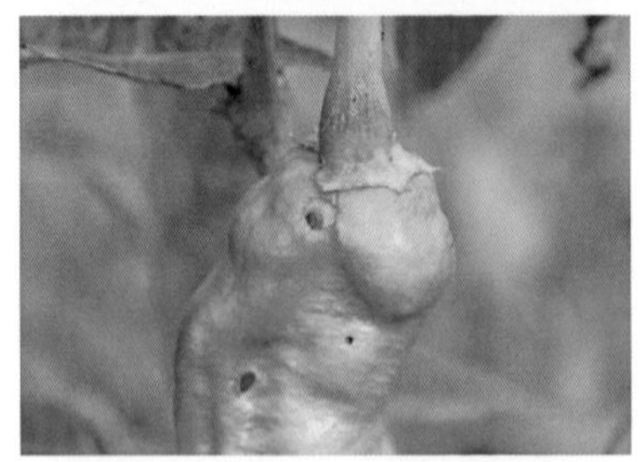
彩图 81 棉铃虫为害辣椒蛀孔

彩图 82　烟青虫蛀食辣椒易导致软腐病

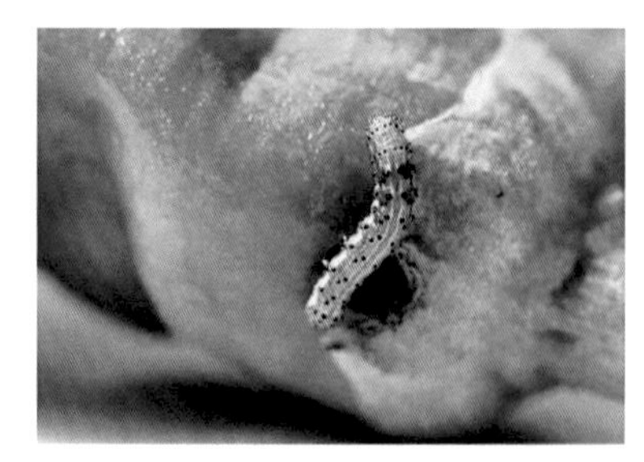

彩图 83　烟青虫幼虫为害青椒

彩图 84　地蛆为害丝瓜藤蔓基部

彩图 85　地蛆为害丝瓜藤状

彩图 86　蛴螬

彩图 87　蛴螬为害莴笋缺苗

彩图 88　小地老虎咬断花椰菜苗状

彩图 89　小地老虎为害辣椒茎秆后伤口愈合状

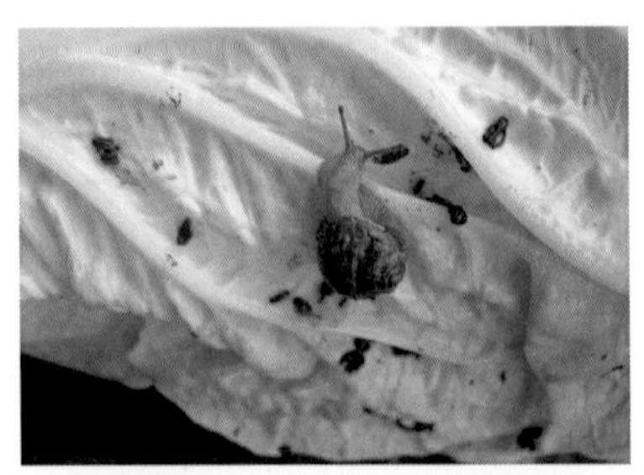

彩图 90 大白菜上的蜗牛

彩图 91 被蜗牛为害的大白菜

彩图 92 番茄果面上的蜗牛

彩图 93 蜗牛为害番茄造成的烂果

彩图 94 辣椒蛞蝓为害

彩图 95 番茄黄化曲叶病毒病

彩图 96 番茄黄化曲叶病毒病果

彩图 97 冬瓜枯萎病

彩图 98 黄瓜枯萎病株

彩图 99 瓠瓜枯萎病株

彩图 100 西瓜嫁接接穗

彩图 101 在瓠瓜砧木上插接西瓜接穗

彩图 102 西瓜嫁接苗成活后的生长状

彩图 103 马铃薯晚疫病叶正面

彩图 104 马铃薯晚疫病背面

彩图 105 脱毒种薯晚疫病发病少

彩图 106 榨菜病毒病

彩图 107 叶用芥菜病毒病

彩图 108 萝卜花叶病毒病株

彩图 109 白菜薹病毒病株

彩图 110 紫菜薹病毒病叶片严重皱缩，质硬而脆

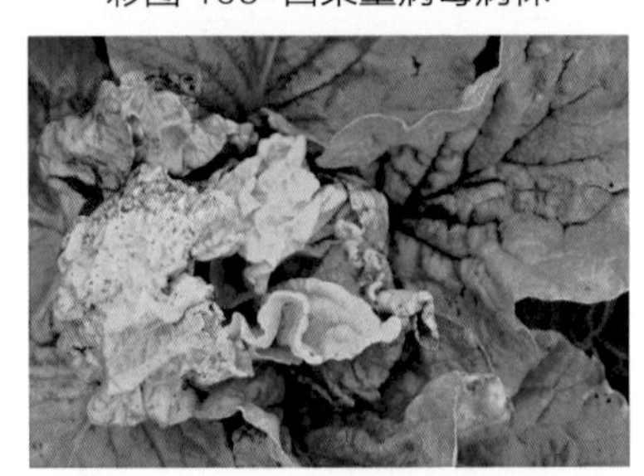
彩图 111 大白菜病毒病叶脉坏死

彩图 112 花椰菜病毒病呈斑驳或花叶老叶背面有黑色坏死环斑叶

彩图 113 蚕豆病毒病叶

彩图 114 番茄蕨叶病毒病

彩图 115 辣椒病毒病果

彩图 116 茄子病毒病病叶

彩图 117 丝瓜病毒病叶

彩图 118 西葫芦病毒病瓜

彩图 119 南瓜花叶病毒病叶

彩图 120 黄瓜病毒病株

彩图 121 瓠瓜病毒病果

彩图 122 辣椒灰霉病病叶

彩图 123 辣椒灰霉病为害果实和枝梗状

彩图 124 茄子灰霉病叶 V 字形病斑上有灰霉

彩图 125 豇豆灰霉病

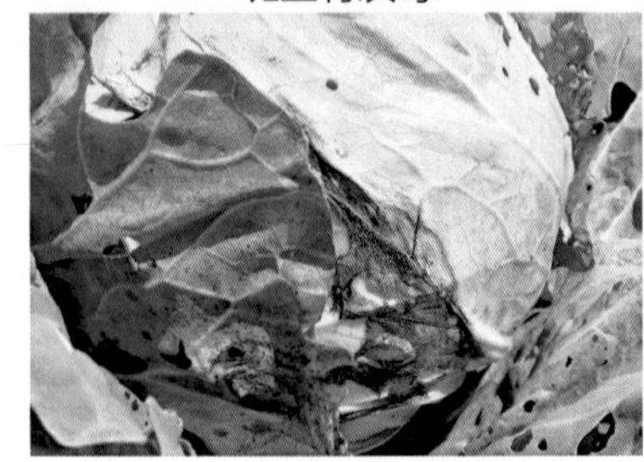

彩图 126 甘蓝灰霉病球茎

彩图 127 芹菜灰霉病

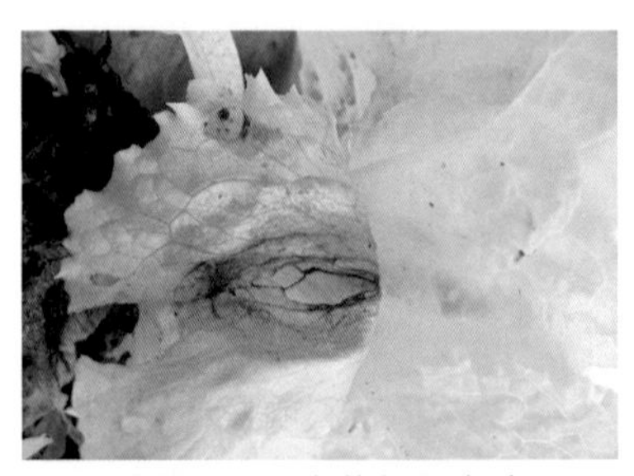

彩图 128 生菜灰霉病叶

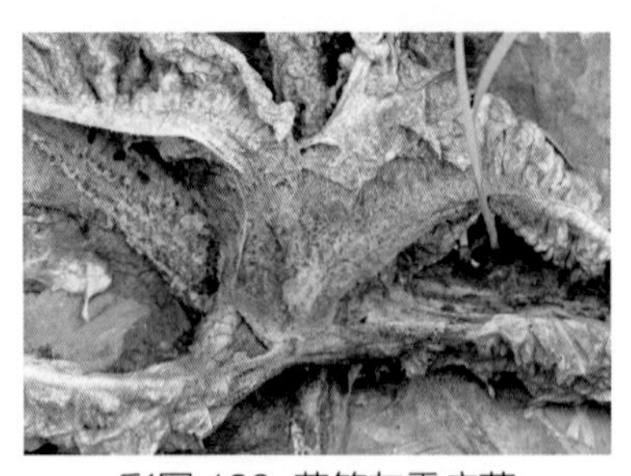

彩图 129 莴笋灰霉病茎

彩图 130 莴笋灰霉病发病初期症状

有机蔬菜

科学用药与施肥技术

王迪轩　主编

第二版

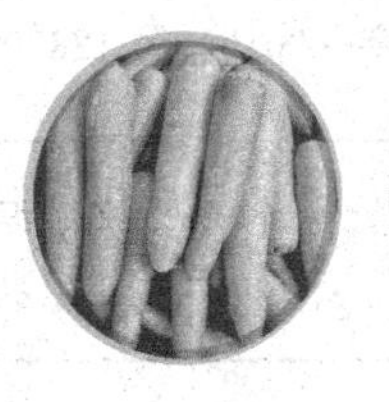

化学工业出版社

·北京·

本书详细介绍了有机蔬菜生产适用的植物源杀虫（杀菌）剂、微生物源杀虫（杀菌）剂、活体动物杀虫剂、海洋生物杀菌剂、矿物源杀菌剂及其他防病杀虫药剂和设施的主要特点、作用机理、应用技术及注意事项，有机蔬菜生产适用的有机肥料、生物有机肥、无机（矿质）肥料及其他肥料的性质、特点、制作方法、应用技术及注意事项。另外，还重点介绍了茄果类、瓜类、豆类、白菜类、直根类、绿叶菜类、葱蒜类、薯芋类、水生类九类蔬菜的病虫害综合防治技术以及主要病虫害的有机防控技术。

本书适合从事有机蔬菜生产的广大菜农、专业蔬菜基地、蔬菜合作化组织、阳台种植爱好者及家庭小菜园种植者阅读，也可供相关有机农业的生产、植保、土肥及农业院校等相关专业师生参考。

图书在版编目（CIP）数据

有机蔬菜科学用药与施肥技术/王迪轩主编. —2版.—北京：化学工业出版社，2015.8（2025.6重印）
ISBN 978-7-122-24281-5

Ⅰ.①有… Ⅱ.①王… Ⅲ.①蔬菜-农药施用-无污染技术②蔬菜-施肥-无污染技术 Ⅳ.①S436.3②S630.6

中国版本图书馆CIP数据核字（2015）第128704号

责任编辑：刘 军　　文字编辑：周 倜
责任校对：边 涛　　装帧设计：史利平

出版发行：化学工业出版社（北京市东城区青年湖南街13号 邮政编码100011）
印 装：北京盛通数码印刷有限公司
850mm×1168mm 1/32 印张9¾ 彩插8 字数254千字
2025年6月北京第2版第7次印刷

购书咨询：010-64518888　　售后服务：010-64518899
网 址：http://www.cip.com.cn
凡购买本书，如有缺损质量问题，本社销售中心负责调换。

定 价：38.00元

本书编写人员

主　　编　王迪轩

副 主 编　何永梅　王雅琴　李　荣

编写人员　（按姓名汉语拼音排序）

曹超群　何永梅　李　荣　刘高峰

谭　丽　谭卫建　王　灿　王迪轩

王雅琴　徐红辉　杨　琦　岳云杰

有机蔬菜是指在蔬菜生产过程中不使用化学合成的农药、肥料、除草剂和生长调节剂等物质，不使用基因工程生物及其产物，而是遵循自然规律和生态学原理，采取一系列可持续发展的农业技术，协调种植平衡，维持农业生态系统持续稳定，且经过有机认证机构鉴定认可，并颁发有机证书的蔬菜产品。

可见，种植有机蔬菜是一种人为规范并得到第三方公认的行为。自2005年国家发布有机产品标准GB/T 19630. 1～4—2005以来，蔬菜行业似乎看到了商机，各种“有机”蜂拥而上，良莠不一，蔬菜合作社（公司）挂有机的牌子多，市场上销售的产品也披着有机的面纱，似乎身价倍增。

编者根据蔬菜种植发展的需要，借助国内外有限的研究成果和几年的实践摸索，编写了《有机蔬菜科学用药与施肥技术》一书。自第一版出版以来，反响均较好，特别是许多阳台种菜或小家庭种菜的爱好者把本书作为防病治虫、施肥增产的重要参考资料。说明人们对有机蔬菜的意识已深入人心，对消费有机蔬菜有了需求，这是基于自身健康的需要。

但有读者反映个别内容过于详细，也有读者反映有一些错误。诚然，第一版用药施肥依据的是等同有机蔬菜的AA级绿色食品要求，按照国家标准《GB/T 19630. 1～4—2011有机食品》要求，确有不妥之处。

此次再版，一是精减了第一章基础知识部分，对其他章节过于详细的内容进行删改，多注重实用性；二是对错误之处进行修订，删除了一些在新的标准里不允许使用的药剂和肥料种类介绍；三是增加了几种蔬菜病虫草害综合防治技术和主要病虫害有机防控技术，补充了大量高清原色图片，进一步增强了实用性和操作性。

虽如此，由于编者水平有限，此次再版，也难免有疏漏和不妥之处，还请专家和广大读者批评指正。

编　者

2015年7月

近几年来，蔬菜种植成为热门，在农业种植业中是一项效益较高的产业，随着国家对新一轮菜篮子建设的加强及土地流转政策的出台，许多从事工业等其他非农的业主转向投资蔬菜种植，由于这部分人资金雄厚，因而起点较高，许多均定位于有机蔬菜种植。

有机蔬菜是指在种植过程中完全不施用人工合成的农药、化学肥料、除草剂、植物生长调节剂的蔬菜，是真正无污染、纯天然、高质量的健康蔬菜。因此，在栽培中不可避免地对病虫草害和施肥技术提出了不同于常规蔬菜的要求。

但有机蔬菜不等同于不能使用农药和肥料，有机蔬菜应按照有机蔬菜栽培技术操作规程进行生产，合理选用农药、肥料，并达到少用药或不用药，主要施用有机肥等提高蔬菜品质，从而保障食品安全，保护农村生态环境和维持农业可持续发展的需要。此外，一些适于有机蔬菜生产的农药和肥料也有其正确制作、合理使用技术要求，不能盲目加大用量和使用次数。

哪些农药（肥料）可在有机蔬菜生产上应用，哪些不能用？如何堆制有机肥？有机肥料是不是越多越好？除草有没有药剂可用？等等，在有机蔬菜生产用药施肥方面，常常遇到类似的问题。目前我国关于有机蔬菜的栽培起步时间不长，特别是用药施肥方面的指导用书不多。编者根据目前有机蔬菜生产上的需要，参照生产绿色食品的农药使用准则（NY/T 393—2000）和生产绿色食品的肥料使用准则（NY/T 394—2000）中有关AA级绿色食品（等同有机食品）的用药施肥要求，着重介绍了有机蔬菜生产上适用的几十种农药、肥料的特点、有关制作方法及其正确的使用技术。

本书在编写过程中，参考、借鉴了有关资料，得到了湖南省农业厅副厅长兰定国、蔬菜处成雄俊、罗伟玲的指导和大力支持，并蒙李新华先生主审，在此一并表示感谢。由于编者水平有限，不足之处在所难免，恳请专家和读者批评指正。

编　者

2011年2月

第一章 有机蔬菜适用药剂 1

第二章 有机蔬菜适用肥料

第三章 几种蔬菜病虫草害综合防治技术 205

第四章 主要病虫害有机防控技术 228

第一章

有机蔬菜适用药剂

第一节 植物源杀虫剂

一、印楝素

印楝素，属低毒杀虫剂。主要制剂有0.3%印楝素乳油。其复配剂有1%苦参·印楝乳油（托盾）等。它能够防治410余种害虫，杀虫比例高达90%左右。

(1) 杀虫机理　化学结构与昆虫内源的蜕皮激素相似，高剂量的印楝素可直接杀死昆虫，低剂量则使昆虫停止发育。主要作用于昆虫的内分泌系统，降低蜕皮激素的释放量，干扰正常的生命周期，从而影响昆虫的蜕皮以及变态的完成；也可直接破坏表皮结构或阻止表皮几丁质的形成，或干扰呼吸代谢，影响生殖系统发育等。即使在极低浓度下使用，也能阻止昆虫蜕皮、抑制昆虫成虫交配产卵。取食一定量的药剂后，害虫活动量及取食量均明显减少，随后死亡。

(2) 在蔬菜生产上的应用　主要用于防治美洲斑潜蝇幼虫、茶黄螨、蓟马、菜青虫、小菜蛾幼虫、甘蓝夜蛾幼虫、斜纹夜蛾幼虫、甜菜夜蛾幼虫、茶黄螨、蓟马等。

① 防治十字花科类害虫。防治菜青虫、小菜蛾、斜纹夜蛾、甘蓝夜蛾、菜螟、黄曲条跳甲等，于1～2龄幼虫盛发期时施药，用0.3%印楝素乳油800～1000倍液，或1%苦参·印楝乳油800～1000倍液喷雾。根据虫情约7天可再防治一次，也可使用其他药剂。0.3%印楝素乳油对小菜蛾药效与药量成正相关，可以高剂量

使用，每亩[1]用 150 毫升对水稀释 400～500 倍喷雾，由于小菜蛾多在夜间活动，白天活动较少，因此施药应在清晨或傍晚进行。

② 防治茄子、豆类害虫。防治白粉虱、棉铃虫、夜蛾、蚜虫、叶螨、豆荚螟、斑潜蝇，用 0.3%印楝素乳油 1000～1300 倍液喷雾。

(3) 注意事项　该药作用速度较慢，一般施药后 1 天显效，故要掌握施药适期，不要随意加大用药量；应在幼虫发生前期预防使用；不能用碱性水进行稀释，与非碱性叶面肥混合使用效果更佳；印楝素对光敏感，暴露在光下会逐渐失去活性，在低于 20℃下稳定，温度较高时会加速其降解，故以阴天或傍晚施药效果较好，避免中午时使用；在使用时，按喷液量加 0.03%的洗衣粉，可提高防治效果；一般作物安全间隔期为 3 天，每季作物最多使用 3 次。

二、除虫菊素

除虫菊素，是以多年生草本植物除虫菊的花为主要原料加工成的植物源杀虫剂。主要剂型：0.5%、1.5%可湿性粉剂，0.5%粉剂，3%、5%、6%乳油，3%、5%水乳剂，3%微胶囊悬浮剂。主要用于防治蚜虫、蓟马、飞虱、叶蝉和菜青虫、猿叶虫、蟢象等。低毒。

(1) 杀虫机理　与害虫体表接触后，能够快速渗透，直接作用于神经系统，快速击倒和杀死。但在击倒剂量下，害虫有可能通过自身的代谢酶降解除虫菊素，产生复苏现象。对人、畜安全，不污染环境，不易产生耐药性。

(2) 在蔬菜生产上的应用

① 喷粉。防治棉蚜、菜蚜、蓟马、飞属、叶蝉、菜青虫、猿叶虫等，每亩喷 0.5%粉剂 2～4 千克，在无风的晴天喷撒。

② 喷雾。可防治蚜虫、蓟马、猿叶虫、金花虫、蟢象、叶蝉

---

[1] 1 亩=667 米^2。

等多种蔬菜害虫。防治蚜虫、蓟马等，在发生初期用5%乳油2000～2500倍液，或3%乳油800～1200倍液，或3%微胶囊悬浮剂800～1500倍液，均匀喷雾；防治小菜蛾，在低龄幼虫期用5%乳油1000倍液喷雾；防治菜青虫、斜纹夜蛾、甜菜夜蛾、棉铃虫等鳞翅目幼虫，在低龄幼虫期用5%乳油1500～2000倍液喷雾。根据害虫发生情况，隔5～7天后再喷1次。

(3) 注意事项 不宜与石硫合剂、波尔多液等碱性药剂混用；除虫菊素对害虫击倒力强，但常有复苏现象，特别是药剂浓度低时，故应防止浓度太低而降低药效；低温时效果好，高温时效果差，夏季应避免在强光直射时使用，阴天或傍晚施用效果更好；除虫菊素无内吸作用，因此喷药要周到细致，一定要接触虫体才有效，因而多用于防治表皮柔嫩的害虫；除虫菊素对鱼、蛙、蛇等动物有毒麻作用，注意鱼池周围不能使用；使用除虫菊素要注意使用浓度、次数以及农药的轮用，以防害虫出现耐药性；应保存在阴凉、通风、干燥处；安全间隔期1天。

三、鱼藤酮

鱼藤酮为广谱性、植物源、中等毒性杀虫剂。主要制剂：2.5%、5%、7.5%乳油，4%高渗乳油。浅黄至棕黄色液体。豆科苦楝藤属植物，其叶、根、茎及果实有毒，有毒成分为鱼藤酮，广泛地存在于植物的根皮部。

(1) 杀虫机理 鱼藤酮在毒理学上是一种专属性很强的物质，早期的研究表明鱼藤酮的作用机制是抑制昆虫的呼吸作用，抑制谷氨酸脱氢酶的活性，和NADH脱氢酶与辅酶Q之间的某一成分发生作用，使害虫细胞线粒体呼吸链中电子传递链受到抑制，从而降低生物体内的能量载体ATP水平，最终使害虫得不到能量供应，然后行动迟滞、麻痹而缓慢死亡。此外，还能破坏中肠和脂肪体细胞，造成昆虫局部变黑，影响中肠多功能氧化酶的活性，使药剂不易被分解而有效地到达靶标器官，从而使昆虫中毒致死。

(2) 在蔬菜生产上的应用 主要用于防治蚜虫、猿叶虫、黄守瓜、二十八星瓢虫、黄曲条跳甲、菜青虫、螨类、介壳虫、胡萝卜微管蚜、柳二尾蚜、榈蓟马、黄蓟马、黄胸蓟马、色蓟马、印度裸蓟马。

① 防治瓜类、茄果及叶菜类蔬菜蚜虫、菜青虫、害螨、瓜实蝇、甘蓝夜蛾、斜纹夜蛾、蓟马、黄曲条跳甲、黄守瓜、二十八星瓢虫等害虫，对蚜虫有特效。应在发生为害初期，用2.5%鱼藤酮乳油400～500倍液或7.5%鱼藤酮乳油1500倍液，均匀喷雾一次。再交替使用其他相同作用的杀虫剂，对该药持久高效有利。

② 防治胡萝卜微管蚜、柳二尾蚜等，用2.5%鱼藤酮乳油600～800倍液喷雾。

③ 防治食用菌跳虫（烟灰虫）、木耳伪步行虫，可用4%鱼藤酮粉剂稀释500～800倍液喷雾。

（3）注意事项　鱼藤酮遇光、空气、水和碱性物质会加速降解，失去药效，故不可与碱性物质混用；避免高温与光照下贮存失效；要现用药现配，以免水溶液分解失效；应密闭存放在阴凉、干燥、通风处；在作物上残留时间短，对环境无污染，对天敌安全，但鱼类对本剂极为敏感，不宜在水生作物上使用，不要使鱼塘、河流遭到污染；一般作物安全间隔期为3天。

四、苦参碱

苦参碱属广谱性植物杀虫剂。主要制剂：0.2%、0.26%、0.3%、0.36%、0.38%、0.5%、2%苦参碱水剂，0.38%、1%苦参碱可溶性液剂，0.38%苦参碱乳油，0.38%、1.1%苦参碱粉剂。苦参碱是天然植物性农药，对人畜低毒，是广谱杀虫剂，具有触杀和胃毒作用，速效性稍差。对各种作物上的黏虫、菜青虫、蚜虫、红蜘蛛、棉铃虫有明显的防效，也可防治地下害虫。

(1) 杀虫机理　苦参碱是由中草药植物苦参的根、茎、果实经乙醇等有机溶剂提取制成的一种生物碱，一般为苦参总碱，其主要成分有苦参碱、槐果碱、氧化槐果碱、槐定碱等多种生物碱，以苦参碱、氧化苦参碱含量最高。害虫接触药剂后可使神经麻痹，蛋白质凝固，堵塞气孔，窒息而死亡，具有触杀和胃毒作用，24 小时对害虫击倒率达 95%以上。

（2）在蔬菜生产上的应用　苦参碱适用于许多种植物，对蚜虫、菜青虫、黏虫、其他鳞翅目害虫及红蜘蛛等害虫均有较好的防治效果。主要用于喷雾，防治地下害虫时也可用于土壤处理或灌根。

① 喷雾。防治菜青虫，在成虫产卵高峰后 7 天左右，幼虫处于 2～3 龄时施药防治，每亩用 0.3%苦参碱水剂 62～150 毫升，加水 40～50 千克，或 1%苦参碱醇溶液 60～110 毫升，加水 40～50 千克均匀喷雾，或用 3.2%苦参碱乳油 1000～2000 倍液喷雾。对低龄幼虫效果好，对 4～5 龄幼虫敏感性差。持续期 7 天左右。

防治小菜蛾，用 0.5%苦参碱水剂 600 倍液喷雾。

防治茄果类、叶菜类蚜虫、白粉虱、夜蛾类害虫，前期预防用 0.3%苦参碱水剂 600～800 倍液喷雾；害虫初发期用 0.3%苦参碱水剂 400～600 倍液喷雾，5～7 天喷洒一次；虫害发生盛期可适当增加药量，3～5 天喷洒一次，连续 2～3 次，喷药时应叶背、叶面均匀喷雾，尤其是叶背。

防治黄瓜霜霉病，每亩用 0.3%苦参碱乳油 120～160 毫升，对水 60～70 千克喷雾。

② 拌种。防治蛴螬、金针虫、韭蛆等地下害虫，每亩用 1.1%苦参碱粉剂 2～2.5 千克撒施、条施或拌种。拌种处理时，种子先用水湿润，每 1 千克蔬菜种子用 1.1%苦参碱粉剂 40 克拌匀，堆放 2～4 小时后播种。

③ 灌根。防治韭蛆、根际线虫等根茎类蔬菜地下害虫，可用 0.3%苦参碱水剂 400 倍液灌根或先开沟然后浇药覆土，或于韭蛆发生初盛期施药，每亩用 1.1%苦参碱粉剂 2～2.5 千克，对水 300～400 千克灌根；在迟眼蕈蚊成虫或葱地种蝇成虫发生末期，而田间未见被害株时，每亩用 1.1%复方苦参碱粉剂 4 千克，适量对水稀释后，在韭菜地畦口，随浇地水均匀滴入，防治韭蛆。

(3) 注意事项 严禁与强碱性或强酸性农药混用；本品速效性差，应搞好虫情预测预报，在害虫低龄期施药防治，用药时间应比常规化学农药提前2～3天；使用时应全面、均匀地喷施植物全株，为保证药效，尽量不要在阴天施药，降雨前不宜施用，喷药后不久降雨需再喷一次，最佳用药时间在上午10时前或下午4时后；建议用二次稀释法，使用前将液剂、水剂或乳油等剂型药剂用力摇匀，再对水稀释，稀释后勿保存，不能用热水稀释，所配药液应一次用完；不能用作作物专性杀菌剂使用；如作物用过化学农药，5天后才能施用此药，以防酸碱中和而影响药效；对皮肤有轻度刺激，施药后应立即用肥皂水冲洗皮肤；贮存在避光、阴凉、通风处；一般作物安全间隔期为2天，每季作物最多使用2次。

五、 氧化苦参碱

氧化苦参碱属低毒农药，主要剂型有0.1%水剂、0.5%氧苦补骨内酯水剂、0.6%氧苦补骨内酯水剂。

(1) 杀虫机理 是由苦豆子、苦参或山豆根等植物提取的生物碱，含多种生物碱，可用于防治菜青虫、黏虫、蚜虫及螨类等害虫，以触杀为主，兼有胃毒作用。作用机理同苦参碱。

(2) 使用方法 防治蚜虫。在蚜虫发生期施药，每亩用0.6%氧苦补骨内酯水剂60～100毫升，对水40～50千克，搅匀后，对叶背、叶面均匀喷雾。或0.1%氧化苦参碱水剂1000～1500倍液喷雾。

(3) 注意事项 制剂使用时随配随用，不宜与其他农药混配使用；稀释倍数不得低于300倍液，否则易出现药害；贮存在阴凉、避光、干燥、通风处。

六、 烟碱

烟碱是一种植物源、中等毒性杀虫剂。主要剂型：10%乳油、27.5%乳油，10%高渗乳油，2%水乳剂。复配剂有3.2%烟碱·楝素水剂，27%皂素·烟碱可溶剂，1.2%、0.6%烟·参碱乳油，27.5%、15%油酸·烟碱乳油，1.1%、6%烟·百·素乳油等。

(1) 杀虫机理 烟碱杀虫活性较高，抑制神经组织，使虫体窒息致死。主要起触杀作用，并有胃毒作用和熏蒸作用以及一定的杀卵作用，是人类使用历史最长的植物性农药之一。对植物组织有一定的渗透作用，无内吸作用。杀虫速效性较好，持效期短，基本无残留，对作物较安全。杀虫谱广，对防治鳞翅目、半翅目、缨翅目、双翅目等多种害虫有效。

(2) 在蔬菜生产上的应用 主要用于防治蚜虫、烟青虫、菜青虫等害虫。

① 喷雾。防治蚜虫、美洲斑潜蝇、蓟马、潜叶蝇、小菜蛾、食心虫、菜青虫、飞虱等，每亩每次可用10%烟碱乳油800～1200倍液，或2%烟碱水乳剂800～1200倍液，或27.5%油酸·烟碱乳油500～1000倍液，或27%皂素·烟碱可溶剂300倍液，或6%烟·百·素乳油1000～1500倍液等喷雾防治。

② 喷粉。防治椿象、飞虱、黄条跳甲、叶蝉、潜叶蝇等，每亩用烟草粉末3～4千克直接喷粉。或1千克烟草粉末拌细土4～5千克，在清晨露水较多时撒施。

③ 用烟草下脚料配制烟草水剂。防治菜青虫、小菜蛾、蓟马、菜蚜等，用烟叶、烟筋、烟茎等下脚料直接用清水浸泡，烟草下脚料和清水的质量比为烟草下脚料：水＝1：(6～8)，浸泡12～14小时，浸泡时揉搓烟草下脚料1次，换水4次，1千克烟草下脚料可揉出24～32千克液体，用纱布过滤后田间喷雾。

(3) 注意事项 该药以触杀为主，无内吸作用，喷药时务必均匀周到；除松脂合剂等强碱性农药外，烟碱制剂可与其他农药混用；药液应随配随用，不能久存；宜在早晨有露水时喷施；在稀释液或浸出液中加入适量的肥皂和石灰等碱液能够提高药效，但石灰水或肥皂液等均需在喷雾前加入，以防烟碱损失（其混配剂不宜与碱性物质混用），还可加入适量的湿润剂和增效剂茶皂素；自行配制烟草浸出液应注意防护，戴手套操作；对桑蚕敏感，不得使用于桑园；在茄子、辣椒、番茄和马铃薯等茄科植物上慎用；安全间隔期为7～10天。

七、马钱子碱

马钱子碱是植物马钱子成熟种子中提取的生物碱，纯品马钱子碱对哺乳动物有剧毒，但制剂为低毒。主要剂型有0.84%水剂。

(1) 产品特点　马钱子碱是一种极毒的白色结晶体生物碱，来自于马钱子和相关植物，用于毒杀啮齿类动物和其他害虫。对蚜虫、菜青虫有触杀和胃毒作用。

(2) 使用方法　主要用于防治十字花科蔬菜蚜虫、菜青虫，每亩每次用0.84%马钱子碱水剂50～80毫升，对水40～60千克，搅匀后均匀喷雾。用于防治鼠害时按产品使用说明书施药。

(3) 注意事项　不可在鱼塘、养殖场使用。贮存在避光、阴凉、干燥、通风处。

八、绿保李

绿保李是以中药杜仲为主要原料的复方制剂，是一种植物源杀虫剂，其主要成分为杜仲苷、杜仲胶、京尼平苷和植物油，此外，还含有钙、铁、镁、磷等元素。对害虫具有触杀和杀卵作用。

(1) 杀虫机理　通过喷洒或浸泡药剂浸入虫体后，迅速抑制害虫的神经及呼吸系统，同时有效分解虫体内蛋白质，导致害虫死亡。其杀虫机理完全不同于市场上其他化学农药，也不同于其他植物制剂如鱼藤酮、苦皮藤及各种生物碱如烟碱、藜芦碱等的作用机理。经本药剂处理过的害虫，已经无法恢复正常并从根本上丧失了活动和取食能力。

(2) 在蔬菜生产上的应用

① 防治刺吸类害虫。防治红蜘蛛和蓟马，加水稀释400倍喷雾；防治蚜虫和美洲斑潜蝇，用200～400倍液喷雾。杀红蜘蛛和蚜虫卵，稀释倍数400倍。

② 防治蚊、蝇幼虫。加水稀释150倍喷雾。

③ 防治鳞翅目幼虫。加水稀释150倍喷雾，也可杀卵。

(3) 药剂的配制　因本药剂黏度高，配制药液时，先打开瓶盖将本药在瓶内搅匀，然后盖紧盖倒过来摇匀，这样才能全部倒出，单凭摇晃，晃不均，摇晃不均匀会大大降低杀虫效果。使用时，应采用二次稀释，第一次稀释，按倒出来药液数量加水5～20倍摇晃均匀，第二次稀释，把第一次稀释液倒入喷药桶内，按所需比例摇晃均匀后方可喷洒或浸泡。稀释后2小时内喷洒完毕。

(4) 注意事项　本品属触杀剂，杀虫时必须喷到害虫身上，如蚜虫在植物嫩叶、嫩枝上为害，要针对性地喷洒到生虫部位，无虫部位不喷或少喷药液，以集中药液避免浪费，喷洒药液量应充足；在田间使用最好在清晨或傍晚无风、相对湿度较大时喷洒为宜，在田间空气干燥、风速过大或日照强烈的气候条件下使用会降低药性；不能与其他农药及其他产品混合使用，被农药污染很重的植物，先用清水喷洗植物，叶面水干后立刻喷洒高浓度本药，可以杀灭害虫，用过其他药品的药具须清洗干净后方可使用本药；本剂因有抑菌作用，禁止在食用菌类植物上使用；在果蔬防腐保鲜时，应掌握好药剂浓度和浸泡时间，喷洒时要均匀。

九、藜芦碱

藜芦碱是从某些百合植物中提取的植物源、低毒杀虫剂，是多种生物碱的混合剂。主要制剂：0.5%藜芦碱醇溶液，0.5%可溶性液剂，1.8%水剂和5%、20%粉剂。制剂为草绿色或棕色透明液体。对昆虫具触杀和胃毒作用。

(1) 杀虫机理　药剂经虫体表皮或吸食进入消化系统后，造成局部刺激，引起反射性虫体兴奋，先抑制虫体感觉神经末梢，后抑制中枢神经而致害虫死亡。对人、畜毒性低，残留低，不污染环境，药效可持续10天以上，比鱼藤酮和除虫菊素的持效期长。

(2) 在蔬菜生产上的应用　主要用于防治十字花科蔬菜蚜虫、菜青虫、小菜蛾、甜菜夜蛾、棉铃虫、烟青虫、小绿叶蝉等害虫。防治蚜虫，在不同蔬菜的蚜虫发生为害初期，用0.5%藜芦碱醇溶液400～600倍液喷雾1次，持效期可达2周以上；防治菜青虫，当甘蓝处在莲座期或菜青虫处于低龄幼虫阶段为施药适期，可用

0.5%藜芦碱醇溶液500～800倍液均匀喷雾1次，持效期可达2周；防治棉铃虫，在棉铃虫卵孵化盛期施药，用0.5%藜芦碱可溶性液剂800～1000倍液喷雾；防治卷叶蛾，用0.5%藜芦碱醇溶液500～800倍液喷雾。

（3）注意事项　在害虫幼虫期施用，防治效果最好，如棉铃虫在1～3龄幼虫期使用死亡率较高，而4龄以上时使用则防效较差，因此要在棉铃虫低龄阶段使用；不可与强酸、碱性制剂混用；藜芦碱宜单独喷用，并在使用前充分摇匀，否则会降低药效；易光解，应贮存于阴凉干燥处。

十、茴蒿素

茴蒿素属广谱、植物性低毒杀虫剂，既杀虫又灭卵，并能促进植物生长，对人畜毒性极低，无慢性毒性等问题，产品中不含致癌物质，对环境安全。主要制剂：0.65%水剂，与百部碱复配剂有0.88%双素·碱水剂。深褐色液体。

（1）产品特点　茴蒿素是以天然植物茴蒿、除虫菊为原料和中草药等为辅料，再添加增效剂和稳定剂制成的水剂，主要成分为山道年及百部碱，对害虫具有胃毒、触杀作用，兼具杀卵活性。适用于防治菜青虫、蚜虫、侧多食跗线螨、朱砂叶螨、韭蛆、桃小食心虫、造桥虫等蔬菜害虫。

（2）在蔬菜生产上的应用　防治蚜虫，应在蚜虫盛发之前，用0.65%茴蒿素水剂300～400倍液，或0.88%双素·碱水剂300～400倍液喷雾；防治菜青虫、小菜蛾，应掌握在幼虫3龄发生之前，用0.65%茴蒿素水剂250～400倍液，或0.88%双素·碱水剂300～400倍液喷雾；防治朱砂叶螨、韭蛆、茶黄螨、桃小食心虫，用0.65%茴蒿素水剂500倍液喷雾。

（3）注意事项　不可与酸性或碱性农药混合使用；药液加水后当天使用完，以免影响药效，使用前需将药液摇匀后方可加水稀释；茴蒿素遇热、光、碱容易分解，应贮存于避光、干燥与通风良好之处。

十一、川楝素

川楝素主要制剂：0.3%、0.5%乳油，棕红色透明液体。复配剂有1.1%、6%烟·百·素乳油（绿浪）。川楝素是一种从楝科和苦楝的树枝皮和种核中分离而来的植物源杀虫剂，具有胃毒、触杀和一定的拒食作用。低毒，具有杀虫活性高、作用方式多样、防治谱广、作用机理独特等优点。川楝素在土壤中属于移动性弱、低残留、易降解的农药，不会造成对周围环境的污染。在水体中的降解半衰期不超过30天，也不会给水体带来污染。

（1）杀虫机理　害虫取食和接触川楝素后，可阻断神经中枢传导，破坏中肠组织与各种解毒酶系及呼吸代谢作用，影响消化吸收，丧失对食物味觉功能，以拒食导致害虫生长发育不正常而死亡，也可在蜕皮时形成畸形虫体并昏迷致死。川楝素对鳞翅目、鞘翅目、同翅目等多种害虫具有很高的生物活性，但对刺吸式口器害虫无效。

（2）在蔬菜生产上的应用

① 防治菜青虫、食心虫、甘蓝夜蛾、甜菜夜蛾、斜纹夜蛾、小菜蛾、菜螟等鳞翅目害虫。成虫产卵高峰后7天左右或幼虫2～3龄期为施药适期，用0.5%川楝素乳油800～1000倍液，或每亩1.1%烟·百·素乳油85～110毫升对水稀释后，均匀喷雾1次。

② 防治蚜虫。在蚜虫初发期，每亩用0.5%川楝素乳油40～60克，对水40～60升喷雾，或用1.1%川楝素乳油600～800倍液喷雾，注意喷洒叶片背面和心叶。

③ 防治叶螨。在叶螨发生初期，用0.5%川楝素乳油500～800倍液喷雾。

④ 防治菜豆上的白粉虱。用1.1%烟·百·素乳油800～1000倍液喷雾。

⑤ 防治菜豆上的斑潜蝇。每亩用1.1%烟·百·素乳油85～110毫升，对水稀释后喷雾。

（3）注意事项　川楝素不宜与碱性物质混用，可在喷药时加入液量 0.03%的洗衣粉，以便增效；该药作用较慢，一般药后 24 小时表现出杀虫作用，3 天后达到害虫死亡高峰期，持效期 7～10 天，使用时不可因生效迟缓而随意加大药量；施药时要求喷雾均匀周到，对移动性弱的害虫，要求叶片正反面都喷上药；应与其他相同作用的杀虫剂交替用药，可保持高药效并延缓抗性产生。

十二、苦皮藤素

苦皮藤素主要剂型：90%可湿性粉剂，0.2%、1%、20%乳油，0.15%苦皮藤素微乳剂。是一种具有胃毒作用的植物源杀虫剂，对害虫具有较强胃毒、拒食、驱避和触杀作用，无熏蒸作用，主要用于防治部分鳞翅目、直翅目及鞘翅目害虫。

（1）杀虫机理　苦皮藤素原药是从卫矛科野生灌木苦皮藤根皮和种子中提取的。其有效杀虫成分不是单个物质，而是一系列具有二氢沉香呋喃多元酯结构的化合物共同起作用，其中活性最高的是毒杀成分苦皮藤素Ⅳ和麻醉成分苦皮藤素Ⅴ。苦皮藤素Ⅴ主要作用于昆虫的消化系统，可能和中肠细胞质膜上的特异型受体相结合，从而破坏了膜的结构，造成肠穿孔，昆虫大量失水而死亡。苦皮藤素Ⅳ既作用于神经与肌肉接点也作用于肌细胞。对昆虫飞行肌和体壁肌有强烈毒性，明显破坏肌细胞的质膜和内膜系统（如线粒体膜、肌质网膜和核膜）以及肌原纤丝。质膜的断裂和消解影响动作电位的产生与传导；线粒体结构的破坏导致肌肉收缩缺乏能量供应；肌质网的破坏直接影响钙离子释放与回收；肌原纤维的破坏导致肌肉不能正常收缩。苦皮藤素Ⅳ损伤肌细胞结构并最终麻痹昆虫，主要表现为虫体软瘫麻痹，对外界刺激无反应。该药作用机理独特，不易产生耐药性。

（2）在蔬菜生产上的应用　主要用于防治甘蓝、花椰菜、白菜等蔬菜上的菜青虫；瓜类作物上的黄守瓜。防治鳞翅目幼虫应在 3 龄前施药，将 90%苦皮藤素可湿性粉剂稀释 150 倍，或 20%苦皮藤素提取物乳油稀释 500～600 倍，或每亩用 1%苦皮藤素乳油 50～70毫升，对水 60～75 升稀释，均匀喷雾，防治效果可达 80%

以上。防治金龟子成虫，可于为害期用0.2%苦皮藤素乳油稀释2000倍喷雾。防治马铃薯叶甲和二十八星瓢虫，可用0.2%苦皮藤素乳油稀释500～1000倍液均匀喷雾，但1000倍液对叶甲幼虫防效较差，需用较低的稀释倍数如500倍防治幼虫。

(3) 注意事项　田间喷雾要均匀；不宜与碱性农药混用；苦皮藤素对大龄幼虫也具有很好防效，但为了保证防效，尽量在害虫发生初期，虫龄较小时用药；该药作用较慢，一般24小时后生效，不要随意加大药量；应贮存在阴凉、通风、干燥处。

十三、闹羊花素Ⅲ

闹羊花素Ⅲ属植物性低毒杀虫剂，主要制剂为0.1%乳油。闹羊花素是从黄杜鹃（闹羊花）花中提取的植物活性物质，为四环二萜类化合物。对害虫具触杀和胃毒作用，兼有抑制生长发育、拒食、杀卵等作用。闹羊花素杀虫谱达40多种。

(1) 杀虫机理　主要有两方面：一是作用于神经系统，影响神经细胞腺苷三磷酸（ATP）酶活性，阻断神经传导，影响离子通道开放；二是破坏中肠生物膜系统，影响消化道酶系和解毒酶系活性。

(2) 在蔬菜生产上的应用　对菜青虫有良好的防治效果，还可用于防治斜纹夜蛾、黏虫、小菜蛾、叶蝉等害虫，用0.1%闹羊花素Ⅲ乳油800～1000倍液喷雾，持效期14天。防治玉米螟，用0.1%闹羊花素Ⅲ乳油对水稀释800～1200倍液喷雾，可杀卵和初孵幼虫。防治地下害虫，可将花晒干，磨成细粉，每千克细粉加水300千克，浇在作物根部。

(3) 注意事项 对人、畜毒性大，应防止误食；药液配好后，立即使用，否则易失效；避免污染水源。

十四、瑞香狼毒素

瑞香狼毒素为植物源低毒杀虫剂。主要剂型：0.3%、1.6%水乳剂，5%乳油。具有防虫谱广、防虫效率高、持效期限长等特点。对菜青虫、棉铃虫、小菜蛾、玉米螟幼虫和桃蚜等害虫有较好的防效。

（1）杀虫机理　有效成分是从植物瑞香狼毒素根、茎中提取的，有较好的触杀活性和一定的胃毒活性，药液通过体表吸收进入害虫神经系统和体细胞，渗入细胞核，破坏新陈代谢，能使昆虫能量传递失调紊乱，导致害虫肌肉非功能性收缩，直至死亡。

（2）在蔬菜生产上的应用

① 防治十字花科蔬菜害虫。防治菜青虫、小菜蛾，每亩用1.6%瑞香狼毒素水乳剂 60～80 毫升，对水 50 千克喷雾，或0.3%瑞香狼毒素水剂 1500 倍液喷雾防治。

② 防治蚜虫。防治烟蚜、棉蚜，用 1.6%瑞香狼毒素水乳剂1000～1500 倍液喷雾。

③ 防治玉米螟。用 1.6%瑞香狼毒素水乳剂 1000～1500 倍液喷雾。

（4）注意事项　不能与碱性农药混用，不作土壤处理剂使用；施药温度不能小于 10℃，雨前不宜喷施，开瓶后一次用完；避免污染水源；药液出现少量结晶不影响药效；施药结束后应立即洗手脸等裸露部位；贮藏在阴凉、干燥、避光处。

十五、血根碱

血根碱属植物源低毒杀虫剂。主要剂型：1%可湿性粉剂。血根碱为野生植物博落回中提取的博落回生物总碱中的有效成分，属苯丙菲啶衍生物。12%母药外观为棕色粉末状结晶。

（1）杀虫机理　具有胃毒、触杀、麻痹神经等作用，可用于杀虫，兼具有抗菌和杀螨活性，药效发挥较慢，持效期 7 天左右。

（2）在蔬菜生产上的应用

① 十字花科蔬菜害虫。防治菜青虫，每亩用 1%血根碱可湿性粉剂 30～50 克，对水 40～50 千克喷雾。

② 菜豆害虫。防治蚜虫，每亩用 1%血根碱可湿性粉剂 30～50 克，对水 40～50 千克喷雾。

（3）注意事项　为达到最佳防治效果，在害虫初发期施药；贮藏于密封、避光、低温环境中；注意轮换用药。

十六、蛇床子素

蛇床子素主要制剂：0.4%乳油、1%水乳剂。蛇床子素是从伞形科植物蛇床中提取的，具有杀虫和杀菌活性成分的一种纯植物源低毒杀虫、杀菌剂。对害虫以触杀作用为主，胃毒作用为辅。不但对多种鳞翅目害虫（菜青虫、棉铃虫、甜菜夜蛾及各蚜类等多种害虫）、同翅目害虫（蚜虫）有良好的防治效果，而且可防治各种蔬菜白粉病、霜霉病等病害。蛇床子素母液外观为绿色至深墨绿色黏稠液体，在酸性至弱碱性溶液中稳定。可在母液中加入乳化剂、湿润剂、分散剂等各种农药助剂加工成各种剂型的杀虫、杀菌剂产品，如乳油、微乳剂、可湿性粉剂等。

（1）杀虫机理　药剂通过体表渗透进入虫体内，快速作用于害虫的神经系统，导致昆虫肌肉非功能性收缩，使害虫迅速停止对作物的危害，害虫最终衰竭而死。但对高等动物低毒。具有高活性、高效性、微毒性、无残留等特点。

（2）在蔬菜生产上的应用　防治菜青虫，每亩用0.4%蛇床子素乳油80～120毫升，对水50～75升均匀喷雾，持效期7天左右；防治蚜虫，用1%蛇床子素水乳剂400倍液喷雾；防治黄瓜、南瓜、草莓白粉病，用1%蛇床子素水乳剂400～500倍液喷雾。

（3）注意事项　在卵孵盛期施药，晴天傍晚和阴天施用效果好；对蚕高毒，桑园禁用；苗期与豆类作物禁用；禁止与碱性物质和铜制剂混用。

十七、百部碱

百部碱是由多年生草本植物对叶百部的块根中提取的生物总碱。百部碱经加工配制成植物源杀虫剂，制剂中的活性成分为对叶百部碱、异对叶百部碱、次对叶百部碱、氧化对叶百部碱、斯替明碱、斯替宁碱等生物碱。制剂属低毒农药。主要剂型有0.88%百部碱水剂、0.01%消蚊灵水剂。

（1）杀虫机理　百部碱中含多种生物碱，对害虫具有触杀和胃毒作用，也有杀卵作用。能防治棉蚜、红蜘蛛、螟虫等害虫。

（2）使用方法　适用于防治蔬菜作物上的蚜虫、青虫、红蜘蛛等。用于防治白菜蚜虫，每亩用0.88%百部碱水剂100～150毫升对水稀释成300～400倍液，均匀喷雾，每7天喷施一次，根据虫情，一般连喷2～3次。

（3）注意事项　不宜与其他农药混配使用；对水后的药液应当天用完，不能存放；药剂贮存在阴凉、干燥处，防止曝晒。

十八、烟·百·素

烟·百·素属植物源农药烟碱、百部碱、楝素3种成分混配杀虫剂，低毒。商品名：绿浪、绿浪2号。主要剂型：1.1%、6%乳油。

（1）产品特点　药剂在作物上消失极快，半衰期不足1天，无残留，不污染环境。具有很强的触杀和胃毒作用。杀虫谱广，可防治鳞翅目、双翅目、同翅目、半翅目的多种害虫。对小菜蛾有特效，对抗性害虫也有较好的杀灭作用。施药后24～48小时害虫达到死亡高峰。

（2）在蔬菜生产上的应用　适用于防治小菜蛾、菜青虫、斑潜蝇、蚜虫、红蜘蛛、白粉虱、介壳虫等。尤其是防治抗性小菜蛾，防效可达100%，且无交互抗性出现，是替代菊酯类和有机磷类化学农药的新型农药。使用浓度为1000～1500倍液，喷雾，持效期为7～10天，施药最好在下午5时后进行，并视虫情，连喷2～3次。防治豇豆红蜘蛛，在盛发期用1.1%烟·百·素乳油稀释500倍喷雾防治。

（3）注意事项　不能与碱性农药混用，稀释农药的水要尽可能选用中性水，水温宜在30℃以下；施药应在害虫发生初期，虫龄较低时进行，防治效果更好；施药后2小时内遇大雨需补施。喷药时间：春秋季节，在上午10时前下午4时后，夏季上午8时前下午6时后，阴天全天均可喷药。使用喷雾器喷药时力求所喷药液呈雾状，多喷叶片背面，使害虫充分接触药液，以达到理想的防治效果。

十九、皂素·烟碱

皂素·烟碱的有效成分为茶皂素和烟碱，经过混配而制成的植物源、广谱、低毒、杀虫、杀螨剂。主要剂型：27%皂素·烟碱可溶性粉剂和27%茶皂素·烟碱可溶性液剂、30%茶皂素·烟碱水剂。

（1）产品特点　茶皂素是从山茶科油茶种子中提取的一种糖苷化合物。以触杀作用为主，具有一定杀卵作用，但无内吸作用。制剂为棕褐色液体，耐雨水冲刷，在阴雨、潮湿条件下施用，防治效果更好。低毒，对人畜和环境安全，在作物上无残留。

（2）在蔬菜生产上的应用　可用于防治多种作物上的蚜虫、螨类、蚧类害虫，如蔬菜蚜虫和介壳虫等，用27%皂素·烟碱可溶性粉剂稀释300倍液，在害虫发生初期喷雾。根据害虫发生程度，隔5～7天喷1次，连喷2～3次。30%茶皂素·烟碱水剂防治蔬菜上的菜青虫和蚜虫，每亩用量为7.5～10克，对水均匀喷雾。

（3）注意事项　不宜与碱性农药混用；喷药时要注意做到均匀、周到，使虫体充分着药；药剂贮存在阴凉、通风处，避免高温和曝晒；安全间隔期为7～10天。

二十、茶枯

茶枯，也叫茶麸、茶籽饼，是油茶果实即油茶籽经榨油后的余渣饼，茶枯中的氮、磷、钾含量分别为1.99%、0.54%、2.33%，也可作有机肥使用。

（1）产品特点　有效成分是皂角苷素，也是一种植物源农药。茶枯水浸出液呈碱性，具良好的湿润展布性。茶枯饼和茶枯液对害虫有很好的胃毒和触杀作用，可防治蜗牛、小象甲和地下害虫等害虫。茶枯无污染、无残毒、耐贮耐用，药效长久。

（2）在蔬菜生产上的应用

① 防治蔬菜地下害虫。将茶枯与肥料混合作基肥兼治地下害虫，如防治小象甲、蛴螬、蝼蛄等，每亩用茶枯15～20千克，磨粉，加水沤浸7天，每亩加草木灰50千克拌和，在蔬菜播种或定

植前做基肥施用，防治地下害虫效果良好。

② 防治菜地蜗牛和蛞蝓。将茶枯饼（块）捣碎，用双层纱布包好，按 1∶4 的茶枯和水的比例加入温水，浸泡 0.5 小时，并揉搓制得茶枯原汁液。在蔬菜地当蜗牛和蛞蝓爬附叶片为害后，用原液对水稀释 500～1000 倍，选晴天和阴天下午喷雾。在蜗牛和蛞蝓发生季节只施药 2 次即可收到满意效果。

③ 可作农药辅助增效剂。茶枯也是较好的润湿剂。由于润湿剂的作用，可使药物分散度增大，制剂稳定性增加，还有利于药物的释放、吸收和增强药效。将茶枯浸出液加入农药中，能增强农药在作物及害虫虫体上的附着力，从而提高防治效果。方法是：每 50 千克药液中加 250～300 克茶枯的浸出滤液，充分混匀后喷施。茶枯浸出液一般不宜与酸性农药混用。但在速效、内吸性的农药中加入这类物质，由于改善了农药的理化性状，还能提高药杀效果。注意必须现混现用，不宜久置。

此外，用茶枯浸出液喷洒植株，对蚜虫和红蜘蛛的防治效果很好。蚯蚓在蔬菜育苗时对种子出苗不利，可用茶枯水灭杀。

（3）注意事项　由于茶枯含有对鱼有毒的皂角苷素，因此使用时应注意不要污染鱼塘等水域。

二十一、辣椒碱

辣椒碱是辣椒中含有的一种生物碱，是辣椒果实中的主要辣物质。辣椒碱是一种极度辛辣的香草酰胺类生物碱。属低毒杀虫剂。制剂有 95%天然辣椒素粉、0.7%辣椒碱乳油。

（1）杀虫机理　辣椒碱对鸟类、田鼠有驱避作用，对昆虫的主要作用是破坏神经系统内取食激素的信息传递，使幼虫失去味觉功能而表现出拒食反应，而昆虫一旦取食带药的食物后则出现胃毒作用，于 12～24 小时后逐渐死亡。

（2）使用方法　主要用于防治蚜虫、菜青虫，每亩用 0.7%辣椒碱乳油 75 毫升对水 800～1000 倍均匀喷雾。

防治粉虱和菜青虫，用 95%天然辣椒素粉，加 50 倍水搅拌，放置一夜，用纱布过滤后喷在作物上，或将辣椒研成细粉，加水，加肥皂片或液体肥皂，充分搅拌，洒在作物上。

(3) 注意事项　不宜与强碱性农药混用。贮存于阴凉、干燥、通风处，避免高温，远离火源。保质期 2 年。误服或发生中毒时，送医院治疗。

第二节 微生物源杀虫剂

一、白僵菌

白僵菌，属微生物源、真菌、低毒杀虫剂，有效成分为白僵菌的活孢子。是由昆虫病原真菌半知菌类、丛梗孢目、丛梗孢科、白僵菌属发酵、加工成的制剂，原药为乳白色粉末，制剂为乳黄色粉状物。主要剂型：50 亿～80 亿活孢子/克粉剂。白僵菌有两个种：球孢白僵菌，球形孢子占 50%；卵孢白僵菌，卵形孢子占 98%。这两种真菌均属好氧性菌，在培养基上可存活 1～2 年，低温干燥下存活 5 年，虫体上可存活 6 个月，阳光直射很快失活。主要用于防治鳞翅目害虫。

(1) 杀虫机理　白僵菌的杀虫作用是靠其分生孢子接触虫体后，在适宜的温度和湿度条件下萌发，生出芽管，穿透虫体壁伸入虫体内，大量繁殖菌丝，分泌毒素（白僵菌素），影响血液循环，干扰新陈代谢，2～3 天后昆虫死亡。死虫因体内水分很快被菌丝吸尽而干硬，菌丝沿尸体气门间隙或环节间膜伸出体外，产生分生孢子，呈白色茸毛状，叫白僵虫。大量白僵菌分生孢子可借助风力扩散，或被害虫主动接触虫尸，继续侵染其他昆虫个体，蔓延而使害虫大量死亡，一个侵染周期 7～10 天。

(2) 使用方法

① 喷雾法。将菌粉制成浓度为 1 亿～3 亿孢子/毫升菌液，加入 0.01%～0.05%洗衣粉液作为黏附剂，用喷雾器将菌液均匀喷洒于虫体和枝叶上。也可把因白僵菌侵染至死的虫体收集，并研

磨，对水稀释成菌液（每毫升菌液含活孢子1亿个以上）喷雾，即100个死虫体，对水80～100千克喷雾。

② 喷粉法。将菌粉加入填充剂，稀释到1克含1亿～2亿活孢子的浓度，用喷粉器喷菌粉，但喷粉效果常低于喷雾。

③ 土壤处理法。防治地下害虫，将“菌粉＋细土”制成菌土，按每亩用菌粉3.5千克，用细土30千克，混拌均匀即制成菌土，含孢量在1亿个/厘米^{3}左右。施用菌土分播种和中耕两个时期，在表土10厘米内使用。

(3) 在蔬菜生产上的应用　白僵菌可寄生鳞翅目、同翅目、膜翅目、直翅目等200多种昆虫和螨类。球孢白僵菌杀虫谱广，用得较多。卵孢白僵菌对蛴螬等地下害虫有特效。

① 防治地下害虫。布氏白僵菌或球孢白僵菌可防治大黑鳃金龟、暗黑鳃金龟、铜绿金龟和四纹丽金龟等金龟子成虫和幼虫。可单用菌剂，也可和其他农药混用。单用菌剂时（含17亿～19亿孢子/克）每亩用量是3千克。

② 防治大豆食心虫、豆荚螟、造桥虫等豆科植物害虫。可喷雾或喷粉。将菌粉掺入一定比例的白陶土，粉碎稀释成20亿孢子/克的粉剂喷粉。或用100亿～150亿孢子/克的原菌粉，加水稀释至0.5亿～2亿孢子/毫升的菌液，再加0.01%的洗衣粉，用喷雾器喷雾。

③ 防治玉米螟。每亩玉米田每次用0.5千克70亿活孢子/克白僵菌粉剂与5千克沙子拌和成颗粒剂，在玉米心叶期撒于喇叭口内，每株2克左右。

(4) 注意事项　在养蚕区禁止使用白僵菌制剂；菌液应随配随用，在阴天、雨后或早晚湿度大时，配好的菌液要在2小时内用完，以免孢子过早萌发，失去侵染能力；在害虫卵孵盛期施用白僵菌制剂时，可与化学农药混用，以提高防效，但不能与杀菌剂混用；害虫感染白僵菌死亡的速度缓慢，一般经4～6天后才死亡，因此要注意在害虫密度较低的时候提前施药；为提高防治效果，菌液中可加入少量洗衣粉；菌剂应在阴凉干燥处贮存，过期菌粉不能使用。

二、绿僵菌

绿僵菌属半知菌类、丛梗菌目、丛梗霉科、绿僵菌属，是一种广谱的昆虫病原菌，在国外应用其防治害虫的面积超过了白僵菌，防治效果可与白僵菌媲美。属低毒杀虫剂，对人畜和天敌昆虫安全，不污染环境。绿僵菌寄主范围广，可寄生8目30科200余种害虫。主要用于防治金龟子、象甲、金针虫、蛾蝶幼虫、蝽和蚜虫等害虫。绿僵菌有金龟绿僵菌和黄绿绿僵菌等变种，生产上主要用金龟绿僵菌变种的制剂来防治害虫。主要剂型为23亿～28亿活孢子/克粉剂、10%颗粒剂和20%杀蝗绿僵菌油悬剂。

（1）杀虫机理　绿僵菌以孢子发芽侵入害虫体内，并在体内繁殖和形成毒素，导致害虫死亡。死虫体内的病菌孢子散出后，可侵染其他害虫，在害虫种群内形成重复侵染，在一定时间内引起大量害虫死亡，故一次施药其持效期很长。

（2）使用方法

① 防治蛴螬。包括东北大黑鳃金龟、暗黑金龟子、铜绿金龟子等的多种幼虫。采用菌土法施药，每亩用菌剂2千克，拌细土50千克，中耕时撒入土中。也可采取菌肥方式施用，用菌剂2千克，与100千克有机肥混合后，结合施肥撒入田中。据调查，防效达64%～66%，以中耕时施药效果最好。

② 防治小菜蛾和菜青虫。用绿僵菌菌粉对水稀释成每毫升含孢子0.05亿～0.1亿个的菌液喷雾。

（3）注意事项　部分化学杀虫剂对绿僵菌分生孢子萌发有抑制作用，药浓度越高，抑制作用越强；绿僵菌虽然对环境相对湿度有较高要求，但其油剂在空气相对湿度达35%时即可感染蝗虫致其死亡；田间应用时，应依据虫口密度适当调整施用量，在虫口密度大的地区可适当提高用量，如饵剂可提高到每亩250～300克，以迅速提高其前期防效；禁止与杀菌剂混用；在养蚕区禁止使用绿僵菌制剂；在阴天、雨后或早晚湿度大时，效果最好；配好的菌液要在2小时内用完，以免孢子过早萌发，失去侵染能力；害虫初发期和中耕翻田时施用效果好。

三、苏云金杆菌

苏云金杆菌属微生物源、细菌性、广谱、低毒杀虫剂。主要剂型：Bt乳剂（100亿个孢子/毫升），菌粉（100亿个孢子/克），3.2%、10%、50%可湿性粉剂，100亿、150亿活芽孢/克可湿性粉剂，100亿活芽孢/克悬浮剂。

（1）杀虫机理 苏云金杆菌进入昆虫消化道后，可产生两大类毒素：内毒素（即伴孢晶体）和外毒素（α-外毒素、β-外毒素和γ-外毒素）。伴孢晶体是主要的毒素，它被昆虫碱性肠液破坏成较小单位的δ-内毒素，使中肠停止蠕动、瘫痪、中肠上皮细胞解离，停食，芽孢则在中肠中萌发，经被破坏的肠壁进入血腔，大量繁殖，使虫得败血症而死。外毒素作用缓慢，而在蜕皮和变态时作用明显，这两个时期正是RNA（核糖核酸）合成的高峰，外毒素能抑制依赖于DNA（脱氧核糖核酸）的RNA聚合酶。

（2）在蔬菜生产上的应用 主要用于防治斜纹夜蛾幼虫、甘蓝夜蛾幼虫、棉铃虫、甜菜夜蛾幼虫、灯蛾幼虫、小菜蛾幼虫、豇豆荚螟幼虫、黑纹粉蝶幼虫、粉斑夜蛾幼虫、大菜螟幼虫、菜野螟幼虫、马铃薯甲虫、葱黄寡毛跳甲、烟青虫、菜青虫、小菜蛾幼虫等。

① 喷雾。防治十字花科蔬菜菜青虫、小菜蛾。幼虫3龄前，每亩用8000国际单位/毫克苏云金杆菌可湿性粉剂100～300克，或16000国际单位/毫克可湿性粉剂100～150克，或32000国际单位/毫克可湿性粉剂50～80克，或2000国际单位/微升悬浮剂200～300毫升，或4000国际单位/微升悬浮剂100～150毫升，或8000国际单位/微升悬浮剂50～75毫升，或100亿活芽孢/克可湿性粉剂100～150克，对水30～45千克均匀喷雾。

防治大豆天蛾、甘薯天蛾，幼虫孵化盛期，每亩用8000国际单位/毫克苏云金杆菌可湿性粉剂200～300克，或16000国际单位/毫克可湿性粉剂100～150克，或32000国际单位/毫克可湿性粉剂50～80克，或2000国际单位/微升悬浮剂200～300毫升，或4000国际单位/微升悬浮剂100～150毫升，或8000国际单位/微升悬浮剂50～75毫升，对水30～45千克均匀喷雾。

② 利用虫体。可把因感染苏云金杆菌致死变黑的虫体收集起来，用纱布包住在水中揉搓，一般每亩用50克虫体，对水50千克喷雾。

③ 撒施。主要用于防治玉米螟，在喇叭口期用药。一般每亩用100亿活芽孢/克苏云金杆菌可湿性粉剂150～200克，拌细土均匀，心叶撒施。

(3) 注意事项

① 在蔬菜收获前1～2天停用。药液应随配随用，不宜久放，从稀释到使用，一般不能超过2小时。

② 苏云金杆菌制剂杀虫的速效性较差，使用时一般以害虫在一龄、二龄时防治效果好，取食量大的老熟幼虫往往比取食量较小的幼虫作用更好，甚至老熟幼虫化蛹前摄食菌剂后可使蛹畸形，或在化蛹后死亡。所以当田间虫口密度较小或害虫发育进度不一致，世代重叠或虫龄较小时，可推迟施菌日期以便减少施菌次数，节约投资。对生活习惯隐蔽又没有转株为害特点的害虫，必须在害虫蛀孔、卷叶隐蔽前施用菌剂。

③ 因苏云金杆菌对紫外线敏感，故最好在阴天或晴天下午4～5时后喷施，需在气温18℃以上使用，气温在30℃左右时，防治效果最好，害虫死亡速度较快。18℃以下或30℃以上使用都无效。

④ 加黏着剂和肥皂可加强效果。如果不下雨（下雨15～20毫米则要及时补施），喷施一次，有效期为5～7天，5～7天后再喷施，连续几次即可。

⑤ 只能防治鳞翅目害虫，如有其他种类害虫发生，需要与其他杀虫剂一起喷施。不能与杀细菌的药剂一起喷施。

⑥ 购买苏云金杆菌制剂时要特别注意产品的有效期，最好购买刚生产不久的新产品，否则影响效果。

⑦ 对蚕剧毒，在养蚕地区使用时，必须注意勿与蚕接触。

⑧ 应保存在低于25℃的干燥阴凉仓库中，防止曝晒和潮湿，以免变质，有效期2年。由于苏云金杆菌的质量好坏以其毒力大小为依据，存放时间太长或方式不合适则会降低其毒力，因此，应对产品做必要的生物测定。

⑨一般作物安全间隔期为7天，每季作物最多使用3次。

四、杀螟杆菌

杀螟杆菌又名蜡状芽孢杆菌，为微生物源、细菌、低毒杀虫剂，有效成分为杀螟杆菌。主要剂型：可湿性粉剂（含100亿个以上活孢子/克）。可防治多种作物上的鳞翅目害虫，如玉米螟、菜青虫、小菜蛾、甘蓝夜蛾、黄曲条跳甲、刺蛾、灯蛾、大蓑蛾、甘薯天蛾等，但毒杀速度较慢。

（1）杀虫机理　杀螟杆菌杀虫的有效成分是由细菌产生的毒素和芽孢，对害虫主要起胃毒作用，兼有一定的触杀作用。其作用机制是进入昆虫体内的杀螟杆菌产生的毒素和芽孢麻痹昆虫的消化系统，使之停止取食，其中含有的伴孢晶体能很快破坏昆虫肠壁，引起中毒，芽孢即进入害虫血液内大量繁殖，最终使昆虫死于饥饿和败血症。另外，在芽孢形成过程中，能消耗大量虫体的组织器官，同样能致昆虫于死地。

（2）在蔬菜生产上的应用

① 喷雾。每亩用每克含活孢子100亿个以上的菌粉50～100克，对水40～50千克喷雾，防治菜青虫、灯蛾幼虫、刺蛾幼虫、瓜绢螟幼虫等；每亩用每克含活孢子100亿个以上的菌粉100～150克，对水40～50千克喷雾，防治小菜蛾幼虫、夜蛾幼虫、黄曲条跳甲等。

② 利用虫体自制杀螟杆菌液。在喷洒杀螟杆菌药剂的田间收集死虫，即把田间因杀螟杆菌中毒而死、发黑变烂的虫体收集起

来，装入纱布袋内，加水浸泡、揉搓粉碎、过滤，用滤液喷雾防治田间同类害虫。一般每50～100克死虫浸出液加50～100千克水喷雾。

③ 撒施。按1∶20的比例，将菌粉与细沙或炉灰渣的细粒拌匀，在玉米5%抽雄期时将药粒投入玉米心叶内，每株1～2克。死亡的虫体可散发出菌体，在玉米螟种群内传播，当年施药第二年也有效，连年施药可较好地控制玉米螟为害。

(3) 注意事项

① 在蔬菜收获前1～2天停用。不能与杀菌剂混用，可与一般杀虫剂混用。宜在20～28℃，傍晚或阴天喷雾，叶面有一定湿度时可以提高药效，中午强光条件下会杀死活孢子，影响药效。

② 杀螟杆菌制剂杀虫作用较慢，施药期以在害虫卵期或低龄幼虫期施用较好。在菌液中加入0.5%～1%洗衣粉，可提高防治效果。

③ 尽量连续使用，害虫感染死亡后可在害虫种群内传播，引起细菌的流行病，连年施药可增加细菌连续的机会，以更好地控制害虫为害。

④ 通常商品剂型为粉剂，每克含活孢子数100亿～300亿个。若每克菌粉中含活孢子数量不足100亿个，或自己土法制成的杀虫剂，根据虫情，可适当加大菌粉用量，以保证防治效果。

⑤ 应在阴凉、干燥处贮存。

五、块状耳霉菌

块状耳霉菌，主要剂型：200万个菌体/毫升悬浮剂。属活体真菌、低毒杀虫剂。可防治蚜虫、蟀象、白粉虱、潜叶蛾、蓟马、稻飞虱、叶蝉等。对人、畜、天敌安全，无残留，不污染环境。具有胃毒、触杀及一定的内吸作用。

(1) 杀虫机理 本剂为人工培养的块状耳霉菌活孢子制成。制剂为乳黄色液体，施用后使蚜虫感病而死亡。具有一虫染病，祸及群体，持续传染、循环往复的杀蚜功能。

（2）在蔬菜生产上的应用　适用于防治各种作物上的各种蚜虫，包括棉蚜、菜蚜、瓜蚜等。在蚜虫发生初期，使用1500～2000倍液喷雾。特别是对温室、大棚内防治蚜虫，药效持续期长，防效更高。

（3）注意事项　本品无内吸作用，喷药时必须均匀、周到，尽可能喷到蚜虫虫体上；不可与碱性农药和杀菌剂混合使用；贮存在低温、避光处，保质期2年。

六、蜡蚧轮枝菌

蜡蚧轮枝菌属半知菌类，能寄生蚧类、蚜虫类、螨类和粉虱等害虫，还可寄生某些鳞翅目害虫、线虫和蓟马等。对人、畜、家禽无毒，不污染环境。主要剂型：粉剂（每克含23亿～28亿活孢子）、可湿性粉剂。制剂适合在12～35℃的温度和湿度大时使用。

（1）杀虫机理　蜡蚧轮枝菌通过与昆虫体壁接触感染传病。当分生孢子或菌丝落于虫体表面时，在适温和空气相对湿度85%～100%，或体表有自由水存在的条件下，孢子很容易萌发穿透寄主表皮。侵入寄主体内的菌丝，在血淋巴和昆虫组织中形成菌丝体进行分支生长，吸取虫体的营养和水分等，致使虫体循环障碍，组织细胞受到机械破坏，以致生理饥饿而死。死虫体内的病菌孢子散出后，可侵染其他健康虫体，在害虫种群内形成重复侵染，在一定时间内可引起大量害虫死亡。故一次施药其持效期很长。

（2）在蔬菜生产上的应用

① 防治蚜虫。把粉剂稀释成每毫升含0.1亿孢子的孢子悬浮液喷雾。

② 防治温室白粉虱。稀释到每毫升含0.3亿孢子的孢子悬浮液喷雾。

③ 防治蛴螬、象甲、金针虫、蟮象。采用菌土施药。每亩用菌剂2千克，拌细土50千克，中耕时撒入土中。也可采取菌肥方式施用。用菌剂2千克，与100千克有机肥混合后，结合施肥撒入田中。

(3) 注意事项 可以和某些杀虫剂、杀菌剂及杀螨剂混用。

七、青虫菌

青虫菌，又名蜡螟杆菌三号，属微生物源、细菌、低毒杀虫剂。有效成分为青虫菌。主要剂型：100亿个以上活孢子/克粉剂。

(1) 杀虫机理 青虫菌对害虫具有胃毒作用，昆虫食入青虫菌后很快停止进食。芽孢在昆虫体内发芽，进入体腔，利用昆虫体液大量繁殖，使虫得败血症而死。病虫粪便和死虫再传染给其他昆虫体，引起流行病，从而控制害虫为害。

(2) 在蔬菜生产上的应用

① 喷雾。每亩用菌粉200～250克，对水稀释成500～1000倍液，防治菜青虫、棉铃虫、小菜蛾幼虫、灯蛾幼虫、刺蛾幼虫等；用菌粉对水稀释成500～800倍液，防治银纹夜蛾幼虫、甜菜夜蛾幼虫、各类粉蝶幼虫等；用菌粉对水稀释成1000倍液，防治黑纹粉蝶幼虫、粉斑夜蛾幼虫、大菜螟幼虫、菜野螟幼虫等；用菌粉对水稀释成300～500倍液均匀喷雾，防治甘薯天蛾、松毛虫等害虫；用菌粉对水稀释成500～600倍液均匀喷雾，防治黏虫、棉铃虫。

② 撒施菌土。每亩用250克菌粉与20～25千克细土拌匀，制成菌土，均匀撒施，可防治菜青虫、小菜蛾幼虫、棉铃虫、灯蛾幼虫、刺蛾幼虫等。

(3) 注意事项 青虫菌制剂对害虫的毒杀速度较慢，应比一般化学农药稍提前施用；在蔬菜收获前1～2天停用；对家蚕有毒，在桑蚕区使用要特别注意；应在阴凉、干燥处贮存，避免水浸、暴晒、雨淋等；宜于20～28℃、叶面有一定湿时施用，可提高药效，阴天或傍晚、清晨喷药为好。

八、乳状芽孢杆菌

乳状芽孢杆菌是从受感染的日本金龟子幼虫体上分离的，是转化性较强的昆虫病原菌，对50多种金龟子幼虫有不同程度的致病力。该菌为革兰氏阳菌，菌体形成芽孢和伴孢晶体，该种菌只能在寄主体内生长发育，形成营养体和芽孢。芽孢抗干燥能力很强，在土壤中可存活多年。芽孢有折光性，罹病蛴螬呈乳白色，故称乳状病，此菌因此得名。对人、畜无毒，对作物无药害，对害虫天敌安全。主要制剂 1 亿乳状芽孢杆菌活芽孢/克粉剂。

（1）杀虫机理　乳状芽孢杆菌对蛴螬主要是起胃毒作用。该菌经过口器进入蛴螬体内，在中肠萌发，生成营养体，穿过肠壁进入体腔，在血淋巴中大量繁殖。由于菌的迅速繁殖，破坏了虫体各种组织，虫体充满芽孢而死亡。由于该菌芽孢抗干燥能力强，在土壤中存活时间长，因而是一种长效细菌杀虫剂。

（2）使用方法　以每克乳状芽孢杆菌粉剂中含有乳状芽孢杆菌活芽孢 1 亿左右，配制成药土，防治蛴螬有效率为 20%～78%。每亩用 250 克含有 1 亿活芽孢的乳状芽孢杆菌制剂拌土和麸皮，沿垄撒入地中，虫口减退率在 66%左右。

（3）注意事项　不可与杀菌剂混合使用。将乳状芽孢杆菌拌土和麸皮后，施入土壤中，对蛴螬的防治效果更好。贮存在阴凉、干燥处，避免水浸、暴晒、雨淋等。

九、多黏类芽孢杆菌

多黏类芽孢杆菌，商品名：康地蕾得、康蕾。主要剂型：10×10^8cfu/克可湿性粉剂、0.1×10^8cfu/克细粒剂。是世界上第一个以类芽孢杆菌属菌株（多黏类芽孢杆菌）为生防菌株的微生物农药。为细菌杀菌剂，适用于防治番茄、辣椒、茄子的青枯病。

（1）杀菌机理　通过其有效成分——多黏类芽孢杆菌（多黏类芽孢杆菌属中的一个种）产生的广谱抗菌物质、位点竞争和诱导抗性等机制达到防治病害的目的。多黏类芽孢杆菌在植物的根、茎、叶内具有很强的定殖能力，可通过位点竞争阻止病原菌侵染植物；同时在植物根际周围和植物体内的多黏类芽孢杆菌不断分泌出的广谱抗菌物质（如有机酚酸类物质及杀镰刀菌素等脂肽类物质），可抑制或杀灭病原菌；此外，多黏类芽孢杆菌还能诱导植物产生抗病性。同时多黏类芽孢杆菌还可产生促生长物质，而且具有固氮作用。

(2) 使用方法

① 浸种。每100克种子用0.1×10^8cfu/克细粒剂6.7克，对水300倍液浸种。

② 苗床泼浇。番茄、茄子、辣椒的苗床，每平方米用0.1×10^8cfu/克细粒剂0.3克，对水泼浇。

③ 灌根。定植后的番茄、辣椒、茄子，每亩用0.1×10^8cfu/克细粒剂1～1.5千克，加水稀释后灌根。

在整个生育期，用药3～4次，分别在播种（浸种与泼浇）、假植、移栽定植和初发病时泼浇或灌根，累计用药量一般为每亩2～3千克。

(3) 注意事项　对青枯病、枯萎病等土传病害的防治，苗期用药不仅可提高防效而且还具有防治苗期病害及壮苗的作用；施药应选在傍晚进行，若施药后24小时内遇有大雨天气，天晴后应补施一次；土壤潮湿时，应减少稀释倍数，确保药液被植物根部土壤吸收；土壤干燥、种植密度大或冲施时，则应加大稀释倍数，确保植物根部土壤浇透；本品结合基施或穴施有机肥、生物菌肥使用，以及与甲壳素、生根剂、杀线剂及叶面肥等配合使用，可明显增强防治效果、促进作物生长。

十、 地衣芽孢杆菌

地衣芽孢杆菌主要通过竞争、诱导植物抗性及抗生作用达到有效控制病害的目的，减少对作物的为害及损失。属细菌杀菌剂，对于西瓜枯萎病、黄瓜霜霉病等有一定的防治效果。

(1) 防治西瓜枯萎病　播种前用药液浸泡种子，严格消毒杀菌，防止种子传病。瓜苗定植后，及时穴浇或浇灌1000单位/毫升水剂500～750倍液药液，每株50～100毫升，每10～15天一次，连续浇灌2～3次。西瓜坐瓜以后，要注意观察，一旦发现初发病株，立即扒开根际土壤，开穴至粗根显露，土穴直径达20厘米以上，穴内灌满药液，可阻止发病，恢复植株健壮，保证西瓜长成。注意不施用含有西瓜秧蔓、叶片、瓜皮的圈肥，防止肥料传菌；增施钾肥、微肥、有机肥料和生物菌肥，减少速效氮肥用量，防止瓜秧旺长，促秧健壮。

(2) 防治黄瓜霜霉病 于发病初期，每亩用1000单位/毫升水剂350～700毫升（100～200倍液），对水常规喷雾，上午10时前、下午4时后使用为好。7天喷一次，连喷2～3次。

十一、棉铃虫核型多角体病毒

棉铃虫核型多角体病毒，属微生物源、核型多角体病毒、低毒杀虫剂。主要剂型：20亿PIB（病毒粒子单位）/毫升悬浮剂，10亿PIB/克可湿性粉剂，600亿PIB/克水分散粒剂。

(1) 杀虫机理 棉铃虫核型多角体病毒经口或伤口感染虫体。当棉铃虫核型多角体病毒被幼虫取食后，病毒感染细胞，直到棉铃虫死亡。病虫粪便和死亡虫再传染其他棉铃虫幼虫，使病毒在害虫种群中流行，从而控制害虫。病毒也可通过卵传给昆虫后代。对人畜安全，不伤害天敌，长期使用，棉铃虫不会产生抗性，第二年也有杀虫效果，可减少用药次数，降低成本。

(2) 在蔬菜生产上的应用 棉铃虫核型多角体病毒是防治棉铃虫的特效药，还可防治菜青虫、玉米螟、小菜蛾和棉红铃虫等。

① 防治棉铃虫、烟青虫。从发生初期或卵孵盛期开始喷雾，5～7天后再喷施1次，每亩菜田每次用10亿PIB/克棉铃虫核型多角体病毒可湿性粉剂100～150克，或20亿PIB/毫升悬浮剂80～100毫升，或600亿PIB/克水分散粒剂2～2.5克，对水30～45升喷雾。

② 防治小菜蛾。用20亿PIB/毫升棉铃虫核型多角体病毒按使用说明要求喷雾，喷药后3天，能有效杀灭萝卜小菜蛾，对菊酯类、苏云金杆菌等农药抗性强的小菜蛾防治率高，是目前防治抗性小菜蛾的较佳选择药物之一。

(3) 注意事项

① 棉铃虫核型多角体病毒可湿性粉剂不能与酸性物质混放、混合，不能与化学杀菌剂混用，与苏云金杆菌混用，有明显的增效

作用。

② 该药杀虫作用缓慢，从喷药到死虫一般需要数天时间，喷药时注意环境条件，尽量选择阴天或晴天的早、晚时间进行，不能在高温、强光条件下喷药，喷药当天如遇降雨，应补喷，喷雾液滴需完全覆盖叶片。

③ 感染的害虫死亡后，体内的病毒可向四周传播，引起其他虫体感病死亡，因此在施药后的第二年对害虫仍然有效，因此根据虫情可适当减少打药次数以降低防治成本。

④ 在瓜类、甜菜、高粱等作物上慎用。

⑤ 本剂为活体生物菌剂，须在保质期内用完，不宜用过期失效的陈药，应现配现用，配制好的药液要在当天用完，药液不宜久置。

⑥ 应在阴凉干燥处保存，不得曝晒或雨淋，较长期贮存需要在0～5℃环境中存放，正常贮存条件下保质期一般为2年。

十二、斜纹夜蛾核型多角体病毒

斜纹夜蛾核型多角体病毒，属微生物源、核型多角体病毒、低毒杀虫剂，为防治斜纹夜蛾的特效药。主要剂型：1000万PIB/毫升悬浮剂、10亿PIB/克可湿性粉剂、200亿PIB/克水分散粒剂。

（1）杀虫机理 喷施到蔬菜上被斜纹夜蛾取食后，病毒在虫体内大量复制增殖，迅速扩散到害虫全身各个部位，急剧吞噬消耗虫体组织，导致害虫染病后全身化水而亡。病毒通过死虫的体液、粪便像瘟疫一样继续传染至下一代害虫，病毒病的大面积流行使田间的斜纹夜蛾能够得到长期持续的控制。对人畜、家禽、鱼鸟等均非常安全。

（2）在蔬菜生产上的应用 防治大白菜、花椰菜、甘蓝、芋、豇豆、花生、莲藕7种作物上的斜纹夜蛾，在幼虫1～3龄期，每亩用200亿PIB/克水分散粒剂3～4克，稀释7500倍喷雾。

（3）注意事项 应于斜纹夜蛾产卵高峰期施药，注意喷雾均匀；配药时须二次稀释，先用少量水将药剂混合均匀，再加入足量水进行稀释；选择傍晚或阴天施药，尽量避免阳光直射，遇雨补喷；作物新生部分、叶片背部等害虫喜欢咬食的部位应重点喷洒，便于害虫大量摄取病毒粒子；首次施药7天后再施一次，使田间始终保持高浓度的昆虫病毒；当虫口密度大、世代重叠严重时，宜酌情加大用药量及用药次数；可与多数杀虫、杀菌剂混用，但切忌与碱性物质混用，混用前须先进行试验，要即配即用，药液不宜久置；贮存于阴凉干燥处，保质期2年。

十三、甜菜夜蛾核型多角体病毒

甜菜夜蛾核型多角体病毒，属微生物源、核型多角体病毒、低毒专性杀虫剂，纯天然微生物农药。主要制剂：20亿PIB/毫升悬浮剂，300亿PIB/克水分散粒剂。该病毒对人畜、家禽、鱼鸟等均非常安全，对哺乳动物无毒无刺激，无致病性。

(1) 杀虫机理　作用方式为胃毒。以该病毒为主要成分的制剂喷施到农作物上被甜菜夜蛾取食后，病毒在虫体内大量增殖，急剧消耗虫体营养，导致害虫染病而死。病毒通过死虫的体液、粪便继续传染至下一代害虫，病毒的大面积流行使田间的甜菜夜蛾能够得到长期持续的控制，还能通过纵向传染杀灭蛹和卵，从而有效控制甜菜夜蛾的为害。如果长期使用，病毒可长期在种群中流行，杀虫效果更佳。

(2) 在蔬菜生产上的应用　主要用于防治十字花科蔬菜的甜菜夜蛾、斜纹夜蛾、小菜蛾、菜青虫等。

防治甜菜夜蛾、菜青虫等，于产卵盛期每亩用300亿PIB/克甜菜夜蛾核型多角体病毒水分散粒剂2克，先用少量水将药剂稀释，然后再加水至20～30千克（10000～15000倍液），均匀喷雾。

防治斜纹夜蛾、甜菜夜蛾等，于产卵盛期或幼虫2～3龄（以低龄幼虫为主）发生高峰期，用10000万PIB/克甜菜夜蛾核型多角体病毒可湿性粉剂与16000国际单位/毫克苏云金杆菌可湿性粉剂1∶1混合后，每亩用药60～80克，对水50～60千克药液，均匀喷洒。施药4小时后，害虫出现中毒症状，3天后防效达90%

左右。

（3）注意事项　配制时，应先用所需剂量的药剂对水制成母液，再配制成相应的浓度；首次施药 7 天后再施一次，使田间始终保持高浓度的昆虫病毒，当虫口密度大、世代重叠严重时，宜酌情加大用药量及用药次数；阴天全天或晴天傍晚后施药，尽量避免在晴天 9～18 时之间施药；建议尽量使用机动弥雾机均匀喷洒，作物的新生部分及叶片背面等害虫喜欢咬食的部位应重点喷洒；不能与防治同一种目标害虫的化学杀虫剂和含铜的杀菌剂混用，也不能与病毒钝化剂混用；该药杀虫作用缓慢，从喷药到死虫一般需要数天时间；配制药液时应使用中性水；制剂应贮藏于干燥、阴凉、通风处。

十四、苜蓿银纹夜蛾核型多角体病毒

苜蓿银纹夜蛾核型多角体病毒，是核型多角体病毒的一个代表种，属微生物源、广谱、低毒杀虫剂。主要剂型：10 亿 PIB/毫升悬浮剂、1000 万 PIB /毫升悬浮剂。杀虫谱广，对为害农作物的 34 种虫害有效，其中对甜菜夜蛾、斜纹夜蛾、银纹夜蛾、烟青虫、小菜蛾、棉铃虫等鳞翅目害虫最为敏感。

（1）杀虫机理　病毒直接作用于昆虫幼虫的脂肪体和中肠细胞核，并迅速复制导致幼虫染病死亡，同时可以通过横向传染在种群中引发流行病，通过纵向传染杀灭蛹和卵，从而有效控制害虫种群及其为害。

（2）在蔬菜生产上的应用　甜菜夜蛾、斜纹夜蛾等夜蛾科害虫低龄幼虫喜欢群集为害，3 龄后分散为害，且耐药力显著增强，对昆虫病毒的敏感性也下降，防治适期为害虫卵孵化盛期或低龄幼虫分散为害前，并在低龄幼虫尚未扩散为害前人工摘除虫卵叶，用 10 亿 PIB/毫升悬浮剂 800～1000 倍，使用时，先将药剂摇匀，再以少量水配成母液，然后按所需浓度加足水量配成喷雾药液。

防治豆荚螟时，要及时清除田间落花、落荚，并摘除被害的卷叶和豆荚，以减少虫源。在开花期预防白粉病时，结合防治豆荚螟，防虫防病混合喷洒，可用 10 亿 PIB/毫升悬浮剂 1000 倍液喷雾防治。

(3) 注意事项　夜蛾类害虫昼伏夜出，选在晴天上午 9 时前或下午 4 时后喷雾效果更好，卵高峰期使用最佳；当虫口密度大、世代重叠严重或作物茂密时，应酌情增加用药量及喷液量，喷雾时叶片正反两面均要喷到，覆盖全株；不得与碱性化学农药混用，与非碱性杀虫剂、杀菌剂、叶面肥混用，要现配现用；该药杀虫作用缓慢，从喷药到死虫一般需要几天时间；制剂应在阴凉干燥处保存，不能暴晒和淋雨；安全间隔期 7～10 天。

十五、菜青虫颗粒体病毒

菜青虫颗粒体病毒，属微生物源、颗粒体病毒、低毒专性杀虫剂，主要作用为胃毒作用。主要剂型：1 万 PIB/毫克可湿性粉剂，浓缩粉剂。主要应用于防治菜青虫。该病毒专化性强，只对靶标害虫有效，不影响蜜蜂和害虫的天敌等，不污染环境，持效期长。

(1) 杀虫机理　本剂为活体病毒杀虫剂，是由感染菜青虫颗粒体病毒死亡的虫体经加工制成。其杀虫机理是：害虫幼虫感染病毒后，直接作用于其脂肪体和中肠细胞核，数小时后害虫即滞食和停食，最后爬至叶缘、叶面，多以腹足或尾足附着倒悬或呈“∧”形而死。死虫躯体脆软易破，流出内含菜青虫颗粒体病毒的淡黄白色脓液。病毒可通过病虫粪便或死虫感染其他健康菜青虫，导致幼虫大量死亡。

(2) 在蔬菜生产上的应用　防治菜青虫、小菜蛾、银纹夜蛾、甜菜夜蛾、斜纹夜蛾、菜螟、棉铃虫等害虫。在卵孵高峰期、幼虫 3 龄前用药。每亩用 1 万 PIB/毫克可湿性粉剂 40～60 克对水稀释 750 倍，于阴天或晴天下午 4 时后喷雾，持效期 10～15 天。死亡的虫尸，可收集起来捣烂，过滤后将滤液对水喷于田间仍可杀死害虫，每亩用 5 龄死虫 20～30 头即可。

(3) 注意事项　不能与碱性物质或杀菌剂混用，严禁与病毒钝化剂混用；施药期以卵高峰期最佳，不得迟于幼虫 3 龄前，虫龄大时防效差，喷药时叶片正、反面均要喷到；制剂应存放于阴凉干燥处，避免暴晒或雨淋，保质期一般2年。

十六、小菜蛾颗粒体病毒

小菜蛾颗粒体病毒，属微生物源、颗粒体病毒杀虫剂。主要剂型：40亿PIB/克可湿性粉剂、300亿PIB/毫升悬浮剂。可防治小菜蛾、菜青虫、银纹夜蛾等。

（1）杀虫机理　病毒在小菜蛾等害虫中肠中溶解，进入细胞核中复制、繁殖、感染细胞，使生理失调而死亡。对化学农药、苏云金杆菌等已产生抗性的小菜蛾具有明显的防治效果。属低毒农药，对天敌安全。

（2）在蔬菜生产上的应用　防治十字花科蔬菜小菜蛾，每亩可用40亿PIB/克可湿性粉剂150～200克，加水稀释成250～300倍液喷雾，遇雨补喷。或每亩用300亿PIB/毫升悬浮剂25～30毫升喷雾，根据作物大小可以适当增加用量。

（3）注意事项　施药时选择阴天或者傍晚太阳落山后进行，避免强太阳光直射；药后遇雨注意补喷；为了保证使用效果，在使用时最好进行二次稀释；除杀菌剂农药外可与苏云金杆菌混合使用，具有增效作用；不可与强碱性物质混用；贮存在低于25℃的阴凉、干燥处，防止暴晒和潮湿。

十七、多杀霉素

多杀霉素，属微生物源杀虫剂，毒性极低。主要剂型：2.5%悬浮剂、48%悬浮剂。是一种微生物代谢产生的纯天然活性物质，具很强的杀虫活性和安全性，能有效防治鳞翅目如小菜蛾、甜菜夜蛾、烟青虫、棉铃虫和蓟马等多种蔬菜害虫。也对部分双翅目（如潜叶蝇、蚊、蝇等）、鞘翅目、膜翅目害虫有杀虫活性。

（1）杀虫机理　具胃毒和触杀作用，以胃毒为主，其杀虫机理是激活乙酰胆碱受体，引起昆虫的神经痉挛、肌肉衰弱，最终导致昆虫麻痹而致死。

（2）在蔬菜生产上的应用　主要用于防治小菜蛾低龄幼虫、甜菜夜蛾低龄幼虫、蓟马、马铃薯甲虫、茄黄斑螟幼虫等。

防治十字花科蔬菜小菜蛾、菜青虫，在低龄幼虫期施药，用2.5％多杀霉素悬浮剂1000～1500倍液，或每亩用10％多杀霉素水分散粒剂10～20克，对水30～50千克均匀喷雾。根据害虫发生情况，可连续用药1～2次，间隔5～7天。

防治茄子、辣椒的蓟马，用2.5％多杀霉素悬浮剂1000～1500倍液，于蓟马发生初期喷雾，重点喷洒幼嫩组织，如花、幼果、顶尖及嫩梢。隔5～7天施药一次，共2～3次。

防治瓜果蔬菜的甜菜夜蛾，于低龄幼虫期时施药，每亩用2.5％多杀霉素悬浮剂50～100毫升，对水30～50千克喷雾，傍晚施药防虫效果最好。

防治菜田中的棉铃虫、烟青虫，在幼虫低龄发生期，每亩用48％多杀霉素悬浮剂4.2～5.6毫升，对水20～50千克喷雾。

（3）注意事项　本品为低毒生物源杀虫剂，但使用时仍应注意安全防护；无内吸性，喷雾时应均匀周到，叶面、叶背及叶心均需着药；为延缓耐药性产生，每季蔬菜喷施2次后要换用其他杀虫剂；多杀霉素为悬浮剂，易黏附在包装袋或瓶壁上，应用水将其洗下再进行二次稀释，力求喷雾均匀；棚室高温下瓜类、莴苣苗期慎用；可能对鱼或其他水生生物有毒，应避免污染水源和池塘等；对蜜蜂高毒，应避免直接施用于开花期的蜜源植物上，避开养蜂场所，最好在黄昏时施药；药液贮存在阴凉干燥处；25％多杀霉素悬浮剂用于茄子，安全间隔期为3天，每季作物最多使用1次；用于甘蓝，安全间隔期为3天，每季作物最多使用3次。

十八、松脂酸钠

松脂酸钠，是以天然原料为主体的新型低毒植物性生物杀虫剂。主要剂型：10％水剂，30％乳剂，20％、40％、45％可溶性粉剂。以杀虫为主，兼有杀菌作用，对介壳虫有特效，兼治红蜘蛛、黄蜘蛛、二斑叶螨等害虫；对蔬菜上的蚜虫、红蜘蛛有较好的防效。

(1) 杀虫机理 溶解和渗透虫体，使介壳虫慢慢死去。在用药10天左右，挤压虫体仍会有体液，发现虫体可能有死亡前兆；用药30天后，会发现有大量虫体死亡，虫体变干瘪或脱落；用药60天后，仍有虫体相继死亡。对其他害虫如螨类、蚜类具有速效性，见效快。

(2) 在蔬菜生产上的应用

① 防治蔬菜蚜虫 在蚜虫发生期施药，用30%乳剂150～300倍液喷雾防治。

② 防软体动物 用10%水剂70～150倍液喷雾，防治蛞蝓、蚯蚓等；用10%水剂75～150倍液喷雾，防治琥珀螺、椭圆萝卜螺、网纹蛞蝓等。

(3) 注意事项 使用本剂前，应先摇匀，再加水稀释；在降雨前后、空气中湿度大时，或在炎热中午、气温高于30℃时，均不能施药，以避免药害；为偏碱性植物源生物农药，与遇碱分解的农药不能混用，与其他农药混用前，应先进行稳定性和药效试验，并且随配随用。

第三节 活体动物杀虫剂

一、赤眼蜂

赤眼蜂属于膜翅目纹翅卵蜂科，可寄生鳞翅目、半翅目、直翅目、鞘翅目、同翅目、膜翅目、广翅目和革翅目等10个目200多属400多种昆虫卵内。目前赤眼蜂的防治对象计有20多种农林作物的60多种害虫，主要有玉米螟、棉铃虫、黏虫、黄地老虎、草地螟、菜粉蝶、甘蓝夜蛾、豆荚螟、豆天蛾、芋天蛾、尺蠖、菜螟、刺蛾等。其中以菜青虫、小菜蛾等鳞翅目昆虫的寄主最多。在我国已成为应用面积最大、防治害虫最多的一类天敌。目前用于生产的商品蜂有：松毛虫赤眼蜂、广赤眼蜂、甘蓝夜蛾赤眼蜂等。主要剂型：卵卡或瓶装的寄生卵。主要生产单位有：吉林农业大学赤眼蜂厂、衡水田益生防有限责任公司、西丰县植物保护站等。对人、畜和天敌动物无毒无害。

（1）杀虫机理　赤眼蜂为延续后代种群数量，雌成虫专门寄生害虫卵来繁殖后代。大多数雌蜂和雄蜂的交配在寄主体内完成后，雌蜂用口器咬破卵壳爬出寄主卵，然后在自然环境中靠触角上的嗅觉器寻找寄主卵。找到寄主卵后先用触角点触寄主，徘徊片刻爬到其上，用腹部末端的产卵器向寄主体内探钻，把卵产在其中。这些卵孵化出的赤眼蜂幼虫就取食害虫卵内的营养物质，等害虫卵的营养物质被破坏或被耗尽时，害虫卵的生命就会终结，不能孵化或死亡，这样就会把害虫消灭在卵阶段，害虫种群数量受到很大影响，降低或减轻其为害，从而达到控制害虫的目的。

（2）在蔬菜生产上的应用　可防治露地以及连栋温室、塑料大棚内的菜青虫、小菜蛾、甘蓝夜蛾、棉铃虫、玉米螟等害虫。应及时做好田间害虫发生测报工作，发现鳞翅目害虫后及时准备释放赤眼蜂加以防治。防治连栋温室、塑料大棚内的鳞翅目害虫要首先以防为主，通过安装防虫网，出口安装门帘等措施预防害虫迁入。确定田间害虫卵发生期后在卵发生期将赤眼蜂卵卡挂到田间。一般在傍晚时放蜂，从而减少新羽化的赤眼蜂遭受日晒的可能性。放蜂时，将卵卡挂在每个放蜂点植株中部的主茎上。赤眼蜂的主动有效扩散范围在10米左右，因此放蜂点一般掌握在每亩8～10点，放蜂点在田间应分布均匀。释放时期在鳞翅目害虫初卵期开始释放，每卡有效蜂量1000多头，每亩均匀悬挂8～10卡即8000～10000头蜂，每3天挂一次，常年一个世代需挂3次，防治效果可高达85%～90%。在鳞翅目害虫的防治中，释放赤眼蜂可以基本控制害虫为害，个别时候虫量过多时，可用苏云金杆菌除治残虫。

（3）注意事项　天敌释放是否及时，数量是否适宜，直接影响防治效果。应做好测报工作，适时适量释放天敌，不能等到卵大量孵化时释放赤眼蜂，田间调查到害虫卵后就可以开始放蜂，放蜂量可适当少一些，在害虫产卵盛期要适当加量释放，产卵末期可适当减量释放，产卵多的地块可适当加量释放。

要坚持连续连片大面积地放蜂，放蜂地点要远离化防地块，以发挥赤眼蜂的控制效果。放蜂常在出蜂前1～2天及时进行，这样可避免雨天影响放蜂。赤眼蜂的活动和扩散能力受风的影响较大，因此大面积放蜂要注意分布均匀，在上风头适当增加放蜂点的放蜂量。

露地释放赤眼蜂一般应选择无雨、无大风的天气释放。放蜂后如果下雨，植物上布满水珠，赤眼蜂不能活动并易被雨水冲刷。雨季要抢晴放蜂，放蜂期间遇大雨可将卵卡暂时在阴暗低温的环境中保存，雨过天晴后再放，但要保证卵卡在1～2天内出蜂，与害虫产卵期相遇。若放蜂时遇到小雨，根据天气预报情况和蜂卡内赤眼蜂的羽化情况，必要时可冒小雨放蜂。天气干旱高温时放蜂效果也不理想，在夏日炎热干旱地区，寄生卵失水快，一般应在傍晚时放蜂。

设施大棚内释放赤眼蜂要注意控制棚内温度，温度高于35℃对赤眼蜂的存活与产卵都不利，因此要结合作物生理需求采取必要的降温措施。

一般作物高大茂盛、植被复杂的地方有利于赤眼蜂的活动和寄生，靠近果园、树木茂密的农田，赤眼蜂自然寄生卵较高。因此，农田环境对释放赤眼蜂的效果有较大影响，特别对赤眼蜂在农田中的自然繁殖，维持一个较长久、稳定的种群密度和提高释放赤眼蜂的后续效应影响较大。另外，某些作物有利于赤眼蜂自然种群的繁殖增长，如在玉米田和棉田间作绿豆有利于保护赤眼蜂，提高寄生率。

放蜂的方法要正确，放蜂前要将大片蜂卡撕成50～60粒的小块，注意尽量不要弄掉卵卡上的卵粒。小块的蜂卵卡用大头针、图钉或者牙签钉牢在植物体上背阴部位，避免阳光直射和雨淋。如枝条、树干或叶片背面处，卵粒朝外。放蜂时要注意不要将蜂卡用叶片卷放，也不要夹在叶鞘处或扔在叶心里，以避免蜂卡发霉而影响效果。

赤眼蜂卡在取运时，须用透气的纸袋，切忌塑料袋，以防闷死蜂。卵卡于5～10℃，黑暗的条件下可贮存3～4天。

天敌对多数化学农药特别敏感，严重影响放蜂效果，应特别注意选择对天敌安全或影响很小的农药。

二、蚜茧蜂

蚜茧蜂，属昆虫纲、膜翅目、蚜茧蜂科，我国蚜茧蜂主要种类有棉长管蚜蚜茧蜂、科尔曼氏蚜茧蜂、高粱蚜茧蜂、烟蚜茧蜂、燕麦蚜茧蜂、无网长管蚜茧蜂、印度三叉蚜茧蜂、伏蚜茧蜂、菜少脉蚜茧蜂、桃赤蚜蚜茧蜂等。具有较明显的寄主专化性，其寄主是各种蚜虫。主要剂型：新羽化的成虫或成虫与僵蚜的混合物。田间使用后，对人无过敏或其他有害反应。

（1）杀虫机理　蚜茧蜂是一种卵寄生蜂，蚜茧蜂主要是以它的卵粒来制服蚜虫的，在产卵期，雄雌交配后雌蜂产卵。产卵时雌蜂用产卵器将蚜虫腹部背面刺破，将卵产入蚜虫体内，这样蚜茧蜂的卵就在寄主幼虫体内寄生下来。这些寄生的蚜茧蜂卵在蚜虫体内孵化成幼虫，它刺激蚜虫，使蚜虫进食增加，体重加大，身体恶性膨胀，最后变成一个谷粒状黄褐色或红褐色僵死不动的僵蚜。某些蚜茧蜂幼虫在寄主蚜虫体内可分泌浓度较高的昆虫激素，这些激素可影响蚜虫正常发育，并使蚜虫变态异常，或提前死亡，或保持在低龄阶段总也长不大，最终死亡。一只雌蚜茧蜂一生可产卵几百粒，每粒卵都是射向寄主蚜虫的生物“子弹”，而且“弹无虚发”，高达98%。当代的农业和林业，已大量引入蚜茧蜂来治蚜虫，蚜茧蜂已成为一支消灭蚜虫的强大生力军。

（2）在蔬菜生产上的应用　释放蚜茧蜂防治蚜虫常采用小量多次连续释放的方法最好。

① 放蜂时间。应确定在菜田内蚜虫处于点片发生的日期；温室大棚内也应在蚜虫初见时释放。切忌蚜虫已大量发生时才放蜂。

② 放蜂量。要根据田间蚜虫虫口密度而定。如烟蚜茧蜂，释放的蚜茧蜂跟田间的蚜虫比例应该掌握在1∶(160～200）为宜。

③ 释放僵蚜。释放前4～5天将僵蚜从低温冷藏冰箱中取出，放在室温20℃、相对湿度70%～85%的环境中使蚜茧蜂继续完成蛹期发育。若释放含有老熟蚜茧蜂蚜虫的僵蚜，应在羽化前一天移置田间放蜂容器中（可以是特制的塑料盒，可回收重复利用），让其成蜂羽化时飞出寻找蚜虫寄主。每批蜂在释放前7天应检查蚜茧蜂，若为加快羽化可置于温度25℃下提早2～3天羽化，检查时要统计羽化率、性比等，以便计算将来田间僵蚜的释放量。

④ 释放成蜂。可将僵蚜放在羽化箱中（可用纸盒做，只要密闭透气、保温保湿即可），将羽化成蜂收集于玻璃管中，给予补充营养后（2%～3%的白糖水或蜂蜜水），然后拿到田间释放。若田间蚜虫虫口密度高，隔4～5天再放蜂一次。

⑤ 防效检查。在放蜂后5天（夏季）或7天（春、秋季），田间调查到含有蚜茧蜂蚜虫的僵蚜时，即可检查第一次蚜茧蜂的寄生率及蚜虫虫口减退率。隔5～7天再作第二次检查，并将对照区与施药区作对比，鉴定释放效果。

⑥ 用烟蚜茧蜂防治桃蚜、棉蚜。防治大棚甜（辣）椒或黄瓜上的桃蚜、棉蚜，初见蚜虫时开始放僵蚜，每隔4天放1次，共放7次，每平方米大棚面积释放僵蚜12头。放蜂1.5个月内甜（辣）椒有蚜率控制在3%～15%，有效控制期近2个月；黄瓜有蚜率在4%以下，有效控制期42天。

（3）注意事项　释放时不能同时使用黄色诱蚜板，但可使用蓝色板。在蚜虫种群数量低时释放效果较好；于5～10℃可保存5天，避免阳光直射。

三、丽蚜小蜂

丽蚜小蜂，属昆虫纲、膜翅目、蚜小蜂科，是世界广泛商业化的用于控制温室作物粉虱的寄生蜂。主要分布在热带和亚热带地区。主要剂型：蛹卡，因制作蛹卡形式不同，分为卡片式蛹卡、书本式书本卡和袋卡等。主要用于防治温室番茄、黄瓜的烟粉虱和温室白粉虱，也可小面积用于茄子和万寿菊等。研制单位有中国农业科学院生物防治研究所。对人、畜和天敌无毒无害，无残留，不污染环境。

(1) 杀虫机理　丽蚜小蜂在温室中通常可存活10～15天，取食蜜露成虫可存活28天。成蜂为了获得营养可直接刺吸粉虱若虫的体液而造成粉虱死亡，并可在粉虱3～4龄若虫体内产卵寄生，到粉虱若虫4龄后因丽蚜小蜂卵发育快而引起粉虱死亡。单蜂约取食20头若虫，成蜂可寄生1～4龄若虫，但喜好寄生3龄若虫，其次为2龄若虫，1龄和4龄若虫不利于蚜小蜂产卵。成虫产卵前期在1天之内，第三天达到产卵高峰，一生产卵平均128粒，日产卵平均5.5粒。卵在被寄生的粉虱体内孵化，幼虫也可取食粉虱的体液，约8天后变黑，再经过10天成蜂在粉虱蛹体背咬个洞羽化而出。丽蚜小蜂成虫活泼，搜寻粉虱的能力强，扩散半径可达100米以上。

(2) 在蔬菜生产上的应用　可用于防治连栋温室、日光温室、塑料大棚等保护地蔬菜、花卉上的烟粉虱和温室白粉虱，对目前为害猖獗的温室白粉虱和烟粉虱寄生效果可高达90%。育苗期间要做好清洁育苗工作，定植前首先要彻底清洁大棚，拔除杂草，安装防虫网，在靠近出口处挂黄板诱虫，也可在棚内均匀挂放。

① 释放黑蛹　将存放于低温条件下的黑蛹或带有黑蛹的叶片取出，随机放在植株上，每棵植株平均放5头黑蛹，隔7～10天释放1次，连续释放3～4次，平均每株上释放15头黑蛹，每亩释放0.5万～3万头。释放黑蛹的时间应比释放成蜂的时间提早2～3天。

② 释放成蜂　在放蜂前1天将存放在低温箱内的黑蛹取出，在27℃恒温室内促使丽蚜小蜂快速羽化。第二天计数后，将小蜂轻轻抖到植株上。每隔7～10天释放1次，连续释放2～3次，每次每株释放5头，3次放蜂平均每株共放15头。小蜂与粉虱在低数量水平上保持数量平衡后，可以停止放蜂，注意大棚保温，夜间温度最好保持在15℃以上。

③ 挂蛹卡 商品丽蚜小蜂，是尚未羽化出蜂的“黑蛹”，一般每一张商品蜂卡上粘有1000头“黑蛹”，可供30～50平方米温室防治白粉虱使用。在茄果类、瓜类定植1周后，开始使用丽蚜小蜂。只需要将商品蜂卡悬挂在作物中上部的枝杈上即可，丽蚜小蜂羽化后即可自动寻找粉虱并寄生粉虱的幼虫。丽蚜小蜂飞行能力较小，需在大棚中均匀悬挂蜂卡。粉虱发生初期单株虫量0.1头左右时开始释放，每亩释放10～20张卡，即2500～5000头蜂。如果大棚防虫网能完全挡住粉虱进入，可停止放蜂。一般每隔7～10天释放一次，连续释放5～6次。为确保丽蚜小蜂的旺盛生命力，防止高湿或水滴润湿蜂卡而造成蚜小蜂窒息或霉变、不能羽化，大棚内应铺盖地膜，并正常通风，温度应控制在20～35℃、夜间15℃以上，以提高防效。

(3) 注意事项 天敌释放是否及时，数量是否适宜，直接影响防治效果。做好测报工作，适时适量释放天敌。防治白粉虱首先要做好清洁苗培育工作，此外在温室要使用防虫网防止外界粉虱大量迁入，在生产中可以在靠近通道的位置挂放黄板作为预测预报指示。不能等到粉虱数量过多时释放蚜小蜂。

应用丽蚜小蜂防治温室白粉虱是否成功的关键是首先控制好温室温度。丽蚜小蜂的发育适温较高，而温室白粉虱的适温较低。在较高温度（27℃）条件下，丽蚜小蜂的发育速度比温室白粉虱的大1倍，而在较低温（18.3℃）条件下，温室白粉虱的发育速度比丽蚜小蜂的大9倍。因此，在温室内必须营造有利于丽蚜小蜂而不利于白粉虱的温度环境，才能使丽蚜小蜂始终处于发育繁殖的优势，发挥长期抑制温室白粉虱的作用。温室白粉虱成虫对黄色有趋性，在温室中用黄板诱杀白粉虱成虫效果很好，而且对黑蛹和寄生蜂比较安全。

蛹卡的贮存温度在11～13℃，可贮存20天，黑蛹贮存后2～3天即开始羽化。蛹卡在6～8℃于密封的容器中最多贮存3～4天，长期贮存会导致其寄生能力降低。高温对蚜小蜂存活有抑制作用。

严禁在放蜂地块使用烟雾剂。

四、七星瓢虫

七星瓢虫是捕食性天敌，属鞘翅目、瓢虫科，别名：花大姐、麦大夫、豆瓣虫。主要剂型：成虫、蛹筒、幼虫筒、卵液。研制单位：中国农业科学院生物防治研究所。对人、畜和天敌动物无毒无害，无残留，不污染环境。

（1）杀虫机理　七星瓢虫以鞘翅上有 7 个黑色斑点而得名。成虫寿命长，平均 77 天，以成虫和幼虫捕食蚜虫、叶螨、白粉虱、玉米螟、棉铃虫等幼虫和卵。1 头雌虫可产卵 567～4475 粒，平均每天产卵 78.4 粒，最多可达 197 粒。取食量大小与气温和猎物密度有关。以捕食蚜虫为例，在猎物密度较低时，捕食量随密度上升而呈指数增长；在密度较高时，捕食量则接近极限水平。气温高的条件下，影响七星瓢虫和猎物的活动能力，捕食率提高。

（2）在蔬菜生产上的应用

① 释放时间　在农田释放七星瓢虫最好在日落后或日出前。如果放虫时间太早，阳光照射会导致成虫大量迁移，气温高也会使幼虫死亡率升高。

② 释放量与释放时期　释放七星瓢虫量可因蔬菜品种不同而异。大白菜可比黄瓜释放少些；菜上蚜虫量大时要多放一些。七星瓢虫释放时期最好掌握在蚜虫发生初期量少的点片阶段。以瓢治蚜关键抓早，当蚜虫在植株上刚发生时就应及时释放一定量的七星瓢虫让其捕食。释放时的瓢蚜比控制在 1∶(50～100)。在蚜发生初期每亩放 0.1 万～0.2 万头。虫态单一应加大释放量。

③ 释放虫态　较方便地释放虫期通常是成虫和蛹，在适宜气候条件下也可释放幼虫，在温室和大棚等保护地也可释放卵液。但释放成虫因其迁移性大效果不稳定。而释放 4 龄幼虫，虽然食量大，但将近化蛹期，因此生产上应以 2～3 龄幼虫作主要释放虫态，同时成虫也应该占一定比例，这样防效持续时间长、效果好。

④ 释放方法　释放七星瓢虫成虫顺垄撒于菜株上，每隔 2～3 行放虫一行，尽量释放均匀，每亩释放量为 200～250 头；释放蛹

一般在蚜虫高峰期前3～5天释放，将七星瓢虫化蛹纸筒或刨花挂在田间植物中上部即可，10天内不宜耕作活动；当气温在20～27℃，夜温10℃以上时可释放幼虫，方法同释放蛹，也可在田间适量喷洒1%～5%蔗糖水，或将蘸有蔗糖水的棉球，同幼虫一起放于田间，供给营养以提高其成活和捕食力；释放卵，在环境比较稳定的田块或保护地，气温在20℃以上可释放卵，释放时将卵块用温开水浸泡，使卵散于水中，然后补充适量不低于20℃的温水，再用喷壶或摘下喷头的喷雾器将卵液喷到植株中上部叶片上。

(3) 注意事项 由于实际工作中释放七星瓢虫量很难精确，因此需在释放后2天检查防效，若瓢蚜比在可控制范围内，蚜虫量没有继续上升，表明七星瓢虫已发挥控制作用，暂时不必补放。若瓢蚜比过低时，应酌情补放。早期释放七星瓢虫，应偏大量释放，按照实有株数计算释放量，以便及时控制瓜蚜数量上升。在购入各虫态的七星瓢虫后应及时释放到田间。释放时，注意靠近村庄的地块释放七星瓢虫易受麻雀和鸡等动物捕食，可适当增加释放量。释放成虫一般应选在日落后进行，利用当时气温低和光线暗的条件，使释放的成虫不易迁飞。为提高防效，释放成虫、幼虫前先饥饿1～2天，或冷水浸渍处理成虫降低其迁飞能力，提高捕食率。释放成虫2天内及释放幼虫蛹和喷卵液后10天内，不宜进行灌水、耕作等活动，以防成虫迁飞，保证若虫生长和捕食及卵的孵化，以提高防效。

五、草蛉

草蛉属于脉翅目、蛉科，成虫和幼虫具捕食性，主要捕食蝽类、蚜虫类、螨类、介壳虫、粉虱等微小昆虫，如盲蝽、粉虱类、红蜘蛛类、麦蚜类、棉蚜、菜蚜、烟蚜、豆蚜、桃蚜等。另外，还喜吃多种鳞翅目害虫的卵和幼虫，如棉铃虫、地老虎、甘蓝夜蛾、银纹夜蛾、麦蛾和小造桥虫等。草蛉常见种类有：大草蛉、黄褐草蛉、多斑草蛉、牯岭草蛉、丽草蛉、叶色草蛉、中华草蛉、亚非草蛉、晋草蛉等。主要剂型：成虫、幼虫、卵箔。研制单位：中国农业科学院生物防治研究所。对人、畜和天敌动物无毒、无害，无残留，也不污染环境。

(1) 贮藏技术

① 成虫的贮藏。一般当季生产的草蛉数量有限，需要贮藏积累数量，才能满足田间大量应用。同时，作为商品的天敌产品，也需要有适当的货架贮存期，以方便用户选购和使用。草蛉的成虫、卵、幼虫及茧均可进行冷藏。成虫应放在低温条件下，3～10℃贮存30天，对成活率、产卵量以及孵化率影响不大。

② 卵的贮藏。一般要求草蛉卵在贮藏期间不孵化，移入26℃恒温室后，卵孵化率应大于80%。卵的安全贮藏天数为5℃时6天，7℃时12天，12℃时21天，15℃时为12天。中华草蛉卵在26℃恒温中孵化所需的天数为2～4天。

③ 茧的贮藏。低温对中华草蛉蛹的影响较大，在11～12℃温度下贮存20天为宜。

(2) 在蔬菜生产上的应用

① 释放成虫。在露地大田释放后成虫会逃离大田，且易被鸟类等其他天敌取食，为减少损失常在保护地内使用。一般按益害比1∶(15～20) 释放或每棵植株上放3～5头，每隔1周释放1次，根据虫情连续释放2～4次。

② 释放幼虫。投放幼虫的方法有单头投放和多头投放。

单头投放：将刚孵化的幼虫，用毛笔挑起放到发生害虫的植株上。

多头投放：将快要孵化的灰卵（即投放后半天左右就孵化的卵）用刀片刮下，另用小玻璃瓶或小型塑料袋，装入定量无味锯末，每50克锯末可接入草蛉灰卵500～1000粒，并加入适量米蛾卵或蚜虫[1∶(5～10) 的比例] 作饲料，用纱布扎紧瓶口或袋口，放在25℃左右的室内，待其孵化，当有80%的卵孵化时，即可投放，撒到植株中、上部，或用塑料袋，内装2/3容量的细纸条，按一定比例加入草蛉卵和饲料，待草蛉孵化后，取出纸条分别挂在植株上，使纸条上的幼虫迁至植株叶片定居，发挥捕食作用。释放数量和次数，同成虫。投放时间以早晨为宜。

③ 释放卵。以放灰卵为好。放卵方法一般为放卵箔和撒放卵粒。

放卵箔：将卵箔剪成小纸条状，使每个卵箔上有10～20粒卵，然后隔一定的距离将卵箔用订书机或大头针固定在作物叶片背面害虫多的地方。

撒放卵粒：用刀片将卵粒从卵箔上刮下，与锯末或蛭石混合，装在容器内备用。用时人工撒放，可以根据作物每隔一定距离放入一定量卵粒，最好撒在心叶上，撒放要均匀，也可用药械将卵喷在植株上。

(3) 注意事项

① 要适时释放，田间释放应用，即将草蛉按一定量以一定方式释放到棚室内，对害虫产生控制效果。根据害虫发生情况，结合草蛉的贮备情况，确定释放草蛉的时期，若释放过早，害虫基数低，草蛉初孵幼虫找不到足够的食物而存活率不高，另外由于草蛉发育期较短，等到害虫高峰期到来时，草蛉已接近化蛹，从而失去了对害虫的控制能力。反之，如释放过迟，害虫对作物已造成了相当程度的为害，害虫基数过大，释放的低龄幼虫已不足控制其为害。若加大草蛉的释放量，则势必要减少防治面积。

② 选用适宜的种类。草蛉释放主要在保护地的温室或大棚内进行。释放不同的虫态具有不同的优点。释放成虫主要优点是释放到菜田后可立即捕食害虫，见效快，但释放速度较慢。成虫释放后易逃逸，且易被鸟类取食，因此靠近村庄的田块不宜释放成虫。

③ 选用适宜的剂型。投入草蛉卵箔时最好固定在害虫多的叶面上，便于草蛉幼虫从卵中一孵出来即可接触到害虫。放卵的优点是简便，速度快，效率较高。缺点是卵易被蚂蚁等天敌取食。因此要尽量减少草蛉卵在田间停留时间，生产中主要放即将孵化的灰卵。灰卵投放半天后即可孵化，可减少天敌取食提高防效。

④ 单头投放草蛉幼虫投放慢效率低，要以多投放为主。释放时注意蛉种的选择，不同种草蛉幼虫捕食习性不同，生产上要根据

防治对象选择不同草蛉种类。如中华草蛉取食范围广可用来防治多种害虫。防治蚜虫要选用大草蛉和丽草蛉。

⑤ 购入不同剂型的草蛉应及时释放，并尽量不要贮藏。释放时要注意均匀分布以保证防效。

六、 食蚜瘿蚊

食蚜瘿蚊，属双翅目、瘿蚊科，是蚜虫的常见捕食性天敌。商品剂型：盒装老熟幼虫，每盒中装 1000 头左右。研制单位有中国农业科学院生物防治研究所。生产上可使用该天敌来防治设施栽培的蔬菜上的桃蚜、甘蓝蚜、豆蚜、瓜蚜、萝卜蚜等 60 多种蚜虫。它的成虫、幼虫都善于捕食，只取食蚜虫或在食物缺乏时取食粉虱蛹和螨卵，对人、畜和其他天敌无害，不污染环境。主要用于防治保护地高价值植物上的蚜虫。使用食蚜瘿蚊来防治害虫，方法简单易行，对害虫的防治效果高达 90％以上，大大提高了单位面积上果菜的生产效益和产品质量。

（1）杀虫机理　成虫在晚间集中羽化，当夜就可交配，次日傍晚开始产卵，交配后第 3～4 天为产卵高峰。成蚊具一定飞翔能力，因此搜索幼虫的能力较强。雌蚊平均产卵 46 粒，寿命 4～9 天。幼虫平均可取食 49 头蚜虫。幼虫耐饥力强，取食 7 头蚜虫就可完成 1 个世代，食物缺乏时也可取食粉虱蛹和叶螨卵。幼虫对温度和光照较敏感，需 8 小时光照，温度 21～22℃为宜。老熟幼虫入土化蛹。

（2）在蔬菜生产上的应用　食蚜瘿蚊可防治保护地蔬菜及花卉上的桃蚜、萝卜蚜、瓜蚜、甘蓝蚜、豆蚜等各种蚜虫。适用于番茄、茄子、辣椒等茄果类蔬菜，芹菜、莴笋、小白菜、空心菜等叶菜类蔬菜和黄瓜、西葫芦等瓜类。

定植前首先要彻底清洁大棚，拔除杂草，安装防虫网，在靠近出口处挂黄板诱虫，也可在棚内均匀挂放。定植后未能及时接入食蚜瘿蚊的，在发现黄板诱到少量有翅蚜后要立刻开始释放食蚜瘿蚊，释放量的确定要预先调查单株蚜量，再估算温室或大棚内当时总蚜量，按瘿蚊：幼虫=1：(20～30) 的比例确定释放瘿蚊的总数量。具体方法是在温室、大棚等保护地内，在蚜虫发生初期，按照益害比例，将装有老熟幼虫的盒表面扎许多直径为1～2厘米的粗眼孔，然后均匀摆在植株间，隔7～10天释放一次，连续释放2～3次，一般在蚜虫发生初期每棚每次释放500～1000头食蚜瘿蚊即可。幼虫化蛹后羽化为成虫，从盒孔飞出，搜寻有蚜虫叶片，并在叶片上产卵，卵经2～4天孵化成幼虫，孵化出的食蚜瘿蚊幼虫即可取食蚜虫幼虫，使蚜虫死亡。

(3) 注意事项　释放时间最好确定在蚜虫发生初期，目的是为释放的成虫产的卵孵化后，就可有寄主食物可吃。要进行温室内蚜虫种群数量的调查，掌握好瘿蚊跟幼虫的比例来释放瘿蚊幼虫，释放瘿蚊数量不能太少以免影响防效，释放太多会增加防治成本。

在释放食蚜瘿蚊的温室和大棚内，不宜再喷洒杀虫剂，防止杀伤食蚜瘿蚊。

食蚜瘿蚊喜欢凉爽潮湿的生活环境，高温和干旱时释放食蚜瘿蚊效果往往不佳。根据作物需求适时浇灌也有利于食蚜瘿蚊对蚜虫的控制，浇水时间一般要选在早上或傍晚，以免冷水刺激作物根部影响作物的正常生长。

购买后的食蚜瘿蚊虫盒若不能及时使用，可存放在冷藏冰箱中，蛹的最佳冷藏温度为4～5℃，冷藏60天后平均羽化率达70.8%。温室或大棚内放入瘿蚊后若发现蚜虫繁殖很快，虫口密度上升时，可补充释放食蚜瘿蚊。

七、捕食螨

捕食螨是许多益螨的总称，其范围很广，包括赤螨科、大赤螨科、绒螨科、长须螨科和植绥螨总科等。而目前研究较多的已用于生产中防治害螨的捕食螨，还局限于植绥螨科中的如下种类：胡瓜钝绥螨、智利小植绥螨、瑞氏钝绥螨、长毛钝绥螨、巴氏钝绥螨、加州钝绥螨、尼氏钝绥螨、纽氏钩绥螨、德氏钝绥螨和拟长毛钝绥螨等。利用捕食螨防治农业害螨用于生产无公害或有机农产品的技术称为“以螨治螨”。

（1）捕食螨防治叶螨　利用捕食螨对叶螨的捕食作用，特别是对叶螨卵以及低龄螨态的捕食，而达到抑害和控害目的，是安全持效的叶螨防控措施。

蔬菜上发生的主要叶螨有朱砂叶螨、二斑叶螨等。其天敌捕食螨的本土主要种类有拟长毛钝绥螨、长毛钝绥螨、巴氏钝绥螨等。可以用于防治黄瓜、茄子、辣椒等蔬菜上的叶螨。

引进种智利小植绥螨是叶螨属叶螨的专性捕食性天敌，对叶螨有极强的控制能力。以作物上刚发现有叶螨时释放效果最佳。严重时2～3周后再释放1次。每平方米释放智利小植绥螨3～6头，在叶螨为害中心，可释放20头，或按智利小植绥螨∶叶螨（包括卵）为1∶10释放。叶螨发生重时加大用量。

释放拟长毛钝绥螨，应在叶螨低密度时释放，按拟长毛钝绥螨：叶螨以1∶（3～5）的释放比释放。叶螨刚发生时释放1次，发生严重时可增加释放2～3次。

瓶装的旋开瓶盖，从盖口的小孔将捕食螨连同包装基质轻轻撒放于植物叶片上。不要打开瓶盖直接把捕食螨释放到叶片上，因为数量不好控制，很可能局部被释放过大的数量。不要剧烈摇动，否则会杀死捕食螨。

捕食螨送达后要立即释放。对于智利小植绥螨来说，相对湿度大于60%对于其生存是必需的，特别是对于卵来说。黑暗低温(5～10℃)保存，避免强光照射。产品运达后要立即使用，产品质量会随贮存时间延长而下降。若放在低温下保存，使用前置室温10～20分钟后再使用。对于拟长毛钝绥螨来说，必须保存时，需低温（5～10℃），并避免强光照射，使用前置室温10～20分钟后再使用，产品质量会随贮存时间延长而下降。两者均在温暖、潮湿的环境中使用效果较好，而高温、干旱时释放效果差。如果温室或大棚太干应尽可能通过弥雾方法增加湿度。捕食螨对农药敏感，释放后禁用农药。

（2）捕食螨防治蓟马　利用捕食螨对蓟马的捕食作用，特别是针对蓟马不同的生活阶段，以叶片上的蓟马初孵若虫以及对落入土壤中的老熟幼虫、预蛹及蛹的捕食作用，而达到抑害和控害目的，是安全持效的蓟马防控措施。

蔬菜上发生的主要蓟马种类有烟蓟马和棕榈蓟马等。目前已成为国内多种蔬菜如辣椒、黄瓜、茄子等上严重发生的种类。这些蓟马的天敌捕食螨的本土主要种类有巴氏钝绥螨、剑毛帕厉螨等。

巴氏钝绥螨适用于黄瓜、辣椒、茄子、菜豆、草莓等蔬菜，在15～32℃，相对湿度大于60%条件下防治蓟马、叶螨，兼治茶黄螨、线虫等。剑毛帕厉螨，适用于所有被蕈蚊或蓟马为害的作物，适宜20～30℃、潮湿的土壤中使用，可捕食蕈蚊幼虫、蓟马蛹、蓟马幼虫、线虫、叶螨、跳甲、粉蚧等，在作物上刚发现有蓟马或作物定植后不久释放效果最佳。严重时2～3周后再释放一次。对于剑毛帕厉螨来说，应在新种植的作物定植后的1～2周释放捕食螨，经2～3周后再次释放捕食螨种群数量。

对已种植区或预使用的种植介质中可以随时释放捕食螨，至少每2～3周再释放一次。用于预防性释放时，每平方米释放50～150头；用于防治性释放时，每平方米释放250～500头。巴氏钝绥螨可每1～2周释放一次。巴氏钝绥螨可挂放在植物的中部或均匀撒到植物叶片上。剑毛帕厉螨释放前旋转包装容器用于混匀包装介质内的剑毛帕厉螨，然后将培养料撒于植物根部的土壤表面。

收到巴氏钝绥螨后要立即释放，虽可在8～15℃条件下贮存，但不应超过5天，对化学农药敏感，释放前一周内及释放后禁用化学农药，但可与植物源农药及其他天敌如小花蝽、寄生蜂、瓢虫等同时使用。收到剑毛帕厉螨后24小时内释放，避免挤压；若需短期贮存，可在15～20℃、黑暗条件下贮存2天。释放期保持温度15～25℃。不要将剑毛帕厉螨和栽植介质混合。释放剑毛帕厉螨主要起到预防作用，尤其是幼苗期和扦插期，暴露于高于35℃或低于10℃的温度下可能会被杀死；被石灰和农药处理过的土壤不要使用剑毛帕厉螨，可与其他天敌同时使用。

八、智利小植绥螨

智利小植绥螨，属蛛形纲、蜱螨目、中胸气门亚目、植绥螨科，别名：智利螨、智利植绥螨。以大豆上的棉叶螨人工扩繁。主要剂型：成螨，装于有适当载体和棉叶螨卵的纸袋或瓶中，也有以豆叶为载体出售的成螨，便于在田间释放。研制单位：中国农业科学院生物防治研究所。主要用于防治蜘蛛螨类如沙叶螨、二点叶螨和阔条螨，放飞密度为10头/平方米。此种天敌也可用于防治花卉、果树等作物上的蛾类害虫。对人、畜和天敌动物无毒无害，无残毒，不污染环境。

（1）杀虫机理　雌成螨常产卵于叶片表面的猎物附近，以保证孵化后的幼螨有足够的食物。幼螨蜕皮变为第一若螨后立刻开始取食，到第二若螨时则不断的觅食。若螨只能在其孵化的叶片上取食，通常只捕食猎物的卵、幼螨和第一若螨。成螨则可以迁移到邻近的植株上，捕食猎物的各个虫态。雌螨在交配后几小时内即开始产卵。在食物缺乏时，成螨依靠取食水和蜂蜜可存活一定时间，但不能生殖。雌成螨必须与雄螨交配后才能产卵，一头雌成螨在温度、湿度以及食物充足的条件下平均每天可产5粒卵，一生最多可产60粒卵。温度是影响其发育速度的重要因素。在15℃时，其完成一个世代大约需25天，30℃时则只需5天。该螨的繁殖速度比害螨快，因此用于防治害螨非常有效。在温度15～25℃、相对湿度60%～70%的适宜条件下，该螨可完全消灭害螨，随后将因食物缺乏而被饿死。

（2）在蔬菜生产上的应用　用于防治在温室内的蔬菜及露地种植的草莓、蔬菜等作物上的棉叶螨。在温室中使用时，按天敌与害螨1∶(15～25)的比例释放，或每平方米释放5头。轻轻颠倒、摇晃装有螨和载体的瓶子，均匀撒于作物叶片上。

用于露地释放时，可防治露地草莓、茄子上的园神泽氏叶螨，在害螨发生初期，按1∶(10～20)释放成虫。相对湿度低于60%时会降低其发育速度并抑制卵的孵化。温度低于10℃时，对害螨的控制效果差。

(3) 注意事项 释放时间应在气候适宜且叶螨为害的始盛期为宜，此时有利于智利小植绥螨的定居和繁衍，可有效控制叶螨种群数量。释放量要针对田间害螨发生密度，决定适宜的益害比，过一段时间再调查虫情，必要时补充放虫1次；释放智利小植绥螨的地块，不宜施用化学杀虫农药，防止杀伤天敌；释放3～4周后叶螨数量显著下降，以后一直维持在大约每叶1头以下；尽量在害螨的发生早期释放益螨，可减少释放量；购买后应尽快释放，避免成螨因食物不足而相互残杀；贮存于12～15℃，避免冷冻或高温。

第四节 海洋生物杀菌剂

一、氨基寡糖素

氨基寡糖素，也称为农业专用壳寡糖，是根据植物的生长需要，采用独特的生物技术生产而成，分为固态和液态两种类型。属微生物源杀菌剂。主要剂型：0.5%、2%水剂，0.5%可湿性粉剂。它对人畜低毒、安全、无污染、无残留。

(1) 杀菌机理 氨基寡糖素可以通过对植物细胞的作用，诱导植物体产生抗病因子，溶解真菌、细菌等病原体细胞壁，干扰病毒RNA的合成，达到防治病害的目的。

(2) 在蔬菜生产上的应用 主要用于防治蔬菜由真菌、细菌及病毒引起的多种病害，对于保护性杀菌剂作用不及的病害，效果尤为显著，对病菌具有强烈抑制作用，对植物有诱导抗病作用，可有效防治土传病害如枯萎病、立枯病、猝倒病、根腐病等。适应于西瓜、冬瓜、黄瓜、苦瓜、甜瓜等瓜类，辣椒、番茄等茄果类，甘蓝、芹菜、白菜等叶菜类作物。

① 浸种。主要可防治番茄、辣椒上的青枯病、枯萎病、黑腐病等，瓜类枯萎病、白粉病、立枯病、黑斑病等，以及蔬菜的病毒病，可于播种前用0.5%氨基寡糖素水剂400～500倍液浸种6

小时。

② 灌根。防治枯萎病、青枯病、根腐病等根部病害，用0.5%氨基寡糖素水剂400～600倍液灌根，每株200～250毫升，每隔7～10天灌一次，连用2～3次。

防治西瓜枯萎病，可用0.5%氨基寡糖素水剂400～600倍液在4～5片真叶期、始瓜期或发病初期灌根，每株灌药液100～150毫升，隔10天再灌一次，连续防治3次。

防治茄子黄萎病，用0.5%氨基寡糖素水剂200～300倍液，在苗期喷一次，重点为根部，定植后发病前或发病初期灌根，每株灌100～150毫升，隔7～10天灌一次，连续灌根3次。

③ 喷雾。防治茎叶病害，用0.5%氨基寡糖素水剂600～800倍液，发病初期均匀喷于茎叶上，间隔7天左右，连用2～3次。

防治黄瓜霜霉病，用2%氨基寡糖素水剂500～800倍液，在初见病斑时喷一次，每隔7天一次，连续施药3次。

防治大白菜等软腐病，可用2%氨基寡糖素水剂300～400倍液喷雾。第一次喷雾在发病前或发病初期，以后每隔5天一次，共喷5次。

防治番茄病毒病，用2%氨基寡糖素水剂300～400倍液，苗期喷一次，发病初期开始，每隔5～7天喷一次，连续3～4次。

防治番茄、马铃薯晚疫病，每平方米用0.5%氨基寡糖素水剂190～250毫升或2%氨基寡糖素水剂50～80毫升，对水常规喷雾，每隔7～10天喷一次，连喷2～3次。

防治西瓜蔓枯病，用2%氨基寡糖素水剂500～800倍液，在发病初期开始喷药，每隔7天喷一次，共喷3次。

防治土传病害和苗床消毒，每平方米用0.5%氨基寡糖素水剂8～12毫升，对水400～600倍均匀喷雾，或对细土56千克均匀撒入土壤中，然后播种或移栽。发病严重的田块，可加倍使用。发病前用作保护剂，效果尤佳。

防治芦荟炭疽病，可用2%氨基寡糖素水剂300倍液喷雾。

(3) 注意事项　避免与碱性农药混用，可与其他杀菌剂、叶面肥、杀虫剂等混合使用；喷雾6小时内遇雨需补喷；用时勿任意改变稀释倍数，若有沉淀，使用前摇匀即可，不影响使用效果；为防止和延缓耐药性，应与其他有关防病药剂交替使用；不能在太阳下曝晒，于上午10时前，下午4时后叶面喷施；宜从苗期开始使用，防病效果更好；一般作物安全间隔期为3～7天，每季作物最多使用3次。

二、根复特

根复特，主要剂型：2.5%水剂。无色透明液体。低毒，对人、畜和天敌安全，无残留，不污染环境。

(1) 杀菌机理　根复特能有效防治多种作物的根腐病、茎基腐病、根肿病、疫霉病等真菌和细菌病害，并能活化根系、壮根、抗早衰，灌根3～5天后即可使作物根系焕发生机（必须有10%的活根系），促进弱苗根系发达、老化根系复苏。由于根复特有这种起死回生的奇效，被农民称为“根腐110”。

(2) 在蔬菜生产上的应用

① 种子处理。蔬菜种子经过根复特配方处理以后，出苗整齐、健壮、安全、效力持久。种子萌芽和出苗以后的长势、长相不疯不狂、不衰不败，没有激素型药物处理后引起的徒长现象。在种子萌芽期间和幼苗出土以后较长的生长期内，没有或很少有死苗和病株，叶片上没有或很少感染侵染性病斑，被处理过的种子萌芽以后从本质上提高了自身的抗病性。浸种时，适用于多种作物，可用2.5%根复特水剂500倍液喷雾。拌种时，用2.5%根复特水剂80～100倍液拌种，适用于多种作物，拌完后晒干立即播种，可提高发芽率，苗壮，预防苗期病害。

② 促进生长、防治病害。一般施药后2～3天，能够控制病害发展，6～7天新叶茁壮生长。有治病与壮苗双重效果，并可预防其他真菌、细菌以及病毒病的发生。

蘸根：可适用多种移栽作物。用2.5%根复特水剂200～300倍液蘸根。为使蘸根时多蘸上一些药液，也可在稀释药液时，混入一些肥土搅成稠糊状，再蘸根移栽，成活率高，返青快，长势旺。

灌根：移苗定植时用2.5%根复特水剂800倍液，植株生长期用500～600倍液，每株灌200～300毫升。可防治西瓜枯萎病等。

喷雾：发病初期，用2.5%根复特水剂800～1000倍液喷雾，可防治霜霉病、白粉病、细菌性角斑病、茄子黄萎病和西瓜枯萎病等。

③ 解除药害。作物播种以后，低温、大风、冰雹等自然灾害以及药害，使作物滞长、畸形。用根复特叶面配方喷洒以后，7～10天，解除药害，并有增加生长势的作用。解毒的机理可能是壳聚糖激活了植物体多种酶的活性，有毒物质被酶解，细胞得到活化，打破了滞长势，提高了生长势。

（3）注意事项　不宜与碱性农药混用；喷雾最好在发病初期进行，以诱发植株的抗病性；在病害发生盛期，可适当提高药液浓度，保证杀菌效果，必要时可喷第二次药，间隔期一般为5～7天。

第五节 ▶▶ 植物源杀菌剂

一、乙蒜素

乙蒜素，主要剂型：40.2%、70%、80%乳油，20%高渗乳油，90%乙蒜素原油，30%乙蒜素可湿性粉剂。纯品为无色或微黄色油状液体，有大蒜臭味。工业品为微黄色油状液体，大蒜素含量90%～95%，有大蒜和醋酸臭味，挥发性强，有强腐蚀性，可燃。具有保护、治疗作用，属于仿生型杀菌剂。80%乙蒜素乳油是目前唯一只需要叶面喷施便可以控制枯萎病、蔓枯病的杀菌剂。

（1）杀菌机理　其分子结构中的二硫氧基团与菌体分子中含—SH基团的物质反应，从而抑制菌体正常代谢。乙蒜素对植物生长具有刺激作用，经它处理过的种子出苗快，幼苗生长健壮。

（2）在蔬菜生产上的应用　可浸种、拌种、土壤消毒、喷雾、涂抹，但不能用于灌根，灌根不能被作物根系吸收，故起不到作用；可单独使用，制成乳油、粉剂、悬浮剂等多种制剂喷雾，防治多种作物真菌、细菌病害；可与其他杀菌剂复配，扩大杀菌谱，提高速效性，增加防治效果，减少使用剂量；可与杀虫剂复配，抑制害虫活性酶，增加渗透性能，提高杀虫活性，延缓抗性。

① 辣椒。用乙蒜素辣椒专用型2500～3000倍液叶面喷洒可预防辣椒多种病害发生，促使植物生长，提高作物品质。用乙蒜素辣椒专用型1500～2000倍液于发病初期均匀喷雾，重病区隔5～7天再喷一次，可有效控制辣椒病害的发展，并恢复正常生长。

② 西瓜。防治立枯病，可用80%乙蒜素乳油1500倍喷淋在发病部位，可以迅速缓解病害的发生。西瓜移栽7天后开始用80%乙蒜素乳油1500倍液，于下午4时后进行叶面喷雾，结瓜后每隔10天喷雾一次，以防病害发生。表现为皮光滑、肉厚、甜度高，增产幅度大，一般亩增产25%以上，并可提前20天上市。

③ 甘薯。80%乙蒜素乳油熏窑，可防治鲜甘薯黑斑病，用3000倍药液浸种薯10分钟，或用3000倍药液浸种薯苗基部10分钟能有效防治苗期病害，用1500倍药液大田喷洒防治效果100%。

④ 防治葱黑斑病，发病初期，用70%乙蒜素乳油2000倍液喷雾防治。

⑤ 防治白菜霜霉病，发病初期，用80%乙蒜素乳油5000～6000倍液喷雾防治。

⑥ 防治大豆紫斑病，用80%乙蒜素乳油5000～6000倍液浸泡豆种1小时，晾干后播种。

（3）注意事项 不能与碱性农药混用，经处理过的种子不能食用或作饲料；浸过药液的种子不得与草木灰一起播种，以免影响药效；乙蒜素对皮肤和黏膜有强烈的刺激作用，能通过食道、皮肤等引起中毒，目前无特效解毒剂，一般采取急救措施和对症处理。

二、银杏提取物

银杏提取物为植物源低毒杀菌剂，主要剂型有10%乳油、20%可湿性粉剂。

（1）产品特点　其有效成分模仿天然植物银杏提取液中杀菌活性物质的化学结构加工而成。对人、畜、天敌昆虫和环境安全，无致癌、致畸、致突变作用。具有很强的杀菌和抑菌作用，但无内吸作用。对番茄、草莓的灰霉病、白粉病等真菌病害，具有触杀、熏蒸作用。可在温室、大棚等保护地使用，防效更佳。

（2）在蔬菜生产上的应用

① 防治番茄灰霉病，用 20%银杏提取物可湿性粉剂 600～1000 倍液喷雾。对番茄叶霉病、早疫病等其他病害也有一定作用。

② 防治草莓灰霉病、白粉病等，在发病初期，用 20%银杏提取物可湿性粉剂 600～1000 倍液喷雾。

③ 防治其他果蔬作物的灰霉病、叶霉病、早疫病、白粉病等病害，在发病初期，用 20%银杏提取物可湿性粉剂 600～1000 倍液喷雾，每隔 5～7 天施药 1 次，最多可连喷 2～3 次。

（3）注意事项　对黄瓜、大豆等有药害，严禁使用；使用时，应先配成母液，然后加水，均匀、周到喷雾；病情严重时，要增加药剂量，并多次喷雾；不宜作拌种和浸种用；保存在干燥、通风、避光处。

三、 低聚糖素

低聚糖素属植物源低毒杀菌剂。主要剂型：0.4%水剂。用于防治瓜类、茄果类霜霉病、炭疽病、白粉病、枯萎病、灰霉病、早疫病，叶菜类叶斑病、软腐病等真菌性病害。防治效果好，无毒性、无残留物，对人畜无害，不污染环境，重复使用不会使植物产生特异性抗病性。

（1）杀菌机理　低聚糖素是从富含糖类的幼嫩植物原料中经生物工程方法提取出来的一种有专一结构的功能性物质，能有效地防治农作物的病害，特别是真菌类病害。其作用机理是通过适时的叶面喷施，诱导植物产生和积累抗病物质，从而抑制病原菌的生长和繁殖，提高植物的免疫功能；同时还能调节植物的生长、发育及在环境中的生存能力。

(2) 在蔬菜生产上的应用 防治番茄、草莓等上的叶霉病、疮痂病、灰霉病、白粉病、疫霉病、褐斑病、炭疽病和软腐病等。于病害始发期用0.4%水剂250～400倍液喷湿叶片和枝干，以后每隔10天喷1次，连续喷3～4次。

(3) 注意事项 不能与碱性农药和肥料混用；施用时应比常规农药提前3～5天；贮存在通风、干燥、阴凉的室内仓库中，严防日晒雨淋。

四、丁子香酚

丁子香酚属植物源低毒杀菌剂。主要剂型：0.3%可溶性液剂。

(1) 杀菌机理 本品是从丁香、百部等十多种中草药中提取出杀菌成分，辅以多种助剂研制而成的，广谱、高效，兼具预防和治疗双重作用。丁子香酚为溶菌性化合物，是一种霜霉病、疫病、灰霉病等病菌溶解剂；由植物的叶、茎、根部吸收，并有向上传导功能。安全、环保、低残留；药效治疗迅速，持效期长。已发病的作物喷药后，病菌孢子马上变性，被溶解消失。

(2) 在蔬菜生产上的应用 对各种作物感染的真菌、细菌性病害有特效，防治蔬菜、瓜类等作物上的灰霉病、霜霉病、白粉病、炭疽病、疫病、叶霉病等，对各种叶斑病也有良好的防治作用。

防治番茄灰霉病、白粉病，用0.3%丁子香酚可溶性液剂1000～1200倍液喷雾。

防治青椒、辣椒枯萎病，用0.3%丁子香酚可溶性液剂1000～1500倍液喷雾。

防治瓜类霜霉病、灰霉病、白粉病，用0.3%丁子香酚可溶性液剂1000～1200倍液喷雾。

于作物发病初期喷施，3～5天用药一次，连用2～3次。

(3) 注意事项 勿与碱性农药、肥料混用；喷药6小时内遇雨补喷；水温低于15℃时，先加少量温水溶化后再对水喷施。

五、儿茶素

儿茶素，主要剂型：1.1%可湿性粉剂。能有效抑制由细菌、真菌以及病毒引起的霜霉病、叶霉病、黑星病、炭疽病、灰霉病、软腐病，对霜霉病、黑星病、炭疽病等病害有特效。防治土传病害可替代目前市场上销售的所有杀菌剂，并且具有生根剂的功能，同时还具有调节土壤酸碱度功能。在苗期对各种作物的猝倒病和茎基腐病有极强的预防和治疗作用。

（1）杀菌机理　用水稀释喷施后有效成分黏附于植物表面，进入植株体内杀死病菌。儿茶素在充分接触覆盖菌体时，容易被氧化成醌类物质而提供 H^+，抑制病菌葡聚糖的生成量，而导致菌类死亡；另外，儿茶素含有的鞣质在菌体外形成屏障，使菌体不能获得营养而导致死亡。

（2）在蔬菜生产上的应用　叶面喷施可提高作物抗性，叶色浓绿柔软。连续施用对枯萎病、霜霉病、疫病都有很好的预防作用。预防番茄灰霉病和黄瓜黑星病时，用1.1%儿茶素可湿性粉剂600倍液喷雾，每隔10～15天一次，连续用药3～4次；在病害发生初期，可用1.1%儿茶素可湿性粉剂400倍液或600倍液喷雾治疗，病情特重的可用200倍液，以后每隔7～10天喷雾一次；作物苗期每袋（25克）对水15千克，喷施10平方米床土，出苗后每袋对水15千克，7～10天喷施一次。治疗茎基腐病可用该药与机油或植物油调成糊状，直接涂抹病斑，可使病斑重新长出新皮。

（3）注意事项　施药前三天和后三天不能浇水，否则会影响药效；晴天施药，如施药后2小时下雨应及时补喷；与杀虫剂混用须降低杀虫药50%的使用量。

六、竹醋液

竹醋液是一种土壤调理剂。由毛竹干馏炭化热解产生的烟雾，经冷却后得到的酸性液体，称为竹醋原液或粗竹醋液。竹醋原液经静置等方法精制，取得的透明、黄褐色部分液体称为竹醋液，国外也称之为竹酢液，内含有280多种成分。

试验证明，高品质竹醋液具有神奇的功能，能减少农药用量30%～50%，或增加农药效果50%；特别适合在水溶性、醇溶性的植物源液体农药、植物生长调节剂、保鲜剂中作为高渗增效剂使用。减少肥料使用量30%，或增加肥料肥效30%～50%。防病驱虫，增加糖度、维生素含量、改善果型，提高农产品品质；促进生根，促进生长，改良土壤。

此外，竹醋液经进一步加工还可用于除臭消毒、抗菌止痒、肌肤美容、食品保健饮料等各个方面，目前已风靡东南亚。

竹醋液在稀释100倍以下时，抑菌作用较强，使用200倍液喷淋土壤，能调节土壤理化性质，减轻土传病害发生。

在豇豆上应用竹醋液，可预防豇豆根腐病、枯萎病，克服豇豆连作障碍效果显著。豇豆播种前5～7天用竹醋液床土调酸剂（商品名：青之源重茬通）130倍液处理土壤，生长期每隔10天叶面喷施400倍有机液肥，能较有效地增强豇豆长势，并对豇豆根腐病有抑制作用，其产量与轮作相当。

在黄瓜上应用竹醋液，每立方米育苗基质中竹醋液添加量为250～500毫升，或苗期用200倍竹醋液灌根，或是在每立方米基质中使用500毫升竹醋液处理育苗基质和栽培基质，并在定植后定期用200倍液灌根的综合处理方法，能够有效地促进黄瓜叶片、茎粗和株高的生长。竹醋液综合处理可以显著提高黄瓜产量，降低黄瓜中硝酸盐的含量。

七、 木酢液

木酢液，又叫木醋液，是一种从植物中提取的天然营养素，内含酸类、醇类、酚类、酮类等200多种有机物质，是一种组分复杂、功能多样和相对稳定的系统物质，是一种人工无法合成和复配产品无法替代的物质。由于木酢液中众多微量物质活性因子的天然综合平衡作用机理，在实际应用中表现出不可思议的效能。木酢液具有抗病虫害的生物药效，无毒副作用，用于蔬菜，可达到增产增收的效果。在农业上，木酢液具有杀菌、治虫、抗病、提高水和土壤中有益微生物活性、促进作物生长等作用，可作为微肥和农药使用，提高作物产量和品质。

(1) 制法 将炭化、热分解木材过程中产生的烟雾收集起来，用冷却装置获得的水溶液，叫粗木酢液。把粗木酢液在容器里放置3个月左右（自然状态下），就能分为3层，最上层漂浮的是赤褐色的油状物，下层沉淀是沥青状物质，中间层是黄褐色透明的液体，就叫精制木酢液。

(2) 在蔬菜生产上的应用

① 浸种。用300倍液木酢液（水1.5升＋精制木酢液50毫升）对茄果类、瓜类和十字花科蔬菜种子进行浸泡消毒，可有效防治真菌性、细菌性病害。一般情况下，浸泡10～15分钟手，捞起晾干，再播种。

② 防病增产。防治西瓜枯萎病优于常用药“甲基硫菌灵”，防止黄瓜霜霉病效果高于“三乙膦酸铝”，用于食用菌可增产21%～42%。200倍液可使油菜叶茎增长、增粗、增厚、品质佳，收获期提前；甘蓝、大白菜结球紧球实、球壮、球大；葱、大蒜、韭菜病虫害少，韭菜可增产30%以上，收获期提前1个月，萝卜个大、甘脆，增产20%～30%；马铃薯抗病毒，个大、适口性好，增产20%～30%；蚕豆、大豆、豌豆荚实密集、饱满；番茄、黄瓜、茄子幼苗期用400倍液喷雾，果大、形状好、质优、高产；生长期每月用200倍液喷甜瓜，糖度增加、口感好；草莓100～200倍液喷雾，糖度增加2～3度；甘薯苗成活后用200倍液、生长期用400倍液喷雾，增产25%～75%。

此外，用木酢液来生产生物农药肥料，不需要添加任何物质，简单加工即可作为商品出售，也可与其他有机物混配生产生物复合肥料。

八、小檗碱

小檗碱，商品名：檗基胜、黄连素。主要剂型：0.5%水剂。是从中草药黄连、黄柏等植物中提取的生物碱。属纯植物源广谱低毒杀菌剂农药，具有多功能、广谱、微毒、高效环保的特点。0.5%小檗碱水剂外观为稳定的均相橙黄色液体，无可见的悬浮物和沉淀物。产品常温贮存质量保证期至少 2 年。属低毒杀菌剂。

（1）杀菌原理　药液将有害菌、虫包围，断其氧气及营养来源，使其因窒息饥饿死亡。药液渗入有害菌、虫体后，迅速蔓延，药液所含生物活性因子、蛋白质分解成有毒物质，破坏有害菌的肠中细胞，使害虫、菌在几分钟内停止取食，1～3 天后因败血症及饥饿而死亡。由于采用微生物方式杀有害虫、菌，因此是真正的纯天然植物源农药。

（2）在蔬菜生产上的应用　各种菌害、虫害，如黄瓜和番茄的灰霉病、炭疽病、叶霉病、白粉病、霜霉病；辣椒和西瓜的疫霉病、白菜腐烂病；芹菜的枯萎病、猝倒病；草莓的炭疽病、灰霉病、白粉病；各种萝卜的黑心病、黄萎病；豆类的黑线菌病、炭疽病、轮纹病。

经多次试验，植物源农药“0.5%小檗碱”水剂对棉蚜、蜘蛛、黏虫、菜青虫、小菜蛾、玉米螟、甜菜夜蛾、番茄灰霉菌、黄瓜炭疽斑病菌、白菜软腐病菌、黄瓜角斑病菌、辣椒疮痂菌，尤其是对作物的灰霉、疫霉病效果显著。

用于防治番茄灰霉病，亩用制剂 60～75 毫升。防治番茄叶霉病，亩用制剂 187～280 毫升。防治黄瓜白粉病、霜霉病，亩用制剂 167～250 毫升。防治辣椒疫霉病，亩用制剂 187～280 毫升，对水喷雾，从发病初期开始喷药，间隔 7 天左右，连喷 2～3 次。在上述用药量情况下对作物安全。

九、康壮素

康壮素有效成分是一种超敏蛋白，为天然生物蛋白质制品，制剂为 3%微颗粒剂。属低毒农药，对人无害，对作物和天敌安全，不污染环境。

（1）杀菌机理　杀菌机理是提高作物自身的免疫力和增强作物植株抵御病虫害的能力。作为一种信号物质和作物植株表面接触所产生的信号传入作物体内。诱发的信号能活化疏通作物的多种信号传导系统。这种信号通过在作物体细胞内和细胞间的连续传递，激活植物多种防卫基因表达，合成抗性相关酶类和利于作物生长的生物活性物质，最终表现出抵御病虫侵染能力和减轻病虫为害的生物效应，增强作物健壮生长发育的机能。

(2) 使用方法 一般每亩用15克对水20千克，于作物苗期或移栽期、初花期、幼果期到收获前，每隔15～20天喷洒1次，共喷3～5次，可根据具体情况适当增减。喷洒时一扫而过即可，不必全株均匀着药。生产中应与药剂防治协调配合，以取得更佳控制病虫效果。

① 番茄。每亩每次用3%康壮素微颗粒剂15克，对水稀释成1000～1300倍液，定植后于苗期、花蕾期、幼果期，每隔15～20天喷施1次，对番茄晚疫病有较明显的诱抗效果，可推迟发病时间，减轻发病程度，增产效果明显。

② 辣椒。每亩每次用3%康壮素微颗粒剂15克，对水稀释成1000～1300倍液，在移栽后幼果期、开花期分别喷施2次，可防治病毒病，增加辣椒素含量、维生素含量，延长结果期，提高产量。

(3) 注意事项 应用时应与其他农药剂配合使用，以取得更佳效果。本制剂易受氯气、强酸、强碱、氧化剂、离子态药肥和紫外光影响，使用时应注意，以保药剂的使用效果。贮存于阴凉、干燥、避光、通风处。

第六节 ▸▸ 微生物源杀菌剂

一、健根宝

健根宝，主要剂型：10^8cfu/克可湿性粉剂（cfu：colony formine unit，菌落形成单位，将稀释后的一定量的菌液通过浇注或涂布的方法，让其内的微生物单细胞一一分散在琼脂平板上，待培养后，每一活细胞就形成一个菌落。意思就是每毫升菌液中含有多少单细胞）。是沈阳农业大学植物保护学院与美国农业部生物防治研究所联合研制成的一种新型高效的微生物源、真菌、低毒杀菌剂。是由绿色木霉菌 TR-8 和细菌 BA-21 复合发酵后，经特殊剂型加工工艺加工而成，其有效成分为拮抗真菌和拮抗细菌本身。

(1) 杀菌机理　健根宝不同于一般的抗生素类农药，它不是拮抗微生物的次级代谢产物，而是具有生命的拮抗菌的本身。施药后可在作物根表面及根际迅速大量增殖，根长到哪里，拮抗菌就跟到哪里，调节根周围的微生态平衡，形成一道严密的保护屏障，并逐年累积，持效期长。这些根周围的拮抗菌通过重寄生、营养或空间竞争、分泌抗生素、诱导作物抗病性等机制，抵御土传、种传病原菌对作物的侵染。此外，健根宝中的拮抗菌还能够分泌促进作物生长的活性物质，具有增根、壮秧、提高品质的作用。

(2) 在蔬菜生产上的应用　田间应用表明，健根宝对番茄、黄瓜、茄子、青椒、西瓜、甜瓜等作物上的猝倒病、立枯病和枯萎病有效，对辣椒、豇豆、草莓的根腐病，以及其他作物的软腐病、姜瘟病等都有很好的防治效果。主要在育苗、定植及坐果期使用。健根宝粉剂以 1∶50 拌土在播种时穴施，对西瓜枯萎病的防效最佳，高达 80%以上，且省工、省药。

① 育苗时，每平方米用 10^8cfu/克健根宝可湿性粉剂 10 克与 15～20 千克细土混匀，1/3 撒于种子底部，2/3 覆于种子上面。

② 分苗时，每 100 克 10^8cfu/克健根宝可湿性粉剂对营养土 100～150 千克，混拌均匀后分苗。

③ 定植时，每 100 克 10^8cfu/克健根宝可湿性粉剂对细土 150～200 千克，混匀后每穴撒 100 克。

④ 进入坐果期，每 100 克 10^8cfu/克健根宝可湿性粉剂对 45 千克水灌根，每株灌 250～300 毫升，以后视病情连续灌 2～3 次。

(3) 注意事项　健根宝属于微生物活体药剂，对环境湿度要求较为严格，施用健根宝后，土壤应保持湿润，土壤干旱不利其药效发挥；不能与化学杀菌剂混合使用；未用完的药剂应密封，于低温干燥处保存。

二、木霉菌

木霉素，属微生物源、真菌杀菌剂。主要剂型：1.5 亿活孢子/克可湿性粉剂、2 亿活孢子/克可湿性粉剂、1 亿活孢子/克水分散粒剂。半知菌亚门木霉属的一种真菌，具有杀菌、重复寄生、溶菌、毒性蛋白及竞争作用。对霜霉菌、疫霉菌、丝核菌、小核菌、轮枝孢菌等真菌有拮抗作用，对白粉菌、炭疽菌也表现活性。防治效果接近化学农药三乙膦酸铝、甲霜灵，且显著优于多菌灵，低毒，对蔬菜安全，不污染环境，可作为防治霜霉病的替代农药。属于低毒杀菌剂，对人、畜、天敌昆虫非常安全，无残留，不污染环境。

(1) 杀菌机理　以绿色木霉菌通过重复寄生、营养竞争和裂解酶的作用杀灭病原真菌。木霉菌可迅速消耗侵染位点附近的营养物质，立即使致病菌停止生长和侵染，再通过几丁质酶和葡聚糖酶消融病原菌的细胞壁，从而使菌丝体消失，植株恢复绿色。木霉菌与病原菌有协同作用，即越有利于病菌发病的环境条件，木霉菌作用效果越强。

木霉菌的代谢产物在植物生长发育过程中不断积累，在幼龄植物的初生分裂组织中起催化剂作用，能够加速细胞的繁殖，从而使植物生长更快。同时，它从真菌和有机物中摄取营养物质，促使它们腐烂分解，成为有用的肥料，所以用木霉菌处理后的植株一般生长健壮，表现出明显的促进生长作用；保护种子、土壤和各种植物免受病原真菌的侵染；降解毒素。

(2) 在蔬菜生产上的应用　可用于防治瓜类、十字花科蔬菜霜霉病。瓜类、番茄、马铃薯、菜豆、豇豆等多种蔬菜白绢病，茄科、豆科蔬菜立枯病，茄子黄萎病，瓜苗猝倒病，瓜类炭疽病等。使用方法有拌种、灌根和喷雾。

① 喷雾。防治黄瓜、大白菜等蔬菜的霜霉病，可在发病初期，每亩用 1.5 亿活孢子/克木霉菌可湿性粉剂 200～300 克，对水 50～60千克，均匀喷雾，每隔 5～7 天喷一次，连续防治 2～3 次。

防治瓜类白粉病、炭疽病，在发病初期，可用1.5亿活孢子/克木霉菌可湿性粉剂300倍液在发病初期喷雾，每隔5～7天一次，连续防治3～4次。

防治黄瓜、番茄灰霉病、霜霉病等，在发病初期，可用1亿活孢子/克木霉菌水分散粒剂600～800倍液喷雾，每隔7～10天喷一次，连喷2～3次，加入一定量的麸皮可作稀释营养剂。

防治油菜霜霉病和菌核病，亩用1.5亿活孢子/克木霉菌可湿性粉剂200～300克，对水15千克喷雾，隔7天喷一次。霜霉病于始花期初发病时开始喷药，菌核病于盛花期喷药。

② 拌种。使用木霉素拌种，可防治根腐病、猝倒病、立枯病、白绢病、疫病等，通过拌种将药剂带入土中，在种子周围形成保护屏障，预防病害的发生。一般用药量为种子量的5%～10%，先将种子喷适量水或黏着剂搅拌均匀，然后倒入干药粉，均匀搅拌，使种子表面都附着药粉，然后播种。

③ 灌根。防治黄瓜、苦瓜、南瓜、扁豆等蔬菜的白绢病，可在发病初期，每亩用1.5亿活孢子/克木霉菌可湿性粉剂400～450克，和细土50千克拌匀，制成菌土，撒在病株茎基部，隔5～7天撒一次，连续2～3次。使用木霉素灌根，可防治根腐病、白绢病等茎基部病害，一般用1亿活孢子/克木霉菌水分散粒剂1500～2000倍液，每株灌250毫升药液，灌后及时覆土。

在辣椒苗定植时，每亩用1.5亿活孢子/克木霉菌可湿性粉剂100克，再与1.25千克米糠混拌均匀，把幼苗根部沾上菌糠后栽苗，或在田间初发病时，用1.5亿活孢子/克木霉菌可湿性粉剂600倍液灌根，可防治辣椒枯萎病。

(3) 注意事项　木霉菌为真菌制剂，不能与酸性、碱性农药混用，也不能与杀菌农药混用，否则会降低菌体活力，影响药效正常发挥；不可用于食用菌病害的防治；一定要于发病初期开始喷药，喷雾时需均匀、周到，不可漏喷，如喷后8小时内遇雨，需及时补喷；露天使用时，最好于阴天或下午4时作业；须保存于阴凉干燥处，忌阳光直射或受潮。

三、植物激活蛋白

植物激活蛋白，又称蛋白农药、激活蛋白、免疫蛋白，植物疫苗。属微生物源真菌杀菌剂，是一种新型、广谱、高效、多功能新型生物农药，无毒无残留，对环境友好。主要剂型：3%可湿性粉剂。

（1）杀菌机理　激活蛋白本身无毒，施用在植物上后，首先与植物表面的受体蛋白结合，植物的受体蛋白在接受激活蛋白的信号传导后启动植物体内一系列代谢反应，激活植物自身免疫系统和生长系统，从而抵御病虫害的侵袭和不良环境的影响，起到防治病虫害、抗逆、促进植物生长发育、改善作物品质和提高产量的作用。

（2）在蔬菜生产上的应用　具广谱性，可广泛应用于植物的浸种、灌根和叶面喷施。适用于番茄、辣椒、西瓜、草莓等蔬菜作物。对灰霉病、病毒病及蚜虫、红蜘蛛等有良好的作用效果。同时还可促进作物生长和增产，改善果实品质以及提高作物抗逆性。

① 植物激活蛋白草莓专用型。对灰霉病、白粉病有很好的防治效果，同时促进生长效果和改善品质效果非常明显。稀释1000倍喷雾，4月份上旬喷第一次药，间隔25～30天，连续3～4次。每亩用量60～90克。

② 植物激活蛋白茄科作物专用型。适应于辣椒、番茄等大多数茄科作物。对青枯病、疫病、病毒病、白绢病、炭疽病等有很好的防效，增产10%以上，明显改善品质。浸种：稀释500倍，浸种5～6小时。叶面喷施：稀释1000倍喷雾，移栽成活一周后开始喷药，每次间隔20～25天，连续3～4次，具体喷药次数根据病情而定。每亩用量30～45克。

③ 植物激活蛋白油菜专用型。增强光合作用、提高抗冻抗逆能力、提高产量、改善品质、降低芥油含量，同时对病毒病、菌核病和蚜虫有较好的防效。稀释1000倍喷雾，直播田在间苗后喷第一次药，移栽田在移栽成活后7天喷第一次药，间隔30天，连续2次。始花时喷第三次药，间隔25～30天，连续2～3次，即可达

到提高坐果率和防治病虫害的目的。每亩用量45～60克。

④ 植物激活蛋白葛头专用型。促进根系生长，提高产量，改善品质。对基腐病、紫斑病、霜霉病有较好的效果。稀释1000倍喷雾，4月中旬叶面喷施第一次，间隔20天喷施1次，连续4次。每亩用量45～60克。

⑤ 植物激活蛋白大白菜专用型。提高产量，改善品质，促进包心效果明显。对软腐病、霜霉病、病毒病有较好的效果。稀释1000倍喷雾，移栽成活后一周叶面喷施第一次，间隔20天喷施1次，连续4次。每亩用量45～60克。

⑥ 植物激活蛋白西瓜专用型。提高坐果率、促进生长、增加产量、改善品质，对病毒病、疫病、枯萎病及蚜虫等病虫害有很好的效果。浸种：稀释500倍，浸种5～6小时。叶面喷施：稀释1000倍喷雾，移栽后一周喷施第一次，连续喷施3～4次（即苗期、伸蔓期和结果期各喷施一次），间隔20～25天。喷药次数可根据天气和病情而定。每亩用量45～60克。

(3) 注意事项　药液可与常用的酸性、中性农药混用，但不能与碱性农药混用；药液要充分搅匀，随配随用；喷药时间以在早上露水干后或傍晚时较好，下雨时不能喷药，喷药后6小时内遇雨需要补喷；在阴凉干燥处贮存。

四、荧光假单胞杆菌

荧光假单胞杆菌制剂是采用具有广谱抑菌作用的荧光假单胞杆菌，经先进的发酵工艺加工而成的微生物源低毒杀菌剂，具有良好的促根生长效果，并可预防和抑制番茄、茄子、辣椒等茄科作物的青枯病和生姜瘟病等土传病害的发生，且具有促进种子萌发、提高发芽势和出苗率等功能特点，是高效、无毒、无公害、无污染的环保微生物制剂。主要剂型：5亿个/克可湿性粉剂、10亿个/毫升水剂、15亿个/克水分散粒剂、3000亿个/克粉剂。

(1) 杀菌机理　根据植物病毒生物防治原理研制而成的微生物活体农药，通过有效成分荧光假单胞杆菌拮抗细菌的营养竞争、位点占领等保护植物免受病原菌的侵染，同时能有效地抑制病原菌的生长，达到防病治病的目的。另外，荧光假单胞杆菌还可以产生生长素类物质，促进作物根系生长，解决烂根问题。可用于防治番茄青枯病，并能催芽壮苗、促使植物生长、具有防病和作菌肥的双重作用。

(2) 使用方法　防治番茄青枯病，用10亿个/毫升荧光假单胞杆菌水剂80～100倍液灌根，或每亩用3000亿个/克荧光假单胞菌粉剂437.5～550克浸种＋泼浇＋灌根。

(3) 注意事项　拌种过程中避开阳光直射，灌根时使药液尽量顺垄进入根区，可与杀虫剂、杀菌剂混用。贮存于避光、干燥处。产品应密封包装。

五、枯草芽孢杆菌

枯草芽孢杆菌，属微生物源、低毒杀菌剂。主要剂型：10亿活芽孢/克可湿性粉剂，1000亿活芽孢/克可湿性粉剂，1万活芽孢/毫升悬浮种衣剂。枯草芽孢杆菌适用作物和防治对象非常广泛，但目前生产上主要用于防治黄瓜白粉病、黄瓜灰霉病、草莓白粉病、草莓灰霉病、番茄青枯病等。通常用作种子处理剂，防治种子的多种病原真菌，如镰刀菌、腐霉菌和丝菌核等。

(1) 杀菌机理　枯草芽孢杆菌通常存在于土壤中，尤其大量存在于发芽植物的根系周围。人工筛选出的菌株对植物根部病害有较好的控制效果。细菌在作物的根系周围建立自己的菌系并成为植物根系统的“居民”，与侵染根系的致病有机物竞争。枯草芽孢杆菌GB03菌株作为种子处理剂用在发芽种子的根部，能有效地防治根系周围的真菌，使作物免遭病原菌的侵害，并具有防病、刺激作物生长、增产增收的多重作用。

(2) 在蔬菜生产上的应用　枯草芽孢杆菌主要用于喷雾，也可灌根、拌种及种子包衣等。

① 喷雾。防治草莓和黄瓜的灰霉病及白粉病时，从病害发生初期开始喷药，7～10天1次，需要连喷2～3次。一般每亩使用

10亿活芽孢/克枯草芽孢杆菌可湿性粉剂600～800倍液喷雾，喷药应均匀、周到。

② 灌根。防治番茄青枯病时，多采用药液灌根方法。从发病初期开始灌药，10～15天1次，需要连灌2～3次。一般使用10亿活芽孢/克枯草芽孢杆菌可湿性粉剂600～800倍液灌根，顺茎基部向下浇灌，每株需要浇灌药液150～250毫升。

(3) 注意事项　不能与广谱的种子处理剂克菌丹及含铜制剂混合使用，可推荐作为广谱种衣剂，拓宽对种子病害的防治范围。在阴凉干燥条件下贮存，活性稳定在2年以上。

六、 蜡质芽孢杆菌

蜡质芽孢杆菌，属微生物源、低毒杀菌剂。主要剂型：8亿活芽孢/克可湿性粉剂，20亿活芽孢/克可湿性粉剂，300亿蜡质芽孢杆菌/克可湿性粉剂。

(1) 杀菌机理　蜡质芽孢杆菌能通过体内的超氧化物歧化酶(SOD)，提高作物对病菌和逆境为害引发体内产生氧的清除能力，调节作物细胞微生境，维护细胞正常的生理代谢和生化反应，提高抗逆性，加速生长，提高产量和品质。

(2) 在蔬菜生产上的应用

① 灌根。防治姜瘟病时，多采用顺垄漫灌方式用药，从发病初期开始进行。一般每亩使用8亿活芽孢/克蜡质芽孢杆菌可湿性粉剂500～1000克，或20亿活芽孢/克蜡质芽孢杆菌可湿性粉剂200～400克药剂。15天后再用药1次，灌药时应力求均匀用药。

防治茄子和辣椒青枯病时，从发病初期开始灌根，10～15天后需要再灌1次。一般使用8亿活芽孢/克蜡质芽孢杆菌可湿性粉剂80～120倍液，或20亿活芽孢/克蜡质芽孢杆菌可湿性粉剂200～300倍液，每株需要灌药液150～250毫升。

② 浸泡。种植生姜前，使用8亿活芽孢/克蜡质芽孢杆菌可湿性粉剂100～150倍液，或20亿活芽孢/克蜡质芽孢杆菌可湿性粉剂300～400倍液浸泡姜种30分钟，对姜瘟病具有很好的防治

效果。

③ 拌种。油菜、玉米、高粱、大豆及各种蔬菜作物播种前，每千克种子用300亿蜡质芽孢杆菌/克可湿性粉剂15～20克拌种，拌匀后晾干，然后播种。

④ 喷雾。对油菜、玉米、大豆及蔬菜作物，在旺长期，每亩用300亿蜡质芽孢杆菌/克可湿性粉剂0.1～0.15千克药粉，加水30～40升均匀喷雾。据在油菜上试验，可增加油菜的分枝数、角果数及籽粒数，有一定的增产作用，并可降低油菜霜霉病及油菜立枯病的发病率，有一定的防病作用。

（3）注意事项　施药后24小时内如遇大雨需要重新施药；发病较重时，应适当增加用药浓度，并增加使用次数；本剂为活体细菌制剂，保存时应避免高温，50℃以上易造成菌体死亡，宜存放于阴凉通风处，打开即用，勿再存放。

七、重茬敌

该药剂内含高活性生物抗生菌及其产生的抗生素与生理活性物质，属生物活性真菌。剂型为粉剂。为纯生物制剂，低毒，对蔬菜瓜果无残留，对土壤无有害物质残留，对人、畜安全，不污染环境。在富含有机质的土壤中持效期较长。对施药对象有良好的附着性。主要应用于如菜豆、黄瓜、茄子、番茄等茄果类和叶菜类蔬菜及西瓜、甜瓜、马铃薯等重茬种植土壤。

（1）杀菌机理　对土传有害菌具有拮抗作用，特别是在温室大棚等设施园艺条件下效果显著。除可控制病原菌外，还兼有活化土壤、改良土壤、培肥土壤、防止土壤盐渍化作用以及补充微量元素、提高肥料利用率的作用，菌体产生的次生代谢产生能刺激作物各部分生长，使植株健壮、叶片浓绿肥厚，一般可增产15%～20%。

（2）使用方法　可防治多种真菌性病害，如茄子黄萎病、褐斑病，西瓜和甜瓜立枯病、枯萎病、白粉病，辣椒、番茄早疫病、晚疫病，黄瓜霜霉病，菜豆锈病等，在重茬作物栽培中病害防治率可达80%以上。使用时，每亩用量为8～10千克，按1∶10的比例与细土混匀后，在做畦时撒在土深15厘米处，即可定植或播种。此外，也可采用穴施、条施、冲施等施药方法。如果是重茬超过3年以上，应在各个农事栽培管理环节上施用，效果更稳定。

(3) 注意事项　使用时，不宜与化学杀菌剂混用。贮存于阴凉避风、避光处。

八、核苷酸

核苷酸，有效成分为核苷酸和多种微量元素。主要剂型：0.05%水剂。是以蚯蚓等为原料经深加工制成的生物抗病增产剂，为微生物发酵制剂，低毒杀菌剂，对人、畜低毒，适于防治蔬菜真菌性病害，并对蔬菜等作物有促进增产作用。

(1) 杀菌机理　内含高效增效剂，可促进根系生长，促进细胞新陈代谢，提高植物体内防卫系统的生理功能，增强光合作用，有效地促进植物生长发育。对大棚蔬菜霜霉病、腐烂病等真菌性病害有显著防效，降低作物发病率，还可提高抗旱、防寒和促进植物伤后自愈能力。一般使用2～3天后可使弱苗变壮，弱株变强。是一种药肥合一的新型生物制剂。

(2) 在蔬菜生产上的应用

① 防病。防治黄瓜霜霉病、炭疽病、白粉病，番茄早疫病、晚疫病、灰霉病、叶霉病，茄子褐纹病、绵疫病，辣椒炭疽病、疫病，豇豆炭疽病、锈病、轮纹病，芹菜叶斑病、斑枯病、菌核病，白菜霜霉病、炭疽病，大葱紫斑病、锈病等。用0.05%核苷酸水剂600～800倍液喷雾，每隔7～10天1次，连喷2～3次。与其他酸性农药混用，有增效作用。

② 用于食用菌灭菌。用0.05%核苷酸水剂800～2000倍液，拌入食用菌的培养基中灭菌。

③ 调节生长。用0.05%核苷酸水剂500倍液，在大棚番茄、黄瓜、西瓜等作物的幼苗期、生长期、开花期喷洒2～3次。有调节生长和增产作用，并可减轻病害发生。

④ 解除药害。将0.05%核苷酸水剂对水稀释后喷雾，可用于解除除草剂药害，治疗冻害，防止干尖等。

解除除草剂药害，用0.05%核苷酸水剂500倍液，在上午露水干后或傍晚用喷雾器喷在作物叶片的正反面上，可对造成除草剂药害的作物收到“起死回生”的效果。

防治药害引起的大葱、洋葱干尖，药剂浓度过高，使叶尖变白、干枯，用0.05%核苷酸水剂500倍液喷雾，可解除药害，每隔7天1次，连喷2～3次，防治效果可达100%。

因铜制剂造成的药害，可喷洒0.05%核苷酸水剂500倍液缓解，同时能促进植株恢复正常生长发育。

(3) 注意事项　宜在晴天上午10时以前或下午4时以后喷药，喷施8小时以内遇雨应补喷；喷施时要掌握稀释浓度，如有沉淀，应先摇匀，再稀释使用，不影响质量；应在阴凉、通风处保存；不要和碱性药物混用。

九、植物病毒疫苗

植物病毒疫苗属微生物源低毒杀菌剂。主要剂型：水剂。

(1) 杀菌机理　植物病毒疫苗能有效地破坏植物病毒基因和病毒组织，抑制病毒分子的合成，在病毒发病前使用，使植物在生育期内不感染病毒，并起到抗病、健株、增产的作用。

(2) 在蔬菜生产上的应用

① 防治番茄、黄瓜、甜(辣)椒、茄子、白菜、萝卜、西葫芦、油菜、菜豆、甘蓝、大葱、韭菜、芥菜、茼蒿、菠菜、芹菜、生菜、冬瓜、西瓜、甜瓜、草莓等作物的花叶、蕨叶、小叶、黄叶、卷叶、条纹等症状的病毒病。苗期育苗的作物，苗床上喷500～600倍液，喷雾2次，间隔5天一次；定植后喷500～600倍液2次，间隔5～7天一次。

② 防治马铃薯、花生、生姜等经济作物由黄瓜花叶病毒、马铃薯Y病毒、马铃薯X病毒引起的病毒病。在育苗床上连续喷2次500～600倍液，间隔5天，具有免疫和治疗作用。

(3) 注意事项 最好在幼苗期使用，既有效又经济；可与其他农药（杀虫剂、杀菌剂、营养剂）混用，提高药效。

十、弱毒疫苗 N_{14}

弱毒疫苗 N_{14}，属微生物源、低毒杀菌剂。主要剂型：提纯浓缩水剂，浓缩液病毒疫苗。有效成分为“弱病毒”（一种致病力很弱的病毒），由中国农科院微生物研究所研制，可防治多种蔬菜的病毒病。对人、畜低毒安全，不污染环境。

(1) 杀菌机理 弱毒疫苗 N_{14} 是通过番茄花叶病毒诱变而得到的，它含有一定剂量的活体弱病毒，这种弱病毒致病力很弱，弱病毒侵入寄主后，只给寄主造成极轻为害或不造成为害，但可诱发寄主产生抗体，可阻止同种致病力强的病毒再侵入寄主。弱病毒主要防治烟草花叶病毒引起的番茄、甜（辣）椒、马铃薯病毒病。

(2) 在蔬菜生产上的应用 用浸根、喷雾、摩擦等接种。

① 浸根。当番茄幼苗有 2 片真叶时（约播后 30 天），结合分苗，把幼苗拔出，并洗净根部泥土，然后放入疫苗的 100～200 倍稀释液中，浸泡 30～60 分钟后，再栽苗，浸根药液可反复使用3～4 次，也可将洗去根部泥土的番茄幼苗先放在容器中，再倒入稀释的弱毒疫苗，但间隔时间不能太长，否则会因微伤愈合而影响效果；在甜椒 1～2 片真叶分苗时洗去根部泥土，浸在弱毒疫苗 N_{14} 的 100 倍液中，30 分钟后分苗移植。

② 喷雾。当番茄幼苗有 1～3 片真叶时，在疫苗的 100 倍稀释液中，加入 0.5%的金刚砂（600 目），然后用压力为 2～3 千克力/平方厘米[1]的喷枪，在距幼苗 5～10 厘米处，把稀释液喷到幼苗上，喷枪移动速度为每秒 8 厘米，每 4000 株幼苗，约需 200 毫升疫苗稀释液；在甜（辣）椒 2～3 片真叶时用弱毒疫苗 N_{14} 的 50 倍液喷雾接种。

③ 摩擦。当番茄、大白菜、马铃薯等幼苗有 3～5 片真叶时，用食指蘸取少许加入金刚砂的疫苗 100 倍稀释液，轻轻摩擦幼苗叶

---

[1] 1 千克力/平方厘米＝98.0665 千帕。

片正面接种，或在幼苗叶片上轻轻刻划，造成茎叶伤痕，然后叶面喷洒弱毒疫苗 N_{14} 100 倍液，也可用 7～9 根 9 号缝衣针绑在筷头上蘸取弱毒疫苗 N_{14} 的 100 倍液轻刺叶片接种；当甜（辣）椒 1～2 片真叶分苗时，在每 100 毫升弱毒疫苗 N_{14} 的 100 倍液中，加入 0.5 克金刚砂，用手指蘸取加入了金刚砂的稀释液，夹住叶片轻抹一遍，金刚砂可使幼苗叶表面造成细微的伤口，利于接种。

（3）注意事项　在接种前，须将稀释接种用的用具用开水煮沸 20 分钟，或用 10%磷酸三钠溶液浸泡 20 分钟，操作者应用肥皂水洗手 3 次，操作过程中不能吸烟，并采取多种措施确保接种后的幼苗不能被（强致病力的）病毒浸染，以提高防治效果；须用洁净的自来水或凉开水稀释浓缩液病毒疫苗；接种后，要把室温提高到 30～35℃保持 1 天，然后再恢复正常；将卫星病毒 S_{52} 与弱毒疫苗 N_{14} 等量混合使用，防治效果更佳；用前应了解番茄品种，如番茄的抗病性强，用本剂无效果；要做好种子及土壤消毒工作；浓缩液疫苗在室温下保存 3 个月，在 4℃避光保存 1 年。

十一、卫星核酸生防制剂 S_{52}

卫星核酸生防制剂 S_{52} 为微生物源杀菌剂。主要剂型：提纯浓缩水剂。属低毒杀病毒剂，对人、畜安全，对天敌昆虫无害，不污染环境。

（1）杀菌机理　本剂为无色液体，含一定剂量的活体弱病毒 S_{52}，其防病机制同弱毒疫苗 N_{14}。但该病毒制剂主要是针对黄瓜花叶病毒（CMV），主要用于防治保护地秋番茄、黄瓜的花叶病毒病。

（2）在蔬菜上的使用方法同弱毒疫苗 N_{14}。

（3）注意事项　卫星核酸生防制剂 S_{52} 主要针对黄瓜花叶病毒病。在秋季保护地番茄上可采用卫星核酸生防制剂 S_{52}，在露地番茄、辣椒上可采用 N_{14} 与 S_{52} 的混合液接种。

十二、菇类蛋白多糖

菇类蛋白多糖是一种多糖类低毒保护性病毒钝化剂，主要成分为菇类蛋白多糖。主要剂型：0.5%水剂。是以微生物固体发酵而制得的绿色生物农药，为预防性药剂，低毒。

(1) 杀菌机理 对病毒起抑制作用的主要组分是食用菌菌体代谢所产生的蛋白多糖。通过抑制病毒核酸和蛋白质的合成，干扰病毒RNA的转录和翻译DNA的合成与复制，进而控制病毒增殖；并能在植物体内形成一层“致密的保护膜”，阻止病毒二次侵染。

(2) 在蔬菜生产上的使用 主要用于防治蔬菜病毒病，对烟草花叶病毒、黄瓜花叶病毒等的侵染均有良好的抑制效益，尤对烟草花叶病毒抑制效果更佳。可采取喷雾、浸种、灌根和蘸根等方法施药。

① 喷雾。用0.5%菇类蛋白多糖水剂250～300倍液于苗期或发病初期开始喷雾，可防治番茄、辣椒、茄子、芹菜、西葫芦、菜豆、大白菜、韭菜、甜瓜、西瓜、大蒜、生姜、菠菜、苋菜、蕹菜、茼蒿、落葵、魔芋、莴苣等的病毒病，茄子斑萎病毒病，黄瓜绿斑花叶病，番茄斑萎病毒病、曲顶病毒病，辣椒花叶病毒病，大蒜褪绿条斑病毒病、嵌纹病毒病等，每隔7～10天喷一次，连喷3～5次，发病严重的地块，应缩短使用间隔期。

用0.5%菇类蛋白多糖水剂300倍液喷雾，可防治菜豆花叶病毒病，扁豆花叶病毒病，菠菜矮花叶病毒病，萝卜花叶病毒病，乌塌菜、青花菜、紫甘蓝、黄秋葵、草莓等的病毒病。

用0.5%菇类蛋白多糖水剂300～350倍液喷雾，可防治芦笋、百合等的病毒病。

② 浸种。有的瓜、菜类种子可以带毒，播种前用0.5%水剂100倍液浸种20～30分钟，随后洗净、播种，对控制种传病毒病的为害效果较好。

防治马铃薯病毒病，可用0.5%菇类蛋白多糖水剂600倍液浸薯种1小时左右，晾干后种植。

③ 灌根。用0.5%菇类蛋白多糖水剂250倍液灌根，每株次用50～100毫升药液，每隔10～15天一次，连灌2～3次。

④ 蘸根。在番茄、茄子、辣椒等的幼苗定植时，用0.5%菇类

蛋白多糖水剂300倍液浸根30～40分钟后，再栽苗。

(3) 注意事项　避免与酸、碱性农药混用；可与中性或微酸性农药、叶面肥和生长素混用，但必须先配好本药后再加入其他农药或肥料；最好在幼苗定植前2～3天喷一次药液，喷雾、蘸根、灌根可配合使用，若与其他防治病毒病措施（如防治蚜虫）配合作用，防效更好；本产品为生物制剂，开启前仍继续发酵，因而鼓瓶为正常现象；开启包装物要远离眼睛，以防发酵产生的气体伤害眼睛和皮肤；本品有少许沉淀，使用时要摇匀，沉淀不影响药效；配制时需用清水，现配现用，配好的药剂不可贮存；远离儿童，不能与食品、饮料、粮食、饲料等物品同贮同运。贮存和运输要避光、低温、干燥、通风、禁止倒置；一般作物安全间隔期为7天，每季作物最多使用3次。

十三、寡糖·链蛋白

6%寡糖·链蛋白可湿性粉剂，商品名为“阿泰灵”，为中国农科院植保所专利产品，有效成分为3%极细链格孢激活蛋白加3%氨基寡糖素可湿性粉剂。为植物源防治病毒病药剂。

(1) 产品性能

① 本品为中国农科院植保所最新研制的生物源杀菌剂，安全低毒，对环境友好，对番茄病毒病、烟草病毒病有特效。

② 作用方式独特，可抑制病毒基因表达，控制病毒繁殖，同时通过细胞活化作用，修复受害植株损伤，促根壮苗，增强作物的抗逆性，促进植物生长。

③ 具有诱导抗性，可以系统地防治农作物病毒病，同时可激发植物体内基因表达，产生具有抗病作用的几丁酶、葡聚糖酶及PR蛋白等，诱导植物产生多重防御反应，提高自身的抗病能力，起到抗病防虫作用。

④ 含有丰富的碳、氮等营养物质，可被微生物分解利用并作为植物生长的养分，改善品质，有效提高作物产量。

⑤ 对番茄晚疫病、大白菜软腐病等细菌、真菌性病害也有很

好的防治效果。能改善农作物品质，改变土壤微生物区系，促进植物生长，有效提高作物产量的作用。

(2) 在蔬菜生产上的应用　可防治蔬菜病毒病。在病毒病发生前或发生初期，用6%寡糖·链蛋白可湿性粉剂1000～1500倍液，叶面喷雾，连喷2～3次。另外可根据不同作物及病害发生情况，适当调节用药量。据有关田间试验，在以下作物病害防治上表现较好。

防治番茄黄化曲叶病毒病，用6%寡糖·链蛋白可湿性粉剂1000～1500倍液喷雾，7天后，新发叶片正常，叶片浓绿，周围没有发现病毒蔓延，番茄病毒病得到了很好的防治。

预防番茄病毒病：用6%寡糖·链蛋白可湿性粉剂600倍液浸种1小时，阴干后播种。浸种后能有效提高作物免疫力，起到促根壮苗作用，使作物产生植保素和木质素，有效防控病毒病等多种病害发生。

防治西瓜病毒病：用6%寡糖·链蛋白可湿性粉剂1000倍液，叶面喷雾，植株新发叶片翠绿，正常生长，病毒病得到了很好的控制，叶片翠绿，长势良好。

防治辣椒病毒病：用6%寡糖·链蛋白可湿性粉剂1000～2000倍液，叶面喷雾，受害严重田块连喷2～3次。

防治茄子白绢病：用寡糖·链蛋白处理幼苗，让作物不感病或感病轻。于茄子移栽前一周，用6%寡糖·链蛋白可湿性粉剂1000倍液喷淋秧苗，定植缓苗后、开花前、结果盛期，单独或和其他药剂混合喷洒，可以大大减轻病害的发生。

防治玉米矮缩病：用6%寡糖·链蛋白可湿性粉剂1000倍液，叶面喷雾，7天一次，连续2次，玉米植株恢复生长，用药健康植株明显优于未用药植株。

(3) 注意事项　不得与碱性农药等物质混用，以免降低药效；在喷施过程中不可随意增加用药量，用量过大可能会出现僵苗的现象，但很快就会恢复正常生长；使用时应穿戴防护服和手套，避免吸入药液，施药期间不可吃东西和饮水，施药后应及时洗手和洗脸；用过的包装物应妥善处理，不可做他用，也不可随意丢弃。

十四、 嘧肽霉素

嘧肽霉素属胞嘧啶核苷肽类新型高效纯生物抗病毒杀菌剂。主要剂型：4%水剂。对番茄病毒病、辣椒病毒病、瓜类病毒病、葫芦病毒病、玉米矮花叶病毒病等多种植物病毒病防效显著，并可提供多种作物所需的微量元素。

(1) 杀菌机理　对蔬菜的全程防护，病害发生前可在植物叶子表面形成一层薄膜，覆盖于植物表面，减少病毒感受点。病毒侵入初期可干扰病毒核酸复制和蛋白质的合成，并且诱导植物防御酶系的活性增强，提高植物的抗病性。病毒侵入后期直接作用于病毒粒子，使其暂时或永久钝化，失去侵染能力，破坏真菌细胞壁，杀死病菌。

(2) 在蔬菜生产上的应用　于作物苗期、发病前期或发病期，对水稀释成500～700倍液叶面喷雾，每5～7天喷一次，连续喷2～3次。病重时可结合灌根，每穴灌药液100～200毫升。苗期开始用药，可避免多种病毒病的发生。依病害发生情况适当增加用药量及使用次数

(3) 注意事项　本品有少量沉淀，摇匀后使用，不影响药效；喷药后4小时内遇雨需补喷；防治病毒病，同时注意蚜虫、叶蝉等传毒害虫的控制；不能与碱性农药混用；存放于阴凉干燥处。

十五、 厚孢轮枝菌

厚孢轮枝菌为低毒杀线虫剂，商品名：线虫必克。主要剂型为2.5亿孢子/克微粒剂。

(1) 杀菌机理　大量孢子在作物根系周围土壤中萌发，产生菌丝作用于根结线虫雌虫，导致线虫死亡。通过孢子萌发产生菌丝寄生根结线虫的卵，使得虫卵不能孵化、繁殖。该产品是纯生物制剂，使用后对作物不会产生药害，使用方法简便；该产品通过食线虫菌物的大量萌发、繁殖，达到杀死线虫及虫卵的目的，持效期长，一季作物只需使用一次即可达到理想的防治效果，并对地老

虎、蛴螬、蝼蛄等地下害虫有较强的趋避作用；有效成分为天然菌物经筛选培育而得，施用后在环境、作物中无残留，一季作物只需使用一次，减少了人工和用药量。

(2) 使用方法 防治蔬菜及其他作物根结线虫、孢囊线虫，移栽期，每亩用2.5亿孢子/克厚孢轮枝菌微粒剂1～1.5千克与农家肥混匀施入穴中；定植期或追肥期，每亩用2.5亿孢子/克厚孢轮枝菌微粒剂1.5～2千克与少量腐熟农家肥混匀施于作物根部，也可拌土单独施于作物根部。

(3) 注意事项 与营养土或农家肥混合后，施用效果更好。不能与杀菌剂混用。贮存于阴凉、干燥、通风处。

十六、淡紫拟青霉

淡紫拟青霉，商品名：线虫清，有机蔬菜生产中生物防治植物线虫病的主要生物类型。具有高效、广谱、长效、安全、无污染、无残留等特点。主要剂型为5亿活孢子/克颗粒剂。

(1) 杀菌机理 淡紫拟青霉为活体真菌线虫剂，所含有效菌为淡紫拟青霉菌，能防治胞囊线虫、根结线虫、茎线虫等多种寄生线虫。菌丝能侵入线虫体内及卵内进行繁殖，破坏线虫生理活动而导致死亡。

(2) 使用方法 防治多种蔬菜根结线虫病。在播种时拌种，或定植时拌入有机肥中穴施。连年施用本剂对根治土壤线虫有良好效果，并对作物无残毒，也不污染土壤，还对作物有一定刺激生长作用。

① 沟施或穴施。施在种子或种苗根系附近，每亩用活菌总数≥100亿/克的淡紫拟青霉2千克。病害严重的地块，可以适当增加用量。

② 处理苗床。将淡紫拟青霉菌剂与适量基质混匀后撒入苗床，播种覆土。1千克菌剂处理15～20平方米苗床。

③ 拌种。按种子量的1%进行拌种后，堆捂2～3小时，阴干即可播种。

④ 其他方法。混拌有机肥或其他肥料，于翻耕前撒施后及时翻耕。

(3) 注意事项　不能与杀菌剂混用。拌过药剂的种子应及时播入土中，不能在阳光下暴晒。在保质期内将药剂用完，对过期失效的药剂不能再用。药剂应贮存在阴凉、干燥处。

十七、寡雄腐霉

寡雄腐霉，商品名：多利维生。制剂：1×10^6 个孢子/克可湿性粉剂。是一种活性微生物广谱杀菌助长剂。其防治对象是由疫霉属、轮枝孢菌属、核盘菌属、茎点霉属、丝核菌、镰刀菌和致病腐霉菌等引起的白粉病、霜霉病、灰霉病、疫病、叶斑病、黑星病等真菌性病害。

(1) 杀菌机理　寡雄腐霉是自然界中存在的一种攻击性很强的寄生真菌，能在多种农作物根围定殖，不仅不会对作物产生致病作用，而且还能抑制或杀死其他致病真菌和土传病原菌，诱导植物产生防卫反应，减少病原菌的入侵。

① 寄生作用。活性成分的菌丝以吸附、缠绕和穿透等方式寄生在致病真菌体内，抢夺其营养将其致死。

② 抗生作用。由寡雄腐霉产生大量的蛋白酶、脂肪酶、β-1，3-葡聚糖酶、纤维素酶和几丁质酶，能够抑制病原菌菌丝生长。

③ 诱导防卫反应。寡雄腐霉能够促进植物细胞壁增厚，从而提高植物抵抗致病真菌侵染的能力；寡雄腐霉在植物体内产生的真菌蛋白拟激发素寡雄蛋白能够诱导植物产生抗病能力。

(2) 产品类型　在蔬菜生产上有以下系列产品。

① 草莓专用型。防治草莓白粉病、灰霉病、菌核病、根腐病等。

② 叶菜专用型。防治甘蓝、白菜、芦笋、生菜等的根腐病、白粉病、灰霉病等。

③ 番茄、辣椒专用型。防治番茄晚疫病、白粉病、灰霉病，辣椒疫病、炭疽病、灰霉病、叶枯病等。

（3）使用方法

① 拌种。作物播种前，取 1×10^6 个孢子/克寡雄腐霉可湿性粉剂 1 克对水 1 千克，一般可拌种 20 千克，将待拌的种子放入大容器中，用喷雾器将稀释液均匀喷施到种子上，边喷边搅拌使种子表面全部湿润，拌匀晾干后即可播种。拌种能够杀灭种皮内的病原菌及孢子，减少病害侵入。

② 浸种。播种前根据种子实际用量，将 1×10^6 个孢子/克寡雄腐霉可湿性粉剂 10000 倍液（取寡雄腐霉 1 克，加水 10 千克，依次类推），以浸没种子为宜。根据种子种皮的厚薄、干湿程度掌握好浸种时间，然后播种。浸种时间因种皮厚薄、吸胀能力强弱和气温差异而有所不同。蔬菜种子浸泡 5～10 小时。浸种能促进种子发芽率，增强幼苗发根能力，培养壮苗，减少病害侵入。

③ 苗床及土壤喷施。将 1×10^6 个孢子/克寡雄腐霉可湿性粉剂稀释 10000 倍液进行苗床及土壤喷施，可以有效防治猝倒病、立枯病、炭疽病等多种苗期病害发生，还可提高苗床土壤内有益菌活性，促进幼苗根系发育，培养壮苗。

④ 灌根。作物大田定植后使用 1×10^6 个孢子/克寡雄腐霉可湿性粉剂 10000 倍液灌根 2～3 次，每次间隔 7 天左右，可有效杀灭作物根系土壤内的病原真菌，预防立枯病、炭疽病、枯萎病等苗期病害的发生。

⑤ 喷施。将 1×10^6 个孢子/克寡雄腐霉可湿性粉剂 7500～10000 倍液从作物花期开始叶片喷施，能有效预防白粉病、灰霉病、霜霉病等多种真菌性病害，还能促使作物提高系统抗性，增强抵御病害的能力；另外，作物病害发生初期，使用 1×10^6 个孢子/克寡雄腐霉可湿性粉剂 7500 倍液喷施，可以有效杀灭病害，防止病害蔓延。

（4）注意事项　本产品为活性真菌孢子，不能和化学杀菌剂类产品混合使用；喷施化学杀菌剂后，在药效期内禁止使用；使用过化学杀菌剂的容器要充分清洗干净后方可使用本产品；喷施要选择在晴天无露水、无风条件下，上午 9 时前、下午 4 时后进行；喷施时应使液体淋湿整棵植株，包括叶片的正、反两面，茎、花、果实，并下渗到根；可与其他肥料、杀虫剂等混合使用；应贮存在干燥、阴凉、通风、防雨处，保质期 2 年。

第七节 ▶▶ 矿物源杀菌剂

一、硫黄

硫黄，属矿物源、无机硫类、低毒、保护性杀菌剂，有效成分为硫黄。主要剂型：硫黄粉，45%、50%悬浮剂，10%硫黄油膏剂，80%干悬浮剂，80%水分散粒剂，18%烟剂。硫黄为多功能药剂，除有杀菌作用外，还能杀螨和杀虫。主要防治蔬菜的白粉病、锈病、辣椒卷叶病、叶螨。

(1) 杀菌机理　作用于氧化还原体系细胞色素 b 和细胞色素 c 之间电子传递过程，夺取电子，干扰正常的“氧化-还原”，从而导致病菌或害螨死亡。

(2) 在蔬菜生产上的应用

① 熏蒸。防治番茄叶霉病，黄瓜、西葫芦、丝瓜等的黑星病，在定植前 7～10 天，密闭棚膜，按每 55 立方米空间，用硫黄粉 130 克、干锯末 250 克，把两者混匀，放在瓦盆内，用烧红的木炭或煤球点燃硫黄锯末混剂，人迅速退到棚外，关好棚门，熏蒸一夜或密闭 24 小时，放风，排出有害气体。

防治贮藏期南瓜青霉病，大蒜的青霉病、红腐病，在贮藏库内(也可把用具放入)，按每立方米空间，用 10 克硫黄粉，熏蒸 24 小时。

防治贮藏期甜椒腐烂，按每立方米空间，用硫黄粉 5～10 克，与少量干锯末、刨花等物混匀，堆放在干燥的砖上点燃。

在贮藏大蒜期，按每立方米空间用 100 克硫黄粉，发现有螨害时，拌适量干锯末，放在花盆内，密闭门窗点燃硫黄锯末，熏蒸 24 小时，能杀死害螨，但对螨卵无效，可待螨卵孵化后，再熏蒸一次，能防治大蒜贮期螨害。

② 喷雾。防治瓜类白粉病，用硫黄粉 0.5 千克、骨胶 0.25 千克、水 100 千克，先把骨胶用热水煮化（煮胶容器最好放在热水中），再加入硫黄粉调成糊状，然后再加足水量稀释，搅匀后喷雾。或用 50%硫黄胶悬剂稀释成 200～400 倍液喷雾，每隔 10 天左右喷洒 1 次，一般发病轻者用药 2 次，发病重者用药 3 次。或每亩用 80%硫黄干悬浮剂或 80%硫黄水分散粒剂 200～230 克对水 60～75 升喷雾，间隔 7～10 天喷雾 1 次，共喷 3 次。

（3）注意事项

① 硫黄制剂的防治效果与气温关系密切，适宜使用的气温为 4～32℃，气温在 20～25℃使用本品效果较好。早春或晚秋低温季节使用浓度宜高，使用 50%硫黄胶悬剂 200～300 倍液喷洒，以保证药效；夏季高温季节使用浓度宜低，使用 50%硫黄胶悬剂 400～500 倍液喷洒，以免产生药害。

② 硫黄属保护剂，在田间刚发现少量病株时就应开始施药。当病害已普遍发生时施药，防效会降低。一般为提高防效应连续施药 2 次以上，间隔期为 7～10 天。

③ 对黄瓜、大豆、马铃薯、桃、李、梨、葡萄敏感，使用时应适当降低浓度及次数。

④ 硫黄粉粒越细，效力越大。

⑤ 用硫黄熏蒸时，产生的二氧化硫气体，对人、畜有毒，对金属有腐蚀性，对绿色植株有漂白作用，应注意避免受其为害。

⑥ 悬浮剂型可能会有一些沉淀，摇匀后使用不影响药效。

⑦在运输、贮存、使用硫黄时，应注意防火。可与石灰混用或复配。不能与矿物油乳剂混用。喷洒矿物油药剂后，也不要立即喷洒硫黄胶悬剂，以免产生药害。

二、石硫合剂

石硫合剂，又叫石灰硫黄合剂、可隆、多硫化钙等。主要剂型：45%晶体、30%固体、29%水剂。其有效成分是多硫化钙

($CaS \cdot S_x$)，属矿物源、无机硫类、广谱、低毒、杀菌、杀虫剂，以杀虫、杀螨作用为主，兼有杀菌效果。石硫合剂除了工业化生产的石硫合剂商品，还可以自已熬制，节省用药成本。

(1) 杀菌机理　石硫合剂喷施在植株表面，遇空气发生一系列化学反应，形成微细的单体硫并释放出少量硫化氢，发挥杀虫、杀螨及杀菌作用。同时，因其为碱性，有侵蚀昆虫表皮蜡质层的作用，对体表具有较厚蜡质层的介壳虫和一些螨卵也有很好的杀灭效果。

石硫合剂可以自配，即用石灰、硫黄和水为原料熬制而成的红褐色透明液体，有臭鸡蛋气味，呈强碱性，遇酸易分解，遇空气易被氧化，对皮肤有腐蚀作用。

(2) 自配熬制方法　按生石灰、硫黄、水的比例为1∶2∶15的配合量称取。如生石灰（50克）∶硫黄（100克）∶水（750～800）克比例配好，先用少许热水将硫黄粉调成糊状，将生石灰放在热水锅内使其化开调成石灰乳，然后放入事先调成糊状的硫黄粉，边加边搅拌，使之与石灰乳充分混合，经40～60分钟，药液呈红褐色，锅底的石灰渣呈黄绿色，液面起一层薄膜，有刺鼻臭气，即算熬成，立即停火，使其冷却。取其冷却后的上部澄清液（又称原液），放入200毫升的量筒中，用波美密度计量其度数，一般以20～30波美度较好，稀释到0.2～0.3波美度应用。

(3) 使用方法　在使用前，先用波美密度计测定原液的波美度，再按下式计算加水倍数：原液波美度/需稀释的波美度－1。例如：原液为20波美度，欲稀释为0.5波美度的药液，需加水多少？则加水倍数＝20/0.5－1＝39。

用30%石硫固体合剂150倍液喷雾，可防止甜（辣）椒、豇豆、白菜类等的白粉病，番茄白粉病，菜豆、蚕豆、豇豆、扁豆、苦苣、豌豆等的锈病。用45%石硫固体合剂200～600倍液喷雾，可防治螨及黄瓜白粉病。用0.1～0.2波美度液喷雾，可防治黄瓜、甜瓜、豌豆等的白粉病及螨类。用0.2～0.5波美度液喷雾，可防治茄子、南瓜、西瓜等的白粉病、螨类。用0.3波美度液喷雾，可防治香椿白粉病。在春季芦笋发芽前后，用0.5波美度液喷雾，可防治茎枯病。在冬季清园时，用1波美度液浇株，可防治芦笋茎枯病。

（4）注意事项

① 自配药剂时，生石灰要选洁白块状物，硫黄选用金黄色的，越细越好，水要选用河水或塘水，不要用井水或含铁锈的水。用猛火不用文火，若不是一次加足水量熬制的，应不断补足蒸发散失的水量（加热水）。当药液成赤褐色，起药膜时，立即停止再加温。如熬制过久便成绿褐色，失去有效成分。熬制时，用旧铁锅，不用新铁锅或铜制、铝制等容器。

② 贮藏时，尽量用小口容器存放，在液面上滴加少许柴油或植物油，可隔绝空气，避光，存放在冷凉处。

③ 在果实采收期，不能使用本剂，在番茄、马铃薯、豆类、葱、姜、甜瓜、黄瓜（尤其是温室黄瓜）等作物上慎用，严格掌握使用浓度和喷药时期，以防药害。

④ 使用浓度依植物生长期的早晚、品种、病虫种类的差别，以及使用目的和时期不同而异。一般植物休眠期使用浓度宜高，生长期宜低，早春较浓，夏季较稀，生长期易受药害的植物可用0.2波美度的石硫合剂。

⑤ 施用时间最好是无风的晴天早晨，天气潮湿的情况下不宜喷用。高温（大于32℃）、低温（小于4℃）易发生药害，不宜使用。

⑥ 有机磷农药及其他忌碱农药不宜与石硫合剂混合使用。也不可把石硫合剂与硫酸铜、氢氧化铜、甲霜铜等铜制剂农药混用。石硫合剂与波尔多液连续使用时，两种药剂使用的间隔期最少两周。

⑦本剂系强碱性，能腐蚀皮肤，配药、打药时要小心，须戴口罩、皮套等。盛过药的器具及喷雾器，应选用醋水洗涤，然后再用清水洗净收存，否则会损坏喷雾器。药渣可作涂伤剂和涂白剂。稀释液应随配随用，不能长期存放，夏季不超过3天，冬季不超过7

天。不要长期使用石硫合剂，应与其他农药交替使用。

三、波尔多液

波尔多液是由硫酸铜和生石灰为主料配制而成的一种广谱保护性低毒杀菌剂。该药有工业化生产的可湿性粉剂和田间混配的液剂2种。主要剂型：80%可湿性粉剂，不同含量的悬浮剂。波尔多液配制法和浓度的表示法，可用硫酸铜浓度为准，再用石灰与硫酸铜用量的关系等量、半量、倍量等注明石灰的用量。例如1%的波尔多液，即硫酸铜与水的比例为1∶100。所谓“等量式”就是硫酸铜和生石灰的用量比例相等，即硫酸铜∶生石灰∶水的比例为1∶1∶100；“半量式”，就是生石灰的用量为硫酸铜用量的1/2；“倍量式”则是生石灰的用量为硫酸铜的两倍。

(1) 配制方式

① 石灰少量式：硫酸铜∶生石灰∶水=1∶(0.25～0.4)∶100。

② 石灰半量式：硫酸铜∶生石灰∶水=1∶0.5∶100。

③ 石灰等量式：硫酸铜∶生石灰∶水=1∶1∶100。

④ 石灰多量式：硫酸铜∶生石灰∶水=1∶1.5∶100。

⑤ 石灰倍量式：硫酸铜∶生石灰∶水=1∶2∶100。

⑥ 石灰多量式：硫酸铜∶生石灰∶水=1∶(3～6)∶100。

⑦硫酸铜半量式：硫酸铜∶生石灰∶水=0.5∶1∶100。

(2) 杀菌机理　波尔多液是用硫酸铜和石灰乳配制成的天蓝色胶状悬浮药液，属于无机铜杀菌剂，碱性，有效成分为碱式硫酸铜，几乎不溶于水而成为极小的蓝色颗粒悬浮在液体中。喷施波尔多液后，碱式硫酸铜黏附在植物上，经过与空气中二氧化碳、氨气及水等相互作用，逐渐解离出可溶性铜化合物而起杀菌防病作用，铜离子对病菌作用点多，使病菌很难产生耐药性。波尔多液杀菌力强，药效持久（10～14天），是良好的保护性杀菌剂，杀菌谱广，对人畜低毒。

硫酸铜和生石灰的比例不同，配制的波尔多液药效、持效期、耐雨水冲刷能力及安全性均不相同。硫酸铜比例越高、生石灰比例越低，如石灰少量式、半量式等，波尔多液药效越高、持效期越短、耐雨水冲刷能力越弱、越容易发生药害，对植物不安全，附着力也差。相反，硫酸铜比例越低、生石灰比例越高，波尔多液持效期越长、耐雨水冲刷能力越强、安全性越高，但药效也越慢，且污染植物，如石灰多量式、倍量式等。因此，针对不同的植物，要选用上述不同的剂型。

不同作物对波尔多液的反应不同，使用时要注意硫酸铜和石灰对作物的安全性。对石灰敏感的作物有马铃薯、葡萄、瓜类、番茄、辣椒等，这些作物使用波尔多液后，在高温干燥条件下易发生药害，因此要用石灰等量式、少量式或半量式波尔多液，且小苗一般不使用。对铜非常敏感的作物有桃、李、杏、白菜、莴苣、大豆、菜豆等，应慎用，可先试后用。

(3) 配制方法　合理配制波尔多液通常有以下两种方法。

① 两液对等配制法（两液法）。按要求比例称取青蓝色结晶状的优质硫酸铜晶体、优质白色块状生石灰和水，分别用少量水消化生石灰（搅拌成石灰乳）和少量热水溶解硫酸铜，然后分别各加入全水量的一半，制成硫酸铜液和石灰乳，待两种液体的温度相等且不高于环境温度时，将两种液体同时缓慢注入第三个容器内，边注入边搅拌即成。此法配制的波尔多液质量高，防病效果好。

② 稀硫酸铜液注入浓石灰乳配制法（稀铜浓灰法）。用90%的水溶解硫酸铜、10%的水消化生石灰，等两液温度相一致而不高于室温时，分别过滤除渣，然后将稀硫酸铜溶液缓慢注入浓石灰乳中（如喷入石灰乳中效果更好），并不断搅拌，到药液成天蓝色即成，绝不能将石灰乳倒入硫酸铜溶液中，否则会产生大量沉淀，降低药效，造成药害。

(4) 在蔬菜生产上应用

① 用0.5∶1∶100液，防治甘蓝细菌性黑斑病、芋细菌性斑点病等。

② 用0.5∶1∶（150～200）液，防治黄瓜细菌性角斑病、叶

枯病、缘枯病、细菌性枯萎病、圆斑病等。

③ 用1∶0.5∶250液，防治成株期黄瓜霜霉病、疫病、蔓枯病，葱类霜霉病、紫斑病等。

④ 用1∶1∶120液，防治姜细菌性软腐病。

⑤ 用1∶1∶160液，防治南瓜角斑病、茄子疫病，莴苣白粉病，芋炭疽病等。

⑥ 用1∶1∶200液，防治番茄早疫病、晚疫病、斑枯病、灰霉病、叶霉病、果腐病、溃疡病，茄子褐纹病、绵疫病、赤星病，辣椒褐斑病、叶斑病、霜霉病、黑斑病、炭疽病、叶枯病、疮痂病，菜豆炭疽病、细菌性疫病，冬瓜疫病，豇豆煤霉病，芫荽细菌性疫病，洋葱霜霉病等。

⑦用1∶1∶(300～500) 液，防治蔬菜苗期猝倒病、立枯病、灰霉病等。

(5) 注意事项　宜在晴天使用，不能在阴雨连绵、多雾天或露水未干时喷施，在作物花期、幼果期也不宜使用，否则易发生药害(多表现为果锈)。喷药后遇雨，应及时补喷。

波尔多液持效期长，耐雨水冲刷，防病范围广，为保护性杀菌剂，在发病前或发病初期喷施效果最佳。波尔多液显碱性，不能与怕碱的其他农药、肥皂、石硫合剂、松脂合剂、矿物油乳剂等混用。喷过石硫合剂的作物，过7～10天后，才能使用波尔多液。喷过矿物油乳剂后的1个月内，也不能使用波尔多液。喷过波尔多液20天以上，方可喷施石硫合剂或松脂合剂。

果实采收前20～30天停止用药，以免污染果面。蔬菜采收前15～20天停用，对蔬菜上残留的波尔多液，可先用稀醋清洗，再用清水冲净即可。

配制或贮存波尔多液，不能用金属容器，最好用缸或木桶，喷雾结束后，要及时清洗喷雾器械，以防被腐蚀。

宜选质轻、块状的白色生石灰（若用熟石灰，应根据熟石灰的质量增加用量的30％～50％)、纯蓝色硫酸铜（不含有绿色或黄绿色杂质)。配制好的波尔多液，如果放置时间过久，小颗粒沉淀，性质改变，在植株上黏着力下降，药效显著降低，应现用现配。

四、硫酸铜

硫酸铜，属矿物源、无机铜类杀菌剂，有效成分为硫酸铜。主要剂型：93%或96%结晶体。

（1）产品特点　其外观为天蓝色结晶，含杂质多时呈黄绿色或绿色，无气味，溶于水，在空气中可失去部分结晶水而变为白色，吸湿后仍能恢复成天蓝色（五水硫酸铜），过于潮湿时，可以潮解，但均不影响药效，硫酸铜加水后呈蓝色，水溶液中呈蓝色或蓝绿色透明液体。对人、畜为中等毒性，对鱼高毒。对病害具有保护性杀菌作用，但易出现药害。又可作为作物的微量元素肥料。

（2）在蔬菜生产上的应用

① 浸种。把硫酸铜对水稀释后浸种，然后捞出洗净后，再催芽播种或晾干后播种，药液浓度和浸种时间长短，因蔬菜种类而异。用0.1%硫酸铜溶液浸种5分钟，可防治种传的番茄枯萎病、褐色根腐病、叶霉病，茄子枯萎病；先用清水浸泡种子10～12小时后，再用1%硫酸铜溶液浸种5分钟，捞出拌少量草木灰，防治种传甜（辣）椒的疫病、炭疽病、疮痂病、细菌性叶斑病；用0.5%硫酸铜溶液浸泡马铃薯块30分钟，防治贮藏期的软腐病；用50毫克/千克浓度的硫酸铜溶液浸泡种薯10分钟，防治马铃薯环腐病。

② 浸苗。用96%硫酸铜对水稀释，配成1%浓度，浸泡菊花苗5分钟，洗净后定植，防治根肿病。

③ 喷雾。把晶体对水稀释后喷施。用500～1000倍液，防治马铃薯的晚疫病、黑胫病，番茄晚疫病，辣椒炭疽病；在高温季节，用1000倍液喷施，可增强植株的耐热力，提高番茄抗日灼果、裂果，甜瓜抗日灼果、叶烧病的能力；当蔬菜作物缺铜时，可用0.05%～0.1%的硫酸铜水溶液，进行叶面喷施补铜；可用0.5%～1%的硫酸铜溶液，对生产食用菌的菇房、耳棚、场地、贮藏室、接菌室、用具等进行喷洒消毒。

④ 土壤处理。在浇定植水前，每亩撒施硫酸铜 1.5～2 千克，然后浇水，防治甜（辣）椒根腐病；在夏季高温季节，每亩用硫酸铜 3 千克，撒于地面，然后浇水，可防治甜（辣）椒疫病，黄瓜灰色疫病，冬瓜和节瓜的绵疫病；在拔除病株后，每个病穴内浇 5% 硫酸铜溶液 0.5～1 升，防治姜瘟病；每亩用硫酸铜 500 克，装入布袋内，插在进水口处，随水滴浇，防治琥珀螺、椭圆萝卜螺。

（3）注意事项　硫酸铜对金属有腐蚀性，须用木制或陶制容器贮存或配制硫酸铜溶液，不能使用铁器；白菜、大豆、莴苣、茼蒿等作物对铜易产生药害，应慎用；贮存时，应避免日晒、雨淋或受潮。

五、 氢氧化铜

氢氧化铜，属矿物源、无机铜类、广谱性、低毒、保护性杀菌剂，以保护作用为主，兼有治疗作用，有效成分为氢氧化铜。主要剂型：53.8%、77%可湿性粉剂，38.5%、53.8%、61.4%干悬浮剂，57.6%干粒剂，7.1%、25%、37.5%悬浮剂。主要用于防治蔬菜的霜霉病、疫病、炭疽病、叶斑病和细菌性病害等多种病害。

（1）杀菌机理　氢氧化铜为多孔针形晶体，杀菌作用主要靠铜离子。铜离子被萌发的病菌孢子吸收，当达到一定浓度时，就可以杀死病菌孢子细胞，从而起到杀菌作用，但此作用仅限于阻止真菌孢子萌发，所以仅有保护作用。并对植物生长有刺激增产作用。尤其是杀细菌效果更好，病菌不易产生耐药性。在细菌病害与真菌病害混合发生时，施用本剂可以兼治，节省农药和劳力。

（2）在蔬菜生产上的应用　用 77%氢氧化铜可湿性粉剂对水稀释后喷雾或灌根。

① 喷雾。用 400 倍液，防治黄瓜的细菌性角斑病、叶枯病、缘枯病，冬瓜和节瓜的疫病；用 400～500 倍液，防治番茄的青枯病、疮痂病、细菌性的斑疹病和髓部坏死病，黄瓜圆叶枯病，甜（辣）椒的褐斑病、白斑病、叶斑病、黑斑病；用 500 倍液，防治菜豆的角斑病、细菌性疫病、根腐病，豇豆的轮纹病、煤霉病、角

斑病、细菌性疫病，蚕豆的褐斑病、轮纹病，扁豆的红斑病、轮纹病，菜用大豆褐斑病，黄瓜的细菌性枯萎病、软腐病，佛手瓜蔓枯病，冬瓜和节瓜的蔓枯病、细菌性角斑病、软腐病、绵疫病，西葫芦的果腐病、软腐病，苦瓜蔓枯病，西瓜的褐腐病、细菌性果斑病，甜瓜细菌性软腐病，番茄的早疫病、晚疫病、溃疡病、软腐病、斑点病、果腐病，甜（辣）椒的白星病、疮痂病、青枯病、软腐病，马铃薯早疫病，大葱的软腐病、疫病，洋葱软腐病，大蒜软腐病，芹菜的叶斑病、叶枯病、细菌性叶斑病，甘蓝黑腐病，莴苣的轮斑病、软腐病、叶缘坏死病，落葵炭疽病，球茎茴香软腐病，芫荽细菌性疫病，胡萝卜细菌性疫病，牛蒡的黑斑病、细菌性叶斑病，山药斑纹病，魔芋炭疽病，慈姑黑粉病，水芹褐斑病，芦笋的立枯病、根腐病，草莓的蛇眼病、青枯病，茄子疫病、果腐病、软腐病、细菌性褐斑病；用 500～600 倍液，防治蚕豆叶烧病、茎疫病，菜豆细菌性晕疫病，豆薯细菌性叶斑病；用 600 倍液，防治菜豆斑点病，蕹菜炭疽病，姜眼斑病。

② 灌根。用 400 倍液，防治冬瓜和节瓜疫病；用 400～500 倍液，在初发病时，每株灌 0.3～0.5 升药液，每隔 10 天灌 1 次，连灌 2～3 次，防治番茄和茄子的青枯病，芦笋的立枯病、根腐病；用 500 倍液，每平方米苗床面积浇 3 升药液，防治甜瓜猝倒病。

③ 浇灌。防治姜瘟病时，采用随水浇灌的方法进行用药。从病害发生初期或发生前开始，一般每亩每次随水浇灌 77%氢氧化铜可湿性粉剂 1～1.5 千克，或 53.8%氢氧化铜可湿性粉剂 1.5～2 千克药剂，10～15 天 1 次，连续浇灌 2 次。用药一定要均匀、周到。

（3）注意事项　在作物病害发生前或发病初期施药，每隔 7～10 天喷药一次，并坚持连喷 2～3 次，以发挥其保护剂的特点。在发病重时应 5～7 天喷药一次，喷雾要求均匀周到，正反叶片均应喷到。在蔬菜收获前 7 天停用。不能与强酸或强碱性农药混用。若与其他药剂混用时，宜先将本剂溶于水，搅匀后，再加入其他药剂。在对铜敏感的白菜、大豆等作物上，应先试后用。在高温、高湿条件下慎用。蔬菜幼苗期慎用。与春雷霉素的混剂对大豆和藕等作物的嫩叶敏感，因此一定要注意浓度，宜在下午4点后喷药。对眼黏膜有一定的刺激作用，施药时应注意对眼睛的防护；对鱼类及水生生物有毒，避免药液污染水源；应在阴凉、通风、干燥处贮存。

六、王铜

王铜，属矿物源、无机铜类、保护性、低毒杀菌剂，有效成分为王铜。主要剂型：30%悬浮剂，10%、25%粉剂，47%、50%、60%、70%、84.1%可湿性粉剂。用在马铃薯、花生、向日葵等作物上具有刺激生长、增产的效果。主要防治蔬菜细菌性角斑病、疫病、霜霉病、立枯病、枯萎病等。

(1) 杀菌机理　王铜为铜制剂中药害最小的药剂。药剂喷在植物表面上，形成一层保护膜，在一定湿度条件下，释放出铜离子，铜离子被萌发的孢子吸收，当达到一定浓度时，就可以杀死孢子细胞，从而起到杀菌作用。

(2) 在蔬菜生产上的应用

① 浸种。用30%王铜悬浮剂800倍液，浸泡姜种6小时，姜种切口处蘸上草木灰后播种，防治姜瘟病。

② 喷雾。用30%王铜悬浮剂对水稀释后喷雾。

用600倍液，防治姜眼斑病。防治芋软腐病时，应从发病株开始腐烂或水中出现发酵情况时，及时排水田，然后喷药。

用700倍液，防治芋污斑病，蕹菜炭疽病。

用800倍液，防治莴苣的细菌性腐败病、细菌性软腐病，蕹菜的叶斑病、炭疽病，落葵叶点霉紫斑病，球茎茴香软腐病，薄荷斑枯病，芹菜的叶点霉叶斑病、细菌性叶斑病、细菌性叶枯病，芫荽细菌性疫病，姜的细菌性软腐病、青枯病、炭疽病，西瓜细菌性果斑病，瓠瓜褐斑病，蚕豆轮纹病，菜用大豆细菌性斑疹病，豆薯细菌性叶斑病。

(3) 注意事项　避免高温期高浓度用药，宜在下午4点后喷施，且高温期用药应采用低剂量，避免在阴湿天气或露水未干前施药；不能与石硫合剂、松脂合剂、矿物油乳剂等药剂混用；不能与强碱性农药混用；可与大多数杀虫剂、杀螨剂、微肥现混现用；白菜、莴苣、豆类等敏感作物慎用；在蔬菜收获前1天停用。

七、 氧化亚铜

氧化亚铜，属矿物源、广谱性、无机铜类、保护性、低毒、杀真菌剂，有效成分为氧化亚铜。主要剂型：56%氧化亚铜水分散粒剂，86.2%氧化亚铜可湿性粉剂或干悬浮剂。主要用于防治蔬菜的霜霉病、炭疽病、疮痂病、软腐病、叶斑病、黑星病、白粉病、菌核病、紫斑病、枯萎病、立枯病和番茄早疫病等。也可用于拌种、杀灭蛞蝓和蜗牛。

(1) 杀菌机理 氧化亚铜是保护性杀菌剂，它的杀菌作用主要是通过解离出的铜离子，与病菌体内蛋白质中的—SH、—N_2H、—COOH、—OH等基团起作用，使蛋白质变性，从而导致病菌死亡。该药黏着性强，形成保护药膜后耐雨水冲刷；由于制剂中单价铜离子含量高，故使用量比其他铜制剂都少，但药剂持效期较短。

(2) 在蔬菜生产上的应用

① 用56%氧化亚铜水分散粒剂喷雾 将56%氧化亚铜水分散粒剂对水稀释后喷施。用400倍液，防治辣椒细菌性叶斑病；用500～700倍液，防治番茄早疫病；用600～800倍液，防治黄瓜灰色疫病，南瓜蔓枯病，西瓜细菌性果斑病，茄子细菌性褐斑病，芹菜的细菌性叶斑病和叶枯病；用700～800倍液，防治冬瓜和节瓜的绵疫病、绵腐病，西葫芦果腐病，苦瓜霜霉病，番茄果腐病，茄子果腐病；用800倍液，防治冬瓜和节瓜的细菌性软腐病，西瓜褐色腐败病，甜瓜的疫病、霜霉病、果腐病，丝瓜绵腐病，苦瓜的蔓枯病、细菌性角斑病，番茄斑点病，莴苣轮斑病；用800～1000倍液，防治甜瓜细菌性软腐病。

② 用56%氧化亚铜水分散粒剂灌根 将56%氧化亚铜水分散

粒剂对水稀释后灌根。用600～800倍液灌根，防治黄瓜疫病；用800倍液灌根，每株灌药液300毫升，每隔10天灌1次，连灌2～3次，防治番茄果实牛眼腐病。

③ 用86.2%氧化亚铜可湿性粉剂喷雾　将86.2%氧化亚铜可湿性粉剂对水稀释后喷施，每隔7～10天喷1次，连喷3～4次。用250～350倍液喷雾，防治黄瓜霜霉病，甜（辣）椒疫病；用800～1000倍液喷雾，防治番茄早疫病。

(3) 注意事项　该药安全性较低，必须严格按照使用说明用药，以免产生药害；在对铜敏感的作物上，以及在高温天气或低温潮湿天气时，慎用本剂，以防药害。

八、碱式硫酸铜

碱式硫酸铜，属矿物源、广谱性、无机铜类、保护性、低毒杀菌剂，对真菌和细菌性病害有效。为传统波尔多液的理想换代产品。有效成分为碱式硫酸铜。主要剂型：27.12%、30%、35%悬浮剂，50%、80%可湿性粉剂。

(1) 杀菌机理　喷施后能牢固地黏附在植物表面形成一层保护药膜。其有效成分在水和空气的作用下，逐渐释放出游离的铜离子，铜离子与病菌体内蛋白质中的多种基团结合使蛋白质变性，抑制病菌孢子萌发和菌丝发育，从而导致病菌死亡。

(2) 在蔬菜生产上的应用　将30%碱式硫酸铜悬浮剂对水稀释后喷雾、灌根、涂抹。

① 喷雾。用300倍液喷雾，防治南瓜黑斑病、西葫芦软腐病、丝瓜轮纹斑病、落葵叶斑病、姜眼斑病、芋细菌性斑点病。

用300～400倍液喷雾，防治冬瓜和节瓜的绵疫病、软腐病，甜瓜软腐病，茄子果实疫病，菜豆白粉病，莴苣腐败病，甜菜霜霉病。

用350倍液喷雾，防治青花菜和紫甘蓝的黑腐病。

用350～400倍液喷雾，防治胡萝卜细菌性疫病。

用400倍液喷雾，防治黄瓜软腐病，南瓜角斑病，苦瓜的细菌性角斑病、褐斑病，瓠瓜果斑病，番茄的斑点病、果腐病，茄子的软腐病、细菌性褐斑病，甜（辣）椒果实黑斑病，菜豆细菌性叶斑病，豇豆的角斑病、细菌性疫病，蚕豆的炭疽病、叶烧病，扁豆斑点病，菜用大豆的紫斑病、细菌性斑疹病，洋葱的球茎软腐病，芹菜的叶斑病、细菌性叶斑病、叶枯病，莴苣的白粉病、细菌性叶缘坏死病、软腐病，蕹菜叶斑病，落葵紫斑病，球茎茴香软腐病，薄荷斑枯病，芹菜软腐病，芫荽细菌性疫病，白菜类细菌性褐斑病、黑斑病，青花菜和紫甘蓝的软腐病，牛蒡的黑斑病、细菌性叶斑病，姜细菌性软腐病，魔芋的炭疽病、细菌性叶枯病，豆薯细菌性叶斑病，芦笋的叶枯病、紫斑病，草莓的根腐病、蛇眼病、青枯病，枸杞的白粉病、灰斑病，百合的灰霉病、细菌性软腐病，香椿白粉病，菊花的斑枯病、枯萎病。

用400～500倍液喷雾，防治黄瓜疫病，西瓜细菌性果斑病，番茄根霉果腐病，茄子黑根霉果腐病，豌豆细菌性叶斑病，扁豆轮纹病，大葱疫病，菠菜叶斑病，西洋参黑斑病，山药斑纹病，芋炭疽病，菊芋斑枯病，莲藕叶点霉烂叶病，慈姑黑粉病，芦笋的立枯病、根腐病，香椿锈病。

用500倍液喷雾，防治西瓜褐色腐败病，蚕豆轮纹病，落葵炭疽病，乌塌菜软腐病，莲藕的褐纹病、小菌核叶腐病，草莓细菌性叶斑病。

② 灌根。用400倍液灌根，防治姜腐烂病，菊花枯萎病；用400～500倍液灌根，防治黄瓜灰色疫病，甜瓜猝倒病，芦笋的立枯病、根腐病。

③ 涂抹。剪去百合叶尖干枯病的发病叶后，用300倍液涂抹伤口处。

（3）注意事项　此药为保护性杀菌剂，宜在发病前喷施；不能在阴雨天及早晚有露水时喷药，连阴天用药时应适当提高喷施倍数；在对铜敏感的作物上慎用本剂，避免药害；不能与石硫合剂混用；悬浮剂较长时间存放可能会有沉淀，摇匀后使用不影响药效；要注意避免本剂对配药容器和施药器械的腐蚀，认真搞好清洗工作。

九、磷酸三钠

磷酸三钠，属无机化合物，主要剂型为含量在98%以上的化学试剂。

(1) 产品特点　具有钝化病毒的作用，可用于种子处理及器物处理。

(2) 在蔬菜生产上的应用

① 浸种。用10%磷酸三钠溶液浸种，然后捞出种子，用清水冲洗3次，使种子表面无滑腻感，然后催芽播种，浸种时间长短因蔬菜品种而异。防治种传的西瓜、冬瓜、节瓜等的花叶病，西葫芦的花叶病和病毒病，榨菜病毒病，用10%磷酸三钠溶液浸种10分钟；防治种传的南瓜、瓠瓜等的病毒病，笋瓜花叶病，黄瓜绿斑花叶病，用10%磷酸三钠溶液浸种20分钟；防治种传的辣椒病毒病、花叶病，用10%磷酸三钠溶液浸种20～30分钟；防治番茄种传病毒病，先用清水浸泡番茄种子3～4小时，再用10%磷酸三钠溶液浸种40～50分钟；防治菜心病毒病，先将种子用清水浸泡4小时，再放入10%磷酸三钠溶液中浸泡18～20分钟，然后捞出用清水冲洗干净，再晾去种子表面的水分即可播种。防治苦瓜病毒病，先将种子放在60℃的热水中浸烫20～30分钟后，搓洗净种壳表面的黏液，再置于30℃的温水中浸泡6～8小时，捞出放入10%磷酸三钠溶液中浸泡消毒15～20分钟。用磷酸三钠浸种，种子还能吸收磷、钠元素，促进生长发育。

② 处理用具。用10%磷酸三钠溶液浸泡割韭刀，以防割韭时传播韭菜病毒病，可同时集中处理4～5把割韭刀，能达到省工、省时的目的。

(3) 注意事项　处理种子前，应先把种子中的破籽、瘪籽、霉籽等捡出去，不能浸泡已发芽的种子，否则会产生严重药害；最好与其他防治病毒病的措施综合配套采用，能提高防治效果，如选用抗病毒品种，及早防治蚜虫和喷抗病毒药剂等。

十、可溶性硅

硅是地壳中含量第二的元素，仅次于氧，占27.7%。早期的研究表明，硅是某些单子叶植物生长所必需的元素；后来发现硅可以抵御植物的真菌性病害。可溶性硅的植保作用现已在小麦、水稻、黄瓜、玫瑰、甜瓜、西葫芦、葡萄、草莓、莴苣、番茄和豇豆等作物上得到了证实；防治的病害有白粉病、猝倒病、枯萎病、蔓枯病、灰霉病和锈病等。

常用的可溶性硅是硅酸钾和硅酸钠，应用的方式是根部吸收和叶面喷雾。防治黄瓜白粉病和猝倒病时，营养液中硅酸盐的最适浓度均为100微克/克。1000微克/克的含硅水溶液叶面喷雾与100微克/克的含硅营养液根部吸收，在减轻白粉病方面的效果相同。

硅抑制真菌病害的机理可能是：硅的积累会成为病菌侵入的物理阻力，同时硅能够诱导植物的抗病性。硅处理后亦可使植物过氧化物酶、多酚氧化酶及β-葡糖苷酶含量升高，这些与抗病有关的酶可增强植物的抗病性。

十一、高锰酸钾

高锰酸钾溶液属矿物源杀菌剂，是一种强氧化还原剂，其溶液具有很强的杀菌、消毒及防腐作用，用高锰酸钾防治茄果类苗期猝倒病、瓜菜类白粉病、瓜类枯萎病，效果很好，同时又能补充蔬菜所需的锰、钾两种营养元素，可提高蔬菜产量，具有肥药双重作用。是一种肥药两用，无毒、无残留、无公害的蔬菜杀菌剂。目前使用方法除了种子消毒外，还有喷雾和灌根两种方法。

(1) 产品特点　为深紫色细长斜方柱状结晶，带蓝色的金属光泽。味甜而涩。水溶液不稳定。遇光发生分解，生成灰黑色二氧化锰沉淀并附着于器皿上。属强氧化剂，在酸性条件下氧化性更强，可以用作消毒剂和漂白剂。

(2) 在蔬菜生产上的应用

① 浸种。用高锰酸钾1000倍液浸番茄、黄瓜、茄子、甜瓜等蔬菜和瓜类种子，一般浸泡2～3小时，用清水洗净再进行催芽播

种，能消除种子所带的病菌，促使发芽迅速，生长整齐，并且能防治种传的番茄病毒病、溃疡病等；西瓜种子用高锰酸钾1000倍液浸种8～10小时，可防治枯萎病。大白菜、甘蓝等十字花科蔬菜种子，先用温水浸泡1小时，然后用高锰酸钾1000倍液浸泡2小时，可防治十字花科蔬菜软腐病。应注意，种子在经高锰酸钾溶液浸种后，要用清水冲洗干净，然后才能催芽播种或晾干后播种。

② 喷雾。防治瓜类蔬菜苗期猝倒病，在出苗后每隔7～10天用高锰酸钾溶液1000倍液喷雾，需防治3次，发病率可控制在2%以下；防治茄果类苗期猝倒病、立枯病，用高锰酸钾600～1000倍液喷雾，每5～7天1次，连续4次；防治辣椒等茄果类蔬菜病毒病，发病初期，用高锰酸钾800倍液，每隔5～7天喷1次，连喷3～4次；使用0.1%的高锰酸钾水溶液喷雾，在番茄缓苗以后每周喷1次，连喷3～5次，预防蕨叶型病毒病效果明显，如果番茄植株已经发病，可用0.1%的高锰酸钾每天喷1次，连续喷7天，一般即可治愈，对于发病较重的番茄，喷洒药液后观察3～4天，如蕨叶型病毒病还有发展趋势，可以同样浓度再连喷3～5天，喷药时间以每天上午9～11点为宜；防治黄瓜霜霉病，在出苗后2叶1心至结瓜前，用高锰酸钾600～800倍液喷雾，每5～7天1次，连续3次；防治大白菜霜霉病，在苗期、莲座期用高锰酸钾600～800倍液喷雾，每5～7天1次，连续3次；防治豇豆枯萎病、根腐病，从豇豆5～7叶期开始，用高锰酸钾800～1000倍液喷雾，每5～7天1次，连续3～4次；防治西葫芦等瓜类病毒病，高锰酸钾1000～1200倍液喷雾，每5～7天1次，连续3～4次；防治瓜菜类白粉病，用高锰酸钾500倍液喷雾，每5～7天1次，连续2～3次。

③ 灌根。防治西瓜、冬瓜枯萎病，用高锰酸钾800～1000倍液全田逐株灌根，每次灌500毫升，每隔10天灌一次，连灌2～3次；防治辣椒根腐病，用高锰酸钾500倍液灌根，每7天1次，共灌3～4次；防治茄子猝倒病，用高锰酸钾800倍液灌根，每次每株灌200～250毫升。高锰酸钾若在苗床防病中应用，使苗床湿润

即可，使用后要用清水冲洗一下叶面，防止其受害。

(3) 注意事项 配高锰酸钾溶液时，用井水、河水、自来水等清洁水，不可用热水、死水、污水等，否则会降低其氧化杀菌效果。配制时，应不断搅拌，或用喷雾器的打气筒反复打气 2～3 分钟，使高锰酸钾充分溶解，并随配随用，防止久放失效。高锰酸钾溶液不可与其他农药混合使用。无论喷雾或灌根都要在蔬菜发病初期进行，喷雾要在上午 9 时左右或下午 4 时以后进行。幼苗 7 叶前喷药，要在喷药 5 分钟后及时用清水冲洗。而且幼苗期要用低浓度，成株期用高浓度。植株茎和叶子正反面都要喷匀药液。药物器械使用后，及时用清水冲洗，以免被氧化蚀损。

第八节 其他防病杀虫药剂和设施

一、洗衣粉

洗衣粉为日用洗涤剂，主要成分为十二烷基苯磺酸钠及其他表面活性剂，其外观多为疏松粉状物，易溶于水，水溶液呈碱性。对人、畜安全，不污染环境，不伤天敌，一般使用浓度下，对作物安全。对害虫有触杀作用，洗衣粉溶液可以溶解害虫体表的蜡质层，使其失去对外界环境的防护力，药液可黏着害虫翅膀和堵塞气孔，使其不能飞翔或窒息而死，并有一定的毒杀和抑制螨卵孵化作用，但不耐雨水冲刷，基本上无持效期。

(1) 在蔬菜生产上的应用

① 单独使用。用洗衣粉 900～1000 倍液喷洒植株叶背及嫩枝，可防治蚜虫、粉虱、红蜘蛛、菜青虫、尺蠖、刺蛾等害虫。对介壳虫、桃蚜等害虫可喷洒 500～700 倍液，每隔 3 天喷 1 次，连喷 3 次，杀虫率达 94%～99.4%。防治温室白粉虱，用洗衣粉 1000 倍液喷雾，防效达 85%以上，从苗期开始喷药，一般每隔 5～6 天防治 1 次，连续防治 3～5 次。

② 与柴油混用。先用 1.5 千克清水将 0.5 千克洗衣粉溶解成

稀糊状，再将 2.5 千克柴油隔水加热至 60～70℃，然后慢慢注入洗衣粉糊状液中，边加边搅拌，搅匀后用喷雾器喷注在另一容器中，使其充分乳化，对水稀释后即可使用。此种乳化剂具有很强的穿透和触杀作用，对粉虱、介壳虫等多种害虫有特效。

③ 与机油混用。先用 2 份水溶解 1 份洗衣粉，再加入相当于洗衣粉及水总量 1/20 的机油搅拌均匀，静置 1 小时后即成母液；冬季及早春用 150～200 倍液、夏秋季节用 200～300 倍液喷雾，防治红蜘蛛效果可达 98%以上。

④ 与苦胆汁混用。将猪胆汁先对水稀释 100 倍，再加入少量洗衣粉搅匀，然后喷雾，可以有效地防治茄子立枯病、辣椒炭疽病、白菜软腐病以及菜青虫、蚜虫等。

⑤ 提高药效。在青虫菌、杀螟杆菌等的药液中加入 0.05%～0.1%，可降低药液表面张力，使药液雾化得细，并增强黏着性，从而提高药效 20%～30%。给带有蜡质层蔬菜如大葱、花椰菜、甘蓝等进行病虫害防治时，因其叶片表面带有白粉状腊质而达不到理想防治效果，加入适当的洗衣粉作黏附剂，可增加药效。

（2）注意事项　不能与遇碱分解的农药混用，可与其他农药混合使用，要随配随用，以免降低药效；在豆类及瓜类蔬菜上慎用，以避免药害；一般应先试验，无药害时再使用；使用本剂的次数应比一般农药要多，间隔期要适当缩短；雨后要补喷；洗衣粉基本无残效，药液必须接触虫体，喷药时必须自上而下喷洒周到。

二、小苏打

小苏打俗称碳酸氢钠，原为面包的发酵剂，为弱碱性物质，可以抑制许多病菌孢子和分生孢子的形成，并使新生孢子失去侵染能力。小苏打可以食用，用它防治蔬菜病害，成本低、安全、经济、无残留、无污染。小苏打可防治蔬菜的白粉病、炭疽病、霜霉病等，对大白菜、黄瓜的白粉病、炭疽病、霜霉病、豇豆煤霉病的防效最好。小苏打喷洒在蔬菜上可产生水和二氧化碳，能促进蔬菜光合作用，提高大棚蔬菜产量 10%～20%。

(1) 防治机理 使用0.5%碳酸氢钠+0.5%~1%植物油（如菜籽油）+乳化剂（类脂）配制的苏打水制剂可用于白粉病的防治。其防治机理是：苏打水破坏真菌表面结构，降低孢子繁殖能力，另外，高pH值也可抑制真菌的生长；油制剂通过油膜覆盖，阻断呼吸作用，使昆虫窒息死亡。

(2) 使用方法

① 用浓度0.2%~0.5%的小苏打溶液向蔬菜上均匀喷洒，一般在黄瓜炭疽病、白粉病及豇豆煤霉病等蔬菜病害发生初期喷雾1次即可，效果不显著时，可隔日再喷1次。

② 在双孢菇等食用菌生产中，100千克水中加入0.2千克的小苏打喷洒，可抑制杂菌污染、刺激菌丝生长发育，对多种菇病有明显疗效。

③ 棚室内因密闭，二氧化碳常不足，喷施小苏打分解后可补充二氧化碳。可在蔬菜生长期间，每隔3~4天喷一次。

④ 用浓度为0.2%的小苏打水溶液浸泡茄果类蔬菜种子30分钟后捞出，用清水洗净催芽播种，可预防茄果类蔬菜炭疽病、灰霉病等。

(3) 注意事项 要早用，初见叶片上有白色斑点时就要用，每周1次，严重时勤用，对新长出的叶片也要进行预防性的喷洒；苏打水制剂配成0.2%~0.25%的溶液进行喷雾，可起预防作用，对于已经发病的作物，浓度最高可达1.0%，但要注意先做作物耐受性试验；用药要均匀，确保药水能够黏附在叶片上，最好在傍晚使用，此试剂对叶螨也有一定作用；因小苏打为碱性，要注意不能和酸性农药或肥料混用。小苏打很容易吸收空中的湿气，所以不使用时最好以密闭的方式收存。

三、肥皂

肥皂是脂肪酸金属盐的总称，金属主要是钠或钾等碱金属。除去日常的洗涤去污作用外，脂肪酸钾盐配制的肥皂水还有防治蚜虫、蓟马、红蜘蛛和白粉虱的作用。

(1) 使用方法　取150～300克钾肥皂、0.3升酒精和15克食盐加入10升水中，充分搅拌后形成1.5%～2.5%的肥皂水溶液，均匀喷洒在植物上后就可对上述害虫起到防治作用。

(2) 注意事项

① 在潮湿条件下才能使用，肥皂水在叶面上要至少保存10分钟不干燥；早上有露水时使用效果好。

② 肥皂水以防为主。早防早治效果可达60%。

③ 每隔7天喷一次，用药量为每亩40升，连续2～3天。以喷到叶面滴水为止。

四、糖醋液

糖醋液是红糖酵素液与酿造醋的混合液。这是一种多功能的叶面喷施剂。在高浓度下使用，有促进作物生长、防止老化、降低果实酸度、提高果实亮度等作用；在低浓度下使用，则可抑制作物生长、防止倒伏、防治病害和虫害。

(1) 主要功效　糖醋液是将综合微生物（包含酵母菌、乳酸菌、放线菌、光合菌及固氮菌等数十种具有不同功能的活性菌群）加糖类（碳源）与酿造醋、米酒等作为原料，按适当比例混合发酵而成，可作天然农药使用，使虫类消化不良而死，或闻其味而离开，达到忌避作用。因其不含农药成分，对人畜无害，昆虫对它也不会产生抗药作用，故可长期连续使用。为提高效果，可添加营养剂或大蒜、辣椒、鱼腥草、艾草、苦楝、薄荷、香茅等天然植物萃取液，调节作物生长，提升光合能力，提高果实甜度及质量，防止连作障碍及抑制病虫害。

(2) 调制材料　无污染的山泉水或井水20升，如用自来水宜放置2天以上或煮沸冷却再用；红糖（或糖蜜）2升，用40℃热水溶解；酿造醋（如米醋、水果醋等）2升；酒精浓度为30%以上的酒2升；大豆1千克，加水3升煮约30分钟，待降温后备用；综合微生物300～500毫升，选用强势菌种，注意不要和30℃以上液体混合。

(3) 制造程序 糖醋液的制造方法很多，一般将红糖（或糖蜜）倒入40℃热水中搅拌使其溶解，之后再加入醋、酒、大豆汤汁，最后加入综合微生物（注意这时的液体温度不宜超过30℃以上，以免微生物被烫死）均匀搅拌混合，直至起泡，将其倒入容器（不可用玻璃瓶）内，拴紧盖子或桶口，以纱布覆盖，以绳子绑好后，放置阴冷处（不可在5℃以下的冷藏库长期存放）。每天早晚各搅拌1次，直到液面起泡为止。因气温的关系，过一段时间（泡制后15～30天）之后会产生气体，容器就会膨胀起来，此时宜将盖子稍微松开，让气体排掉，再拴紧。糖醋液成品的好坏，以是否有扑鼻的酸甜味来判断。糖醋液制成之后的使用期限，在常温下可保存6个月左右。

(4) 使用方法 可防治叶螨、毒蛾幼虫、介壳虫、白粉病、灰霉病、炭疽病等，若添加大蒜、辣椒等自然物质效果更为明显，通常是先称取酿造醋20%～25%的蒜头，以果菜机压汁后倒入酿造醋中，再称取酿造醋15%～20%的辣椒，切断后再加入酿造醋液中，浸泡约1个月以上，用布或海绵过滤后以动力喷雾机喷施。促进生长或提高质量用时，红糖酵素液和酿造醋各用400～500倍液，防治病虫害时用200～300倍液；夏季约1周使用1次，间隔时间太长的效果不好；比较难于防治的病害（炭疽病），应另添加400～500倍酒精。

(5) 注意事项 由于有效微生物菌群怕强光，最好在阴天或上午9时前及下午3时以后，或下毛毛雨时使用。叶面喷施使用500～1000倍稀释液，土壤灌注使用300～500倍液。糖醋液主要用于预防病虫害的发生，强化叶片保护膜角质层，防止病害菌的侵入。为促进作物生长，可添加氨基酸、鱼精、腐殖酸、海草精等营养剂；为提高糖度，可添加腐殖酸钾及天然磷、钙、镁等；为防治病虫害，可添加大蒜、辣椒、鱼腥草等。

五、食醋

食醋中除含有较多的醋酸外，还含有少量有乳酸、葡萄酸、丙酮酸、琥珀酸、糖分、甘油、胶质、无机盐及赖氨酸、谷氨酸、丙氨酸等 17 种氨基酸。这些物质喷在蔬菜叶片上后，能被吸收进入植株体内，增加营养，加快叶绿素的形成，提高光合效能，并促进体内代谢活动，提高蔬菜吸收能力和抗逆性，使蔬菜生长旺盛，从而起到增产作用。此外，食醋还具有防治蔬菜病虫害的作用，因为细菌性病害、病毒病及蚜虫等适宜在中性或碱性条件下生长，如白菜软腐病、姜腐烂病、菜豆细菌性疫病等最适 pH 值分别达到 9.2、9.3、8.4，喷醋后的蔬菜植株表面呈酸性（pH<7），能杀灭或抑制不喜酸性条件病虫害的生长。

（1）防治软腐病　用 0.5 千克醋对水 100 千克喷洒，可防治黄瓜、茄子、大白菜软腐病，并可增产 8%～10%。

（2）防治病毒病　茄果类蔬菜从定植后 1～2 天开始，每隔7～10 天喷施 1 次，连喷 3～5 次 300 倍食醋溶液，对番茄和辣椒病毒病有较好的防治效果，辣椒、茄子增产 10.2%以上，番茄增产 15%～35%。

（3）诱杀害虫　用红糖 0.5 千克、食醋 1 千克，加水 10 千克，混合搅拌，然后加适量杀虫剂（砒霜等），分数盆置于地中，对菜青虫等幼虫杀伤力极大。用食醋 60 毫升、白酒 10 毫升、食糖 30 克、水 100 毫升，再加入 90%晶体敌百虫 100 克，制成毒浆，装入盆或钵中，放置于蔬菜地里事先搭好的架子上，用于诱杀小地老虎等的成虫。应注意在有机蔬菜生产中，不应把残液倒入有机蔬菜生产区内。

（4）增产增收　黄瓜等瓜果类蔬菜，在开花挂果前每亩用食醋 0.5 千克，对水 50 千克喷施，增产 18%～20%。蕹菜、小白菜、菠菜、西瓜、冬瓜及马铃薯，从苗期开始每隔 7 天左右喷施一次，连喷 2～3 次 300 倍食醋溶液，能收到比较好的增产效果。在番茄开花结果期，用食醋 300～500 倍液每隔 8～10 天喷一次，连续喷洒 3～4 次，可增产 17%～32%。在大白菜 5 叶期，用 200 倍食醋溶液，每隔 7 天喷 1 次，连喷 4 次，可增产 10%以上。喷醋的时间应选择无风雨的阴天或晴天下午 4 时以后，以免醋液被晒干、吹干或淋掉，延长吸收时间，提高利用率。

(5) 注意事项 喷施食醋宜早不宜晚，一般定植成活后即可喷第一次，并以温度较高的晴天喷施为佳，喷雾要求周到均匀；不同产地食醋的质量有较大差异，不同蔬菜种类的最佳使用浓度也不尽相同，因此大面积使用前应做小面积试验；食醋不能与碱性洗衣粉、碱性农药或草木灰水等碱性溶液混施，以免失效；可与不含重金属的酸性或中性杀虫剂、杀菌剂混用，起到提高防效与增产的双重作用，但如果混合后发生分层、浑浊、沉淀、变色或产生气泡等现象，应避免混用；蔬菜生长后期对食醋吸收能力降低，一般不宜施用。

六、 利中壳糖鲜

利中壳糖鲜，也叫甲壳质涂膜保鲜剂，属低毒杀菌剂。主要剂型：水剂。是利用甲壳动物如蟹、虾等的壳、皮中提取的壳聚糖及其衍生物制成。本身属天然生物可食材料，对人体安全，无残毒，不污染环境，被称为保健型的海洋生物保鲜剂，是果蔬食品保鲜专用生物制剂。

(1) 作用机理 具有优良的成膜性和附着性，经它处理后的果菜，会在其表面形成一层均匀透明具有选择透性的保护膜，可限制氧气进入，而对果蔬呼吸作用产生的二氧化碳的排出没有影响，平衡了果蔬采收后的新陈代谢，有效延缓衰老过程，达到保鲜目的。同时，药剂产生的保护膜还能抑制果蔬表面附着的菌类繁殖以及抵抗外来病菌的二次感染，可保持果菜外观不变。保护膜可抑制果菜的蒸腾作用，又具有吸水保湿性能，有利于保持果菜的新鲜度。另外，利中壳糖鲜还对金属离子具有平衡络合功能和抗氧化作用，可预防果蔬的褐变。还具有两性电解质的结构特征，具有酸碱平衡功能，可有效防止果蔬在贮藏、运输过程中由于果蔬的代谢失衡而导致的酸碱损伤。

(2) 几个系列产品在蔬菜生产上的应用

① FR-1 系列产品（采前预保鲜剂） 专用于果蔬的采前处理。

按果蔬品种的不同，在采前 1 天喷雾。

草莓。用 70～80 倍液，在果实 8～9 分成熟期于采前 1 天喷雾。常温贮藏条件下，保鲜效果 3 天以上；0℃条件下，保鲜 10 天以上。

叶菜类。用 70～80 倍液，在 9 分成熟期采收前 1 天喷雾。常温贮藏条件下，保鲜效果延长 2 倍以上；在 0～1℃条件下，菠菜贮至翌年 4 月，芹菜、芫荽 2 个月以上。

花菜类。用 60～70 倍液，青花菜在 6～7 分成熟期采收前 1 天喷雾。常温条件下，保鲜效果延长 2 倍。花椰菜在 8 分成熟期采收前 1 天喷雾，在 0～1℃条件下，保鲜 3 个月以上；而青花菜在 0～1℃条件下，保鲜 20 天以上。

黄瓜。用 60 倍液，在黄瓜授粉后 10 天左右于采前 1 天喷雾。常温贮藏条件下，保鲜效果延长 2 倍以上；在 10～12℃条件下，保鲜 20 天以上。

番茄。用 50～60 倍液，在顶红期至半红期于采收前 1 天喷雾。常温贮藏条件下，保鲜效果延长 2～3 倍；在 10～13℃条件下，保鲜效果 2 个月以上。

香椿。用 60～70 倍液，在香椿鲜嫩期采收前 1 天喷雾。常温贮藏条件下，保鲜效果延长 2 倍以上。在 0℃条件下，保鲜 40 天以上。

茄子。用 60 倍液，在茄子 7～8 分成熟期采收前 1 天喷雾。常温贮藏条件下，保鲜期延长 3 倍以上；在 4～6℃条件下，保鲜 2 个月以上。

青椒。用 60 倍液，在青椒青熟期采收前 1 天喷雾。在常温贮藏条件下，保鲜期延长 2 倍。在 10～12℃条件下，保鲜 2～5 个月以上。

菜豆。用 80 倍液，在菜豆嫩绿期采收前 1 天喷雾。在常温贮藏条件下，保鲜效果延长 2 倍以上。在 5～8℃条件下，保鲜 2 个月以上。

② FR-2 系列（果蔬货架保鲜剂） 专用于果蔬各销售和消费

环节。分为净菜保鲜剂、切分蔬菜保鲜剂、摊位保鲜剂 3 个品种。具体使用方法均为喷洒或浸泡。

果菜类。净菜和摊位保鲜用 20～60 倍液，切分蔬菜保鲜用 10～20 倍液。在冷链保鲜条件下，保鲜期延长 5～10 倍；在自然条件下，保鲜期延长 1～3 倍。

根菜类。净菜和摊位保鲜用 50～60 倍液，切分蔬菜保鲜用 20 倍液。在冷链保鲜条件下，保鲜期延长 5～6 倍；在自然条件下，保鲜期延长 2～3 倍。

叶菜类。净菜和摊位保鲜用 40～80 倍液，切分蔬菜保鲜用5～10 倍液。在冷链保鲜条件下，保鲜期延长 3～5 倍；在自然条件下，保鲜期延长 1～2 倍。

甜瓜类。摊位保鲜用 20～60 倍液。在冷链保鲜条件下，保鲜期延长 3～4 倍；在自然常温下，保鲜期延长 1～3 倍。

瓜类。净菜和摊位保鲜用 50～60 倍液，切分蔬菜保鲜用 12～20 倍液。在冷链保鲜条件下，保鲜期延长 3～5 倍；在自然常温下，保鲜期延长 1～3 倍。

花菜类。净菜和摊位保鲜用 60～70 倍液，切分蔬菜保鲜用 15～20 倍液。在冷链保鲜条件下，保鲜期延长 2～3 倍；在自然条件下，保鲜期延长 1～2 倍。

③ FR-4 系列（蔬菜贮运保鲜剂） 专用于各种蔬菜采后的贮藏和运输保鲜，或贮藏后的运输保鲜。

青椒。用 30～40 倍液，在青椒青熟期采收后处理，每千克 FR-4 保鲜剂可处理青椒 2 吨。在常温下贮运保鲜期延长 2 倍；10～12℃下保鲜 2～5 个月。

番茄。用 30～40 倍液，在番茄 8～9 分成熟期采收后处理，每千克 FR-4 保鲜剂可处理番茄 2 吨。常温下贮运保鲜期延长 2 倍以上；8～10℃下保鲜 1～5 个月。

豇豆。用 40～50 倍液，在豇豆嫩绿期采收后处理，每千克 FR-4 保鲜剂可处理豇豆 2 吨。常温下贮运保鲜期延长 2 倍；4～6℃下保鲜 7 个月。

甘薯。用50～60倍液，在甘薯成熟期采收后处理，每千克FR-4保鲜剂可处理甘薯3吨。常温下贮运保鲜期延长2倍以上；10～14℃下保鲜7个月。

蒜薹。用20～30倍液，在蒜薹嫩熟期采收后处理，每千克FR-4保鲜剂可处理蒜薹2吨。常温下贮运保鲜期延长3倍以上；0℃下保鲜8～10个月。

茄子。用40倍液，在茄子7～8分成熟期采收后处理，每千克FR-4保鲜剂可处理茄子2吨。常温下贮运保鲜期延长3倍以上；5～8℃下保鲜2个月。

叶菜类。用50～60倍液，在叶菜类8～9分成熟期采收后处理，每千克FR-4保鲜剂可处理叶菜类3吨。常温下贮运保鲜期延长1.5倍；0℃下保鲜1～3个月。

生姜。用40～50倍液，在生姜成熟期采收后处理，每千克FR-4保鲜剂可处理生姜1.5吨。常温下贮运保鲜期延长1个月；12～15℃保鲜1.5年。

马铃薯。用50～60倍液，在马铃薯成熟期采收后处理，每千克FR-4保鲜剂可处理马铃薯2吨。常温下贮运保鲜期延长2个月；0℃下保鲜1年。

竹笋。用50～60倍液，在竹笋成熟期采收后处理，每千克FR-4保鲜剂可处理竹笋2吨。常温下贮运保鲜期延长1～2倍；0～1℃下保鲜40天。

萝卜、胡萝卜。用60倍液，在成熟期采收后处理，每千克FR-4保鲜剂可处理胡萝卜3吨。常温下贮运保鲜期延长3～4倍；在0～1℃下保鲜期8个月。

西瓜。用50～60倍液，在西瓜8～9分成熟期采收后处理，每千克FR-4保鲜剂可处理西瓜3吨。在常温下贮运保鲜期延长3倍以上；在8～14℃下保鲜2个月。

南瓜。用60～70倍液，在南瓜9分成熟期采收后处理，每千克FR-4保鲜剂可处理南瓜3吨。在常温下贮运保鲜期延长4倍以上；在10～15℃下保鲜4～6个月。

冬瓜。用60～70倍液，在冬瓜充分成熟期采收后处理，每千克FR-4保鲜剂可处理冬瓜3吨。常温下贮运保鲜期延长4倍以上；在10～15℃下保鲜4～6个月。

甜瓜。用50～60倍液，在甜瓜8分成熟期采收后处理，每千克FR-4保鲜剂可处理甜瓜3吨。常温下贮运保鲜期延长3倍以上；在3～4℃下保鲜4个月。

百合。用50～60倍液，在百合适期晚采收后处理，每千克FR-4保鲜剂可处理百合2.5吨。常温下贮运保鲜期延长2～3倍；在0～0.5℃下保鲜2～3个月。

(3) 涂膜方法　利中壳糖鲜是一类涂膜保护剂，只有当保鲜剂在果实表面形成一层完整的保护膜时，才能对果蔬起到保护功能。涂膜的具体做法有以下3种。

① 喷涂法。此法是利用喷雾器将保鲜溶液通过人工喷雾涂膜；也可以是全部程序在一台全自动化的机械内完成。

② 浸涂法。将果蔬整体浸入配制好的保鲜溶液中，约1分钟，取出果蔬放到一个底面有斜坡的容器中沥干，可回收保鲜剂溶液供再利用，用自然晾干或用风机吹干果蔬。

③ 刷涂法。用细软刷子蘸上配制好的保鲜液，刷涂在果蔬表面。此法工效低，应用较少。

(4) 注意事项　根据不同作物的保鲜要求，选用合适的保鲜剂系列产品；在保鲜操作过程中要轻拿轻放，防止对果蔬造成创伤；配制好的保鲜剂，可以回收再利用。

七、蔬菜防冻剂

蔬菜防冻剂，剂型为可湿性粉剂，每包装袋100克，为淡黄色粉状物。属无毒植物源生长调节剂，能抑制作物自身热量的散失，降低植物的结冰点，提高细胞原生质的浓度，增强抗寒、抗逆能力。适于各类作物生产中在低温条件下防止低温冻结。

(1) 在蔬菜生产上的应用

① 在黄瓜、西瓜、冬瓜、苦瓜、甜瓜、丝瓜、菜豆、豇豆、

番茄、茄子、韭菜、芹菜、甘蓝、辣椒等上防冻。在露地种植的要在出苗定植前或定植后以及晚霜前降温（−5℃以上）时，连续喷施蔬菜防冻剂1～2次，每7～10天一次。喷药前，每袋防冻剂先加0.5千克50～90℃热水，等药剂溶化后再加水15千克，搅拌均匀后喷洒。在冬棚、大棚、日光温室、小拱棚种植时，若预报气温降低或连续低温（5天以上）以及阴天时，应提前2～3天喷施蔬菜防冻剂。喷药前，每袋防冻剂先加50～90℃热水0.5千克，待药剂溶化后加水7.5～15千克，搅拌均匀后每隔5～10天喷施1次。在秋天早霜前的露地和棚内种植作物时，也要喷施1～3次蔬菜防冻剂，喷药前每袋防冻剂先加50～90℃热水0.5千克，待药剂溶化后加水15千克喷雾，通常可延长生长期5～20天。

② 在草莓、韭菜、青菜、大蒜、菠菜等越冬作物上防冻。在早春返青时喷施蔬菜防冻剂，施药前，每袋防冻剂先加0.5千克50～90℃热水溶化后，加水15千克喷雾，每隔7～10天施药1次，连续喷施2～3次。在深秋、初冬作物停止生长后，可选择气温较高的晴天喷施防冻剂1～2次，喷药前，先将每袋防冻剂加入50～90℃ 0.5千克热水溶化后再加水15千克，每间隔7～10天施药1次，可保护作物安全越冬，减轻冻害。

（2）注意事项　田间施药应在气温下降前2～3天喷施，气温正在下降时不宜喷施；不可与碱性农药混用，生产中可在使用农药1～2天后再喷施防冻剂；在作物盛花期慎用防冻剂，以免影响授粉。

八、杂草防除

有机蔬菜除草，一般不要使用除草剂，主要是人工除草，此外，可通过一些辅助措施减少杂草的为害。

（1）人工除草　主要是指人工中耕除草。中耕除草针对性强，不但可以除掉行间杂草，而且可以除掉株间的杂草，干净彻底，技术简单，不但可以防除杂草，而且给蔬菜作物提供了良好生长条件。但人工除草，无论是手工拔草，还是锄、犁、耙等应用于农业生产中的锄草，都很费工费时，劳动强度大，除草效率低。在蔬菜作物生长的整个过程中，根据需要可进行多次中耕除草，除草时要抓住有利时机除早、除小、除彻底，不得留下小草，以免引起后患。

(2) 种植绿肥作物 休闲地可种植绿肥作物防治杂草。通常夏季可种植田菁、太阳麻等，冬季则可种植油菜、三叶草、苕子、麦类等，在其尚未成熟时掩青作为绿肥，不但可以节省肥料，而且能够防治杂草，消除连作障碍。

(3) 加强栽培管理控草 通过采用限制杂草生长发育的栽培技术（如轮作、休耕等）控制杂草。有机肥要充分腐熟（有些有机肥里含有杂草种子）。利用前作对杂草的抑制作用，前后作配置时，要注意到前作对杂草的抑制作用，为后作创造有利的生产条件，一般胡萝卜、芹菜等生长缓慢，抑制杂草的作用很小，葱蒜类、根菜类也易遭杂草为害，而南瓜、冬瓜等因生长期间侧蔓迅速布满地面，杂草易于消灭，甘蓝、马铃薯、芜菁等抑制杂草的作用也较大。还可喷施浓度为4%～10%的食用酿造醋，不但可以消除杂草，更有土壤消毒的效果，在杂草幼小时喷施效果较好。

(4) 覆盖抑草

① 秸秆覆盖抑草。利用秸秆覆盖不但可以起到保墒、保温、促根、培肥的作用，还具有抑草作用。将作物秸秆整株或铡成3～5厘米长的小段，均匀地铺在植物行间和株间。覆盖量要适中，覆盖量过少起不到保墒增产作用；覆盖量过大，可能发生压苗、烧苗现象，并且影响下茬播种。每亩覆盖量约400千克，以盖严为准。秸秆覆盖还要掌握好覆盖期。如生姜应在播后苗期覆盖，9月上中旬气温下降时揭除；夏秋大蒜可全生育期覆盖（彩图1）；夏玉米以拔节期覆盖最好。覆盖前要先将秸秆翻晒，覆盖后要及时防虫除草。此外，也可用废旧报纸等覆盖畦面，可起到较好的抑草作用。

② 地膜覆盖抑草（彩图2）。采用地膜覆盖，杂草长出顶膜上烫伤至死。要提高地膜覆盖质量，一般覆盖质量好，杂草生长也少。盖地膜时要拉紧、铺平，达到紧贴地面为度，如盖膜质量不好

不仅易通风漏气，保温、保水、保肥效果差，还会促进杂草生长。利用黑色地膜覆盖抑草效果最好。

（5）火力除草　火力除草是利用火焰或火烧产生的高温使杂草被灼伤致死的一种除草方法。火焰枪烫伤法除草，此法只有当作物种子尚未萌发或长得足够大时才可应用，并在杂草低于 3 毫米时最有效。如种植胡萝卜，种子床应在播种前 10 天进行灌溉，促使杂草萌发，而在胡萝卜种子发芽前（播种后 5～6 天），用火焰枪烧死杂草。

（6）电力和微波除草　电力和微波除草是通过瞬间高压（或强电流）及微波辐射等破坏杂草组织、细胞结构而杀灭杂草的方法。由于不同植物体（杂草或作物）中器官、组织、细胞分化和结构的差异，植物体对电流或微波辐射的敏感性和自组织能力的强弱不同。高压电流或微波辐射在一定的强度下，能极大地伤害某些植物，而对其他植物安全。

（7）他感作用治草　自然界中，植物间也存在着相生相克的关系，他感作用治草是利用某些植物通过其强大的竞争作用或其产生的有毒分泌物来有效抑制或防治杂草的方法。如小麦可防治白茅，三叶草防治金丝桃属杂草。利用他感植物之间合理间（套）作或轮作，趋利避害，直接利用作物分泌、淋溶他感物质抑制杂草。如在稗草、白芥严重的地块种小麦，在马齿苋、马唐等杂草严重的地块种植高粱、大麦、小麦等麦类作物，都可以起到既能防治害草，又能提高作物产量的作用。

（8）生物除草剂除草　生物除草剂是指在人为控制条件下，选用能杀灭杂草的天敌，进行人工培养繁殖后获得的大剂量生物制剂。生物除草剂有两个显著的特点：一是经人工大批量生产而获得的生物接种体；二是淹没式应用，以达到迅速感染，并在较短时间里杀灭杂草。利用活体微生物作为除草剂进行杂草治理的方法，主要是利用植物病原物微生物，如细菌、真菌、病毒，最常见的是真菌。真菌除草剂通过使杂草感染病害而达到除草目的。目前已经商品化或极具潜力的有 19 种，如

Devine、Collego、Biomal、Camperico、Casst、Velgo、Biochon 以及鲁保一号。使用剂型有乳剂、水剂、可湿性粉剂、颗粒剂和干粉剂等。其中水剂是最常用剂型。生物除草剂不能与生物杀菌剂和生物杀虫剂同等对待，由于其极大的局限性，生物除草剂也难与人工合成的化学除草剂进行竞争。但由于生物除草剂对环境安全，使用中在作物体内及土壤中无残留等优点，在有机农业中将会得到更多的重视与应用。

九、胶孢炭疽菌

胶孢炭疽菌，商品名：鲁保 1 号。制剂为高浓缩孢子吸附粉剂，含活孢子 30 亿～60 亿个/克，含水量小于 8%，孢子发芽率大于 95%。是一种防治菟丝子的真菌除草剂，有效成分为胶孢炭疽菌菟丝子专化型，专化性强，对大豆田中的中国菟丝子、南方菟丝子等均可侵染致病。鲁保 1 号为低毒生物杀草剂，其专化性极强，只杀菟丝子，对人、畜、天敌昆虫、鱼类均无害，不污染环境，无残毒。鲁保 1 号适用于蔬菜、大豆、亚麻、瓜类等作物防治菟丝子，包括大豆菟丝子、田野菟丝子等。

(1) 作用特点　杀草机理是药剂中的有效菌可引起菟丝子发生真菌病害而导致枯死。真菌孢子为单孢，无色，长椭圆形。将这种病菌制剂配成悬浮液，喷洒到菟丝子上，真菌孢子吸水萌发，从菟丝子表皮侵入，使菟丝子感染炭疽病，逐渐死亡。该药剂中的有效菌不能引起其他农作物感染发病，故对作物安全。

(2) 使用方法　适于在菟丝子萌芽后在田间喷洒防治，土壤处理无效。在黄瓜、辣椒、洋葱、茴香等蔬菜的田间上初见菟丝子时施药。将鲁保 1 号粉剂对水稀释 100～200 倍液，充分搅拌，并用纱布过滤 1 次，利用滤液（含孢子量 2000 万～3000 万个/毫升）挑地喷雾，即只对有菟丝子的地方喷药。喷药应选在早、晚或阴天进行。喷药时 2 人操作，1 人在前边先用树条将菟丝子发生处抽打几次，造成伤口，另 1 人随后喷药，因有了伤口利于真菌孢子发芽从伤口侵入，提高防效。要避开中午高温或干旱条件下施药。一般施药1次即可。

(3)注意事项　不要使用过期农药。本剂为活体真菌制剂，1年内不失效，使用时一定要搞清是有效产品，使用过期产品无效。不宜与其他药剂混用。宜在阴凉处配制菌液，随配随用。在菌液中可加入适量中性洗衣粉，可提高防效。施过杀菌剂的喷雾器要洗刷干净，再喷洒鲁保1号。保存在阴凉、干燥处，防止受潮霉变，并在当年用完。

十、利用日光能土壤消毒防治蔬菜病虫草害

长期以来，土传病虫害已成为限制蔬菜生产发展的主要因素，用药液喷浇或拌药土等进行土壤处理，防治效果不佳。而采用日光能进行土壤消毒，通过高温高湿杀灭大部分土传真菌及病原线虫；通过淹水加速菌核等越冬病原菌的腐烂；通过加入石灰可以改变土壤的酸碱度，抑制大部分病原菌的繁殖，不但对蔬菜土传病害的防治成本低、见效好，而且还能杀灭虫卵和杂草。

(1)杀菌杀草机理　土壤中加入石灰和稻草，可加速稻草等基质腐烂发酵，起放热升温作用，提高地温，石灰的碱性可中和基质腐烂发酵产生的有机酸，保持土壤耕作层高湿缺氧，经测试，日光能消毒土壤时5～25厘米土壤耕作层的温度，最低为26～27℃，最高可达39～50℃，平均为35.6℃，均未超过病虫草等有害生物的致死温度。但长时间持续高温，形成较高的抑制积温，使耕作层高湿缺氧，终致使多种有害病菌和杂草死亡，有效防治各种土传病害和杂草，取材容易，无毒无污染。

(2)使用方法　秋季栽培前，可进行闷棚，利用日光能进行土壤高温消毒。方法是：棚室栽培的，利用春夏之交的空茬时期，在天气晴好、气温较高、阳光充足时，将保护地内的土壤深翻30～40厘米，破碎土团后，每亩均匀撒施2～3厘米长的碎稻草300～500千克和适量生石灰，再耕翻使稻草和石灰均匀分布于耕作土壤层，均匀浇透水，待土壤湿透后，覆盖宽幅聚乙烯膜(PE膜)，膜厚0.01毫米，四周和接口处用土封严压实，然后关闭通风口，

高温闷棚10～30天，可有效减轻菌核病、枯萎病、软腐病、根结线虫、红蜘蛛及各种杂草的为害。

(3) 注意事项 一是天气，二是棚膜和地面覆盖密闭程度，三是处理前整地质量和浇水情况。消毒期间天气晴好，棚室和地面覆膜密闭较好，可有效提高棚室和土壤耕作层温度，积温高，处理效果好，处理时间可相对缩短，整地土层翻耕浅，土团大小不均，稻草较长，或稻草石灰翻耕混合不均匀，也会影响处理效果。处理时浇水不足，部分病菌和杂草处于休眠状态，也会降低防治效果。由于处理后土壤内所有微生物都被杀灭，一旦传入新的有害微生物，将很快成为优势种群，所以处理后应特别注意防止有害病虫的再传入。

另外，日光能高温处理后短时期内土壤的pH略有升高，但其升高幅度主要取决于石灰和稻草的相对用量，只要稻草和石灰等量增加，或石灰的量低于稻草的量，则土壤酸碱度不会明显升高，对蔬菜生长均无明显不良影响。

十一、频振式杀虫灯诱控害虫

(1) 技术原理 杀虫灯是利用昆虫对不同波长、波段光的趋性进行诱杀，有效压低虫口基数，控制害虫种群数量。可诱杀蔬菜、玉米等作物上13目67科的150多种害虫。杀虫谱广，诱虫量大，诱杀成虫效果显著，害虫不产生抗性，对人、畜安全，促进田间生态平衡，而且安装简单，使用方便。常用的杀虫灯因光源的不同可分为各种类型的杀虫灯。因电源的不同，可分为交流电供电式杀虫灯（彩图3）和太阳能供电式杀虫灯（彩图4）等。

(2) 确定田间布局 有两种方法：一种是棋盘状分布，另一种是闭环状分布。一般在实际安装过程中，棋盘状分布较为普遍。闭环状分布主要针对某块为害严重的区域以防止虫害外延或为搞试验需要特种布局。也有用户在安装中，根据实际情况，采用其他分布方法。

另外，外界光源对频振式杀虫灯诱虫效果有抑制作用，因此，频振式杀虫灯使用最好远离强光源，或适当加大布灯密度。

(3) 架线　根据所购杀虫灯的类型，选择好电源和电源线，然后顺杆架设电线（线杆位置最好与灯的布局位置相符）。没有线杆的地方，可用2.5米以上长的木杆或水泥杆，按杀虫灯的布局图分配好，挖坑埋紧，然后架线，不要随地拉线，防止发生伤亡事故。

(4) 电源要求　每盏灯的电压波动范围要求在±5%之内，过高或过低都会使灯管不能正常工作，甚至造成毁坏。如果使用的电压为220伏，离变压器较远，且当每条线路的灯数又较多时，为防止电压波动，最好使用三相四线，把线路中的灯平均接到各条相线上，使每盏灯都能保证在正常电压下启动工作。另外，按村、组需安装总路及分支路闸刀及电表，方便挂灯和灯具的维护管理，电费的收缴。

(5) 挂灯　在架灯处竖两根木桩和一根横担，或在木杆（或水泥杆）上牵出一横担，用铁丝把灯上端的吊环固定在横担上。也可用固定的三角架挂灯，更加牢实。为防止刮风时灯具来回摆动和损坏，应用铁丝将灯具拴牢拉紧于两桩上或三角支架上，然后接线。接线口要用绝缘胶布严密包扎，避免漏电。在用铜、铝线对接时要特别注意，防止线杆受潮氧化，导致接触不良。

(6) 安装距离及高度　在各种设施较多的地方，每灯距离掌握在100米左右，据观察，设施对灯有一定的影响，塑料薄膜老化、黏附灰尘会影响光波的辐射。在一般的田间少棚架、高秆作物情况下，两灯距离掌握在120米左右，若遇山坡阻挡灯源辐射，适当缩小半径范围。

安装高度一般掌握在100～150厘米（接虫口对地距离），实际安装高度结合当地情况、种植作物、诱捕的主要害虫决定。交流电供电式杀虫灯接虫口距地面80～120厘米（叶菜类）或120～160厘米（棚架蔬菜）。太阳能灯接虫口距地面100～150厘米。

(7) 控制面积　交流电供电式杀虫灯两灯间距120～160米，单灯控制面积20～30亩。太阳能灯两灯间距150～200米，单灯控制面积30～50亩。

(8) 合理安排使用时间 一般从5月中旬安装、亮灯、捕虫，使用结束时间为10月上旬或10月中旬；每天亮灯时间，结合成虫特性、季节的变化，5～6月傍晚6：30～7：30开灯，7～8月7：00～7：30开灯，9～10月6：30～7：00开灯，晚上12：00～凌晨1时关灯较为适宜。

(9) 收灯与存放 杀虫灯如冬天不用时最好撤回以进行保养。收灯后将灯具擦干净再放入包装箱内，置阴凉干燥的仓库中。太阳能杀虫灯在收回后要对固定螺栓进行上油预防生锈，蓄电瓶要每月充两次电以保证其使用寿命。

(10) 注意事项 接通电源后请勿触摸高压电网，灯下禁止堆放柴草等易燃品；使用中要使用集虫袋，袋口要光滑以防害虫逃逸。使用电压应为210～230伏，雷雨天气尽量不要开灯，以防电压过高，每天要对接虫袋和高压电网的污垢进行清理，清理前一定要切断电源，顺网进行清理。太阳能杀虫灯在安装时要将太阳能板调向正南，确保太阳能电池板能正常接收阳光。蓄电池要经常检查，电量不足时要及时充电。使用频振式杀虫灯不能完全代替农药，应根据实际情况与其他防治方法相结合。

十二、LED新光源杀虫灯诱控害虫

(1) 技术原理 LED（发光二极管）新光源杀虫灯是利用昆虫的趋光特性，设置昆虫敏感的特定光谱范围的诱虫光源，诱导害虫产生趋光、趋波兴奋效应而扑向光源，光源外配置高压电网杀死害虫，使害虫落入专用的接虫袋，达到杀灭害虫的目的。可诱杀以鳞翅目和鞘翅目害虫为主的多种类型的害虫成虫，如棉铃虫、小菜蛾、夜蛾类害虫、食心虫、地老虎、金龟子、蝼蛄等。通过白天太阳光照射到太阳能电池板上，将光能转换成电能并贮存于蓄电池内，夜晚自动控制系统根据光照亮度自动亮灯、开启高压电极网进行诱杀害虫工作。

(2) 悬挂高度 灯柱高度（杀虫灯悬挂高度）因不同作物高度而异。一般悬挂高度以灯的底端（即接虫口对地距离）离地1.2～

1.5米，如果作物植株较高，挂灯一般略高于作物20～30厘米。

（3）田间布局　有两种方法：一是棋盘状分布，适合于比较开阔的地方使用；二是闭环状分布，主要针对某块为害较重的区域以防止害虫外迁。如果安灯区地形不平整，或有物体遮挡，或只针对某种害虫特有的控制范围，则可根据实际情况采用其他布局方法，如在地形较狭长的地方，采用小“之”字形布局。棋盘状和闭环状分布中，各灯之间和两条相邻线路之间间隔以单灯控制面积计算，如单灯控制面积30亩，灯的辐射半径为80米，则各灯之间和两条相邻线路之间间隔160～200米。

（4）开灯时间　以害虫的成虫发生高峰期，每晚19时至次日3时为宜。

（5）注意事项　安装时要将太阳能板面向正南，确保太阳能电池板能正常接收光照。蓄电池要经常检查，电量不足时要及时充电。使用LED杀虫灯不能完全代替农药，应根据实际情况与其他防治方法相结合。及时用毛刷清理高压电网上的死虫、污垢等，保持电网干净。

十三、色板诱控害虫

（1）技术原理　利用昆虫的趋色（光）性制作的各类有色黏板，为增强对靶标害虫的诱捕力，将害虫性诱剂、植物源诱捕剂或者性信息素和植物源信息素混配的诱捕剂组合，诱集、指引天敌于高密度的害虫种群中寄生，捕食，达到控制害虫、减免虫害造成作物产量和质量的损失，以及保护生物多样性的目的。

（2）适应范围　多数昆虫具有明显的趋黄绿的习性，特殊类群的昆虫对于蓝紫色有显著趋性。一些习性相似的昆虫，对有些色彩有相似的趋性。蚜虫类、粉虱类趋向黄色、绿色；叶蝉类趋向绿色、黄色；有些寄生蝇、种蝇等偏嗜蓝色；有些蓟马类偏嗜蓝紫色，但有些种类蓟马嗜好黄色。夜蛾类、尺蠖蛾类对于色彩比较暗淡的土黄色、褐色有显著趋性。色板诱捕的多是日出性昆虫，墨绿、紫色等色彩过于暗淡，引诱力较弱。色板与昆虫信息素的组合可叠加二者的诱效，在通常情况下，诱捕害虫、诱集和指引天敌的效果优于色板或者信息素。

(3) 应用技术 色板上均匀涂布无色无味的昆虫胶，胶上覆盖防黏纸，田间使用时，揭去防黏纸，回收。诱捕剂载有诱芯，诱芯可嵌在色板上，或者挂于色板上。

① 诱捕蚜虫。使用黄色黏板（彩图5），秋季9月中下旬至11月中旬，将蚜虫性诱剂与黏板组合诱捕性蚜，压低越冬基数。春、夏期间，在成蚜始盛期、迁飞前后，使用色板诱捕迁飞的有翅蚜，色板上附加植物源诱捕剂更好。在蔬菜地里，色板高过作物15～20厘米，每亩放15～20个。

② 诱捕粉虱。使用黄色黏板。春季越冬代羽化始盛期至盛期，使用色板诱捕飞翔的粉虱成虫，或者在粉虱严重发生时，在成虫产卵前期诱捕孕卵成虫。蔬菜大棚内，每隔20～30天需更换1次色板。色板上附加植物源诱捕剂效果更好。在蔬菜地里，色板高过作物15～20厘米，每亩放15～20个。

③ 诱捕蓟马（彩图6）。使用蓝色黏板或黄色黏板，在蓟马成虫盛发期诱捕成虫。使用方法同蚜虫类。

④ 诱捕蝇类害虫。使用蓝色黏板或绿色黏板，诱捕雌、雄成虫。菜地里色板高过作物15～20厘米，每亩放置10～15个。

十四、防虫网阻隔害虫

(1) 技术原理 在保护地蔬菜设施上覆盖防虫网（彩图7），基本上可免除甜菜夜蛾、斜纹夜蛾、菜青虫、小菜蛾、甘蓝夜蛾、银纹夜蛾、黄曲条跳甲、猿叶虫、蚜虫、烟粉虱、豆野螟、瓜绢螟等20多种主要害虫的为害，还可阻隔传毒的蚜虫、烟粉虱、蓟马、美洲斑潜蝇传播数十种病毒病，达到防虫兼控病毒病良好经济效果。

(2) 适用范围 根据期望阻隔的目标害虫的最小体形，选择合适的目数。一般生产上常选用的是20～25目的白色或有银灰条的防虫网。在栽培上还兼有透光、适度遮光、抵御暴风雨冲刷和冰雹侵袭等自然灾害的特点，创造适宜作物生长的有利条件。

(3) 技术应用　在害虫发生初始前覆盖防虫网后，再栽培蔬菜才可减少农药的使用次数和使用量。为防止覆盖后防虫网内残存口发生意外为害，覆盖之前必须杀灭虫口基数，如清洁田园、清除前茬作物的残虫枝叶和杂草等的田间中间寄主，对残留在土壤中的虫、卵进行必要的药剂处理。

(4) 主要覆盖法

① 浮面覆盖。又称直接覆盖、飘浮覆盖或畦面覆盖。即在夏秋菜播种或定植后，把防虫网直接覆盖在畦面或作物上，待齐苗或定植苗移栽成活后即揭除。如防虫网内增覆地膜，同时在防虫网上面还增覆两层遮阳网，其防虫和抵御突发性自然灾害的效果更佳。

② 水平棚覆盖。棚架高度一般为 80～100 厘米，多用架竹搭建，操作方便，高低可以调节。也可用水泥立柱作架材搭成大平棚架，棚高 2 米。如遇台风、暴雨可临时降低到 20～30 厘米，以增强抗台风能力。防虫网覆盖棚架，应四周用防虫网覆盖压严，面积一般以 2000 平方米左右为宜，有的甚至达 1 公顷以上，全部用防虫网覆盖起来，这种覆盖方式节省防虫网和网架，操作方便，一般用于 5～11 月种植小白菜，一年种 5～6 茬，效果好。

③ 小拱棚覆盖。是目前应用较多的防虫网覆盖方式，高温季节使用，网内温度较高是其不足之处，可通过增加淋水次数达到降温的目的，由于小拱棚下的空间较小，实际操作不方便，一些地方利用这种覆盖形式进行夏季育苗和小白菜的栽培，投资少，管理简单，特别适合于没有钢管大棚的地区推广，同样起到防虫的作用。小拱棚的宽度、高度依作物种类、畦的大小而异。通常棚宽不超过 2 米，棚高为 40～60 厘米。可选择宽幅为 1.2～1.5 米的防虫网，直接覆盖在拱架上，一边可以用泥土、砖块固定，另一边可自动揭盖，以利生产操作。可采用全封闭的覆盖方式。

④ 棚架覆盖。棚架覆盖是利用夏季空闲大棚架覆盖栽培的形式，棚架覆盖可分为大棚覆盖和网膜覆盖等，可根据气候、网和膜原料灵活选择覆盖形式。

⑤ 大棚覆盖。是用防虫网全程全封闭覆盖栽培，是目前防虫网应用的主要方式，主要用于夏秋甘蓝、花菜等蔬菜生产，其次可用于夏秋蔬菜的育苗，如秋番茄、秋黄瓜、秋莴苣等。通常由跨度6米，高2.5米的镀锌钢管构成，将防虫网直接覆盖在大棚上，棚腰四周用卡条固定，再用压膜线“Z”字形扣紧，只留大棚正门口可以揭盖，实行防虫网全封闭覆盖。但在高温时段，害虫成虫迁飞的活动能力也下降，可揭除两侧，有利通风降温，不会因为揭盖管理影响防虫效果。

⑥ 网膜覆盖。是大棚顶部用塑料薄膜，四周裙边用防虫网的覆盖栽培。网膜覆盖提高了农膜利用率，节省成本，能降低棚内湿度，避免了雨水对土壤的冲刷，起到保护土壤结构，降低土壤湿度，避雨防虫的作用，在连续阴雨或暴雨天气，可降低棚内湿度，减轻软腐病的发生，适合梅雨或多雨季节应用，也可在秋季瓜类（特别是甜瓜、西瓜、西洋南瓜、西葫芦等）蔬菜栽培的应用。但在晴热天气易引起棚内高温。网膜覆盖，可利用前茬夏菜栽培的旧膜进行。

（5）注意事项　害虫是无孔不入，只要在农事操作、采收时稍有不慎，就会给害虫创造入侵的机会，要经常检查防虫网阻隔效果，及时修补破损孔洞。发现少量虫口时可以放弃防治，但在害虫有一定的发生基数时，要及时用药控害，防止错过防治适期。

十五、无纺布减湿防病阻隔害虫

（1）技术原理　保护地栽培应用农用无纺布保温幕帘后，起到阻止滴露直接落在作物的叶茎上引发病害，并在潮湿时有吸潮、干燥时释放湿度的调节棚室微调作用，从而达到控制和减轻病害的发生与为害。在早春与晚秋，用于在作物上浮面覆盖，可起到透光、透气、降湿、保温、阻隔害虫侵害，促进增产等作用。

（2）适用范围　预防由保护地设施露滴引起的灰霉病、菌核病和低温冻伤引起的绵疫病、疫病等病害。兼用于防虫，可起到类似防虫网的作用，还兼有良好的保温、防霜冻作用。

(3) 技术应用 在冬季、早春与晚秋，常用在设施的天膜下，安装保温防滴幕帘。白天拉开，增加棚室的透光度，兼释放已吸收的湿气；晚上至清晨拉幕保温、防滴、吸潮，起到辅助防病作用。

① 浮面覆盖法（彩图 8）。不需支架，而以作物本身为支架，把柔软、轻型的（15～20 克/平方米）无纺布直接宽松地覆盖在作物上。浮面覆盖可用于露地，也可用于温室、大棚和小拱棚中。由于无纺布质量较轻，覆盖在作物上，不会影响蔬菜生长。覆盖时，无纺布四周用泥土块压好，使无纺布不被风吹走，也不易随风大幅起伏飘动。随着作物长高，无纺布也随之上浮，不能盖太紧。无纺布浮面覆盖，冬季可用于大棚或露地保温、增温，夏季可用于遮光降温，并防虫害、鸟害，还可起早熟、高产、改善品质的作用。无纺布浮面覆盖时，一般不需要揭、开，较省工、省力。

② 小拱棚覆盖法。主要用于冬春大棚内小拱棚覆盖，多选用每平方米重 30～40 克的无纺布。可用于蔬菜育苗或蔬菜栽培前期夜间覆盖保温，也可用于春季露地小拱棚覆盖。

③ 室（棚）内覆盖法。用无纺布在大棚内作二道幕覆盖，即在作物定植播种前一周左右挂幕，离棚（室）膜 30～40 厘米处搭架盖一层无纺布，作二道幕保温栽培。每亩需用无纺布约 700 平方米。无纺布具有保温和遮阳双重作用，所以开、闭幕时间要安排好，上午室温 10℃以上时拉开幕，午后室温降到 15～20℃时闭幕保温，要求盖网严密，以提高保温效果。气温过高时，可随时闭幕以减少阳光透过以降温，避免高温造成为害。作二道幕覆盖宜选用每平方米 40 克质量较重的无纺布。

(4) 无纺布的规格 无纺布按材料分有长纤维和短纤维；按厚度有 0.09～0.17 毫米十种规格；按颜色有白色、黑色、银灰色等多种；按每平方米重量分有 15 克、20 克、30 克、40 克等，最大为 200 克。一般幅宽 50～200 厘米，遮光率为 27%～90%。

(5) 使用时注意事项 大棚、温室的架杆等要光滑无刺，以防损伤无纺布。拉盖时要仔细，以延长使用寿命。用过后，除掉泥土，卷好，放在阴凉处保存。防高温、日晒、雨淋，避免老化变质。

十六、银灰膜避害害虫

（1）技术原理　利用蚜虫、烟粉虱对银灰色有较强的忌避性，可在田间挂银灰色塑料条或用银灰地膜覆盖蔬菜来驱避害虫，预防病毒病。

（2）适应范围　夏、秋季蔬菜田，设施蔬菜田。

（3）应用技术　蔬菜田间铺设银灰色地膜避虫，每亩铺银灰色地膜5千克，或将银灰色地膜裁成宽10～15厘米的膜条悬挂于大棚内作物上部，高出植株顶部20厘米以上，膜条间距15～30厘米，纵横拉成网眼状，使害虫降落不到植株上。温室大棚的通风口也可悬挂银灰色地膜条成网状。如防治白菜蚜虫，可在白菜播后立即搭0.5米高的拱棚，每隔15～30厘米纵横各拉一条银灰色光塑料薄膜，覆盖18天左右，当幼苗6～7片真叶时撤棚定植。

十七、性诱剂诱杀害虫

（1）技术原理　通过药剂或诱芯释放人工合成的性信息化合物，缓释到田间，引诱雄虫至诱捕器，从而达到破坏雌雄交配，最终进行防治的目的。可诱杀斜纹夜蛾、甜菜夜蛾、小菜蛾、豆荚螟、棉铃虫、瓜实蝇等多种害虫。

（2）使用方法　在害虫羽化期，每亩菜地挂置盛有洗衣粉或杀虫剂水溶液的水盆3～4个，水面上方1～2厘米处悬挂昆虫性诱剂诱芯（彩图9）。近几年来，不同的厂家已生产出诱捕器装置（彩图10），使用时剪开包装袋的封口，取出诱芯以“S”形嵌入诱芯架的凹槽内，安装于对应诱捕器内，一亩地用1个诱芯，4～6周更换一次诱芯，及时清理诱捕器中的死虫。

十八、利用高温闷棚闷杀害虫

利用设施栽培便于控制调节小气候的特点，在早春至晚秋栽培季节，对处于生长期的作物，以关、开棚的简单操作管理，提高或降低温湿度的生态调节手段，对有害生物营造短期的不适宜环境，达到延迟或抑制病虫害的发生与扩展的技术。适用于在作物生长期的病虫发生初始阶段。高温闷棚温度的主要调节范围为15～35℃，多数病虫害适宜发生温度为20～28℃，靶标害虫主要是微型害虫，如蚜虫类、烟粉虱类、蓟马类、螨虫类、潜叶蝇类等。闷棚防治法的应用，防病与防虫的操作有共同点，也有较大的区别。适用于防病的是高温、降湿控病；而适用于防虫的是高温、高湿控虫，所以应用闷棚防治法需要较高的管理技巧，并应区分防控的主体靶标。

(1) 对病害的防控操作　当早春或晚秋满足夜间棚内最低温度不低于15℃（晚上低于15℃时也可关棚调节，高于15℃时晚间不关棚或不关密棚），白天关棚保温能达到35℃以上时可少许开棚放风调节，以维持28℃以上的时间越长越好，当棚内温度低于25～28℃时，开棚降温、降湿，回避病虫发生的适宜温区。如果晚上温度低于15℃时，收工前再关棚保温防寒（接近15℃时不要将棚关严），每天如此操作，可明显延迟病害的发生期、减轻病害的为害。

(2) 对微型害虫的防控操作　首先实施前注意天气预报，确认实施当天无雨（最好选择在作物也需要浇水时），并在实施前1天，关棚试验，探测最佳的关棚时间，最高温度可否提升至最高温限及达到最高温限的时段（能达到最高温限的时间越长，控害效果越好），早上（通常在8时以后）阳光较好（再次确认天气预报正确，阴雨天因不利于提升温度，不宜关棚，全天开棚通风换气、降湿度，否则害虫未控好反而引发病害）开始在棚内喷水，使棚内作物叶片、土表湿润为宜，关棚提温产生闷热高湿不利于微型害虫发生的环境，杀死抗逆性弱的害虫个体，也有些微型害虫热晕以后，掉落在叶面的水滴里淹死或掉落在潮湿的泥土表面（不能再起飞）被黏死（如果害虫发生严重时，还可配用杀虫烟雾剂，可获得良好的控害效果）。当棚内温度下降到25℃以下时，开棚降温降湿。间隔5～7天实施1次，视病虫发生情况，连续3～5次。

(3) 注意事项　掌握好茄果瓜类的最高温限。黄瓜的最高温限在32～35℃；番茄的最高温限在35～38℃；辣椒的最高温限在38～40℃；茄子的最高温限在40～45℃。闷棚控虫，为提高效果，设定的最高限温对作物稍有影响，需要适当地补施叶面肥等措施进行调节。实施时一定要用温度计监测棚内温度，不能凭经验在棚外的感觉，估算操作管理开关棚（时常容易发生误判烧苗）。在实施闷棚控害的关键时期，尤其是中午，要有人值守观察温度变化，防止天气突变（特别是多云天气突然放晴），无人在现场及时管理，引发烧苗。

十九、家庭土法制农药

（1）粪、尿类制剂

① 兔粪液。取1千克兔粪对水10千克，盛到缸或桶内密封、沤制15～20天，使用时充分搅匀浇淋在瓜菜根际，防治地老虎效果很好，还可给作物追肥，一举两得。

② 牛尿。在每亩菜地里，用30千克牛尿对水30～40千克，于晴天上午9时后喷洒，能有效地防治蚜虫。

③ 人尿鸡粪剂。人尿、鸡粪各5千克混合浸泡10小时，再将柳、楝叶各2千克，清水20千克同尿粪混合物置入大铁锅煮1小时呈酱黑色即可，亩用“母液”2～3千克加清水75～100千克充分搅匀喷雾，可防治螟虫、蚜虫、红蜘蛛，同时起到追肥作用。

④ 兔、羊、牛粪水。将新鲜的兔、羊、牛粪1份，对清水5份，置于粪桶或粪缸内充分搅拌均匀后，在清晨露水干后淋浇在辣椒、茄子、番茄、白菜、豇豆等作物的根部周围，借助兔、羊、牛粪的特殊气味，能有效地驱除地老虎、金龟子、蝼蛄等地下害虫，防虫效率可达70％～80％。

⑤ 干鸡粪剂。鸡粪炒干，捣烂过筛成粉，撒于蔬菜作物叶部（亩用量4～5千克），防治螟虫、蚜虫等害虫，无污染无残留，又肥田。

⑥ 鸽粪。取鸽粪50千克装入桶或大缸内，加水10升拌均匀后密封沤制15～20天，施用时，每亩取50～60千克对适量水浇施于作物根部即可。可防治地老虎，还有追肥作用。

（2）面粉糊制剂　取250克面粉，加2千克水调湿，放在盆或桶内，再加入8千克开水充分搅拌均匀，冷却后直接喷洒在被红蜘蛛为害的菜叶背面，大约10分钟后，红蜘蛛就会被面糊黏住而死。喷施时间以下午2时后为佳。

(3) 红糖类制剂　红糖300克溶于500毫升清水中，加入10克白衣酵母，置于温室或大棚内，每天搅拌1次。发酵15～20天，待其表面出现白膜层为止。然后将此发酵液再加入米醋、烧酒各100克，对水100千克，每隔10天1次，连喷4～5次，防治黄瓜细菌性斑点病和灰霉病有良好效果。

(4) 辣椒类制剂

① 干辣椒防虫法。干的红辣椒一份，用25倍的水煮开半小时，过滤后的液体喷洒枝叶，可以防治蚜虫、红蜘蛛，杀蚜率达98%以上。

② 鲜辣椒液。取新鲜辣椒50克，加水30～35倍，加热煮30分钟，其滤液可有效地防治蚜虫、小地老虎和红蜘蛛。

③ 辣洗合剂。取新鲜辣椒（越辣越好）500克，加清水15～20千克，煮10～15分钟，滤取汁液，趁热加入100～125克洗衣粉，再对清水50千克，搅拌均匀，冷却后喷雾。可有效地防治蚜虫、红蜘蛛、地老虎等蔬菜害虫。

④ 辣椒制剂治病。取新鲜辣椒（越辣越好）500克，加清水15～20千克，煮20～30分钟，滤取汁液。再加入60克石硫合剂，再对清水10千克搅拌均匀，冷却后用其喷雾，连喷2～3次，可以有效地防治霜霉病、白粉病、炭疽病、角斑病等蔬菜病害。

(5) 植株树叶制剂

① 桃叶石灰水。在5千克鲜桃树叶中加入50克生石灰，对水75千克泡沤24小时，捞出桃叶取其液喷雾，防治蚜虫效果十分明显。还可治臭虫、跳虱等。

② 桃叶剂。桃叶1千克加水6千克煮半小时去渣喷雾可防治蚜虫、天蠖及软体害虫。

③ 桃叶粉。施入土中可治蛴螬、蝼蛄等地下害虫。

④ 椿树叶治蚜。取椿树鲜叶0.5千克切碎，加水10千克，煮沸5分钟。或将叶捣烂浸泡24小时，过滤去渣，每千克滤液加

5～8千克喷洒，防治菜青虫和蚜虫。

⑤ 榆树叶治蚜。用榆树鲜叶0.6千克，加水1.5千克煮成1千克原液，过滤去渣，每千克原液加水5千克喷洒，治蚜效果明显。

⑥ 桑叶合剂。鲜桑叶1千克，加水5千克煮沸1小时，过滤即成。加4倍量水喷雾，可防治红蜘蛛。

⑦马鞭草液。用马鞭草（狗尾草）加半倍水捣烂，取原液，加水3倍，再加0.1%的中性肥皂液喷洒，防治蚜虫效果达100%。

⑧艾蒿鲜草液。将艾蒿鲜草切碎加10倍水煮半小时，冷却后喷洒，可防治棉蚜、红蜘蛛、菜青虫等害虫。

⑨枫杨液。枫杨叶0.5千克捣烂，加水50千克，取滤液，防治蚜虫，叶蝉、飞虱、地下害虫等。或采集80～100千克枫杨鲜叶，捣烂后给菜地或苗圃深施，能防治地老虎、蝼蛄等地下害虫。

⑩苦楝树叶。取鲜苦楝叶1.5千克，充分捣烂后加水1.5千克，搅拌20～30分钟后用双层纱布过滤，施用时每亩取药液1千克对水40千克喷洒，可防治菜螟、各种蚜虫和菜青虫等。

（6）小苏打制剂　用0.2%浓度的小苏打溶液，即小苏打100克，掺水50千克喷雾，对黄瓜、大白菜的白粉病、炭疽病、霜霉病及豇豆煤霉病等均有很好的效果，防效达93.1%。但不得与酸性农药混用。

（7）大蒜制剂

① 将20～30克大蒜瓣捣成泥状，然后加10千克水搅拌，其滤液对防治蚜虫、红蜘蛛和甲壳虫效果很好。

② 用大蒜0.5千克捣碎，加水5千克，搅拌后过滤取汁喷洒或灌根，能抑制马铃薯环腐病。

③ 用大蒜梗1千克，楝树叶5千克，加水熬成酱油色，去渣后为原液。每千克原液加清水5千克，稀释喷洒，每亩用量50千克，连喷2～3次，防治棉蚜、红蜘蛛效果好。

④ 用大蒜、韭菜混合切碎，加清水等量，搅拌均匀，去渣后即为原液。每千克原液加清水5～10千克，稀释后喷洒，防治蚜

虫、红蜘蛛效果好。

⑤ 用去皮大蒜 1.5 千克，捣烂成泥，加清水 3 千克，再加樟脑 50 克，拌匀后取滤液喷洒，防治棉蚜、红蜘蛛等效果好。

(8) 苦瓜叶制剂　摘取鲜苦瓜叶片加少量的清水捣烂，榨取原液。每千克原液中加入 1 千克石灰水，调和均匀后用于根部浇灌，防治小地老虎有特效。

(9) 葱制剂

① 大葱溶液。用大葱 1 千克加水 0.4 千克，捣烂取液，每千克原液加水 6 千克，搅匀后喷雾，对蚜虫、菜青虫、螟虫等多种害虫均有良好的防治效果。

② 大葱浸液。取新鲜大葱 2～3 千克捣烂成泥状，加水 15～17 千克浸泡，用滤出液喷洒植株可防治蚜虫和软体害虫。

③ 洋葱浸液。取 20 克洋葱捣烂后，对水 1.0～1.5 千克，浸泡一昼夜后过滤，所得滤液对蚜虫、红蜘蛛有较好的防效。

④ 鸡蛋洋葱合剂。洋葱 1.8 千克，水 3 千克。洋葱捣烂置于小布袋中挤汁液，将鸡蛋液放入洋葱汁液搅匀，每 0.5 千克液对水 6 千克喷雾，可防治螟虫、红蜘蛛等虫害。

(10) 马齿苋制剂　取马齿苋 0.5 千克加水 1 千克，煮开 30 分钟后过滤，再加樟脑 150 克，充分搅拌均匀成原液。施用时每 0.5 千克原液加水 2.5 千克，每亩施用 40～50 克，防蚜虫及其他软体害虫，效果好。

(11) 丝瓜制剂

① 丝瓜汁。将鲜丝瓜捣烂后加 20 倍水搅拌，取其去渣过滤液喷雾，防治菜青虫、红蜘蛛及菜螟等害虫的有效率均在 95%以上。

② 丝瓜制剂。丝瓜加少量水捣烂，去渣取原液，加原液 2 倍水混合，再加少量皂液混合均匀后喷洒，可防治菜青虫、红蜘蛛、麦蚜、菜螟等。

(12) 南瓜叶制剂　将南瓜叶加少量水捣烂，榨取汁液成原液。以 2 份原液加 3 份水稀释，再加入少量皂液，搅匀后喷雾，防治蚜虫效果很好。

(13) 韭菜制剂　取新鲜韭菜1千克，捣烂后加水400～500克浸泡，榨取汁液，然后每千克原液对水8千克喷雾，可防治红蜘蛛、蚜虫、棉铃虫等。

(14) 番茄叶制剂　将鲜番茄叶捣成浆状，加清水2～3倍浸泡5小时，取上清液喷雾，可防治红蜘蛛，驱赶蚊蝇。

(15) 黄瓜制剂　将新鲜瓜蔓1千克捣烂后滤去残渣，加水3～5倍进行喷雾，防治菜青虫和菜螟效果很好。

(16) 蓖麻叶制剂　将蓖麻叶捣烂取汁液，加水3～5倍，浸泡12小时后喷雾，可有效防治蚜虫、菜青虫、地老虎、金龟子、小菜蛾等多种虫害。或将干蓖麻叶碾成细粉，按一定比例拌入土杂肥撒施到地里，可防治蛴螬、蝼蛄和地老虎等地下害虫。按1千克蓖麻叶粉加水16～20千克浸泡，用水壶灌注，可治葱、韭菜、大蒜、萝卜、白菜的地蛆、菜青虫等。

(17) 烟草制剂　用烟叶0.5千克（或烟梗1千克）、生石灰0.5千克、肥皂少许，加水30千克，浸泡1天后取汁喷洒，可防止蚜虫、红蜘蛛、菜青虫等。

取切碎的烟梗，烟屑1千克，加水20千克和少量肥皂粉煮1小时去渣可防治蚜虫。

取烟叶1000克切碎，加水1千克，浸泡两三天，用纱布过滤，在过滤液中加入50克洗衣粉，然后对水10～15千克，选晴朗天气早晨露水干后喷施，可防治烟粉虱。

(18) 猪苦胆制剂　10%浓度的猪胆液加适量的小苏打、洗衣粉，可防治茄子立枯病、辣椒炭疽病，并能驱豇豆、菜豆、瓜类的蚜虫、菜青虫、蜗牛等。稀释后的液体可保持10～12天不失效。

(19) 虫尸制剂　将菜园中的菜青虫、地老虎等害虫收集起来，捣烂成浆，每100克加水50克，加少量洗衣粉，充分搅拌均匀后，配成“药液”，喷洒在受同类害虫侵害的作物上，因气味忌避，害虫拒食，杀死率可达80%～95%。如能在第一次喷后7～10天再喷1次虫尸液，防治效果更好。鳞翅目害虫刚孵化或3龄前，是喷虫尸液的最佳期。用虫尸液防治鳞翅目等害虫，防效持久，对人、畜、害虫天敌和环境安全，效果与化学农药相当或略优于化学农药，其费用只有化学农药的1/4～1/3。

(20) 草木灰制剂　落叶、秸秆、谷壳、瓜藤、稻草、木柴、杂草等燃烧后的残灰，含有大量的氧化钙和碳酸钾，呈碱性。用草木灰20～30千克沟施或穴施于蔬菜根部周围，对葱、蒜、韭菜、瓜类蔬菜的害虫如种蝇、葱蝇的蛆有极好的防治效果。在早晨有露水时，将草木灰撒施在瓜根周围的土面和瓜叶上，能有效杀灭黄守瓜等害虫。每亩菜地用草木灰15～20千克，浸泡于50～75千克清水中，一昼夜后过滤取滤液喷施，可防治菜蚜、蓟马等害虫，效果在95%以上。草木灰同时又是很好的肥料，能提高蔬菜的抗性，有显著的增产效果。

(21) 石灰制剂　雨季中，在地势低洼、土壤湿度大的菜地生长的叶菜类蔬菜，易受蜗牛为害，一般用药剂防治难以奏效。抓住晴天或阴天露水干后空气湿度较小的时机，将过筛的干细石灰粉撒于菜田四周或菜行间土面上。当蜗牛爬过，身上所沾石灰会使其软体干燥而失水死亡，但阴雨天使用该法杀虫无效。

注意事项：土农药一定要现配现用，两次用药时间需相隔7～10天。若在早晨有露水时喷药，则可提高和延长药效，喷雾后遭受雨淋，应重新追加喷雾。

第二章 有机蔬菜适用肥料

第一节 有机肥料

一、人粪尿

人粪尿是一种养分含量高、肥效快，适于各种土壤和作物的有机肥料，常被称为“精肥”、“细肥”。为流体肥料，易流失或挥发损失，同时还含有很多病菌和寄生虫卵，若使用不当，易传播病菌和虫卵。

（1）主要成分和性质

① 人粪。是食物经消化未被吸收利用而排出体外的残渣。其中含70%～80%的水分，20%左右为纤维素、半纤维素、脂肪、脂肪酸、蛋白质及其分解的中间产物等有机质；5%为钙、镁、钾、钠的硅酸盐、磷酸盐和氯化物等矿物质。含氮1%、磷0.5%、钾0.37%。此外，还有少量粪臭质、吲哚、硫化氢、丁酸等臭味物质和大量微生物，有时还有寄生虫卵。新鲜人粪一般呈中性反应。

② 人尿。是食物经消化吸收参加新陈代谢后，排出体外的废液。含有95%的水分、5%左右的水溶性有机物和无机盐类。其中尿素占1%～2%、氯化钠约1%，并含有少量尿酸、马尿酸、肌酸酐、氨基酸、磷酸盐、铵盐及微量生长素和微量元素等。新鲜人尿因含有酸性盐和多种有机酸，故呈弱酸性反应。但贮存后尿素水解产生碳酸铵而呈弱碱性反应。

人粪中的养分主要呈有机态，需经分解腐熟后才能被作物吸收利用。但人粪中氮素含量高，分解速度比较快。人尿成分比较简单，70%～80%的氮素以尿素状态存在，磷、钾均为水溶性无机盐状态，其肥效快，均为速效养分，含氮多，含磷、钾少，所以人们常把人粪尿当作氮肥施用。

（2）施用方法　人粪尿可作种肥、基肥和追肥，最适用于追肥。作基肥一般每亩施用500～1000千克；旱地作追肥时应用水稀释3～4倍，甚至10倍的稀薄人粪尿液浇施，然后盖土。水田施用时，宜先排干水，将人粪尿对水2～3倍后泼入田中，结合中耕或耘田，使肥料为土壤所吸附，隔2～3天再灌水。人尿可用来浸种，有促进种子萌发、出苗早、苗健壮的作用，一般采用5%鲜人尿溶液浸种2～3小时。

（3）注意事项　腐熟时，要注意在沤制和堆腐过程中，切忌向人粪尿中加入草木灰、石灰等碱性物质，这样会使氮素变成氨气挥发损失。向沤制、堆制材料中加入干草、落叶、泥炭等吸收性能好的材料，可使氮素损失减少，有利于养分保存。不宜将人粪尿晒制成粪干，因为在晒制粪干的过程中，约40%以上的氮素损失掉，同时也污染环境。

人粪尿是以氮素为主的有机肥料。它腐熟快，肥效明显。由于数量有限，目前多集中用于菜地。人粪尿用于叶菜类、甘蓝、菠菜等蔬菜作物增产效果尤为显著。人粪尿含有机质不多，且用量少，易分解，所以改土作用不大。人粪尿是富含氮素的速效肥料，但是含有机质、磷、钾等养分较少，为了更好地培养地力，应与厩肥、堆肥等有机肥料配合施用。人粪尿适用于各种土壤和大多数作物。但在雨量少，又没有灌溉条件的盐碱土上，最好对水稀释后分次施用。人粪尿中含有较多的氯化钠，对氯敏感的作物（如马铃薯、瓜果、甘薯、甜菜等）不宜过多施用，以免影响产品的品质。

新鲜人尿宜作追肥，但应注意，在作物幼苗生长期，直接施用新鲜人尿有烧苗为害，需经腐熟对水后施用。在设施蔬菜上施用，一定要施用腐熟的人粪尿，以防蔬菜氨中毒和传播病菌。

二、厩肥

以家畜粪尿为主，混以各种垫圈材料及饲料残渣等积制而成的肥料统称厩肥，又称土粪、圈粪、草粪、棚粪等。各种牲畜在圈（或棚、栏）内饲养期间，经常需用各种材料垫圈。垫圈材料主要是有机物（如秸秆、枯枝落叶等）。垫圈的目的在于保持圈内清洁，有利于牲畜健康，同时也利于吸收尿液和增加积肥数量。

（1）成分和性质　不同的家畜，由于饲养条件不同和垫圈材料的差异，可使厩肥的成分特别是氮素含量有较大的差异，平均含有机质25%左右，含氮约0.5%，五氧化二磷约0.25%，氧化钾约0.6%。每吨厩肥平均含氮5.5千克，含磷2.2千克，含钾6千克，相当于尿素12千克、过磷酸钙11千克、硫酸钾7千克。在使用同样垫圈材料的情况下，养分含量为羊厩肥最高，马厩肥其次，猪厩肥第三，牛厩肥第四（表1）。

新鲜厩肥中的养分主要是有机态的，施用前必须进行堆腐。厩肥腐熟后，当季氮素利用率为10%～30%，磷的利用率为30%～40%，钾为60%～70%。故厩肥对当季作物，氮素供应状况不及化肥，而磷、钾供应却超过化肥。厩肥因含有较丰富的有机质，所以有较长的后效和良好的改土作用，尤其对促进低产田的土壤熟化有十分明显的作用。

表1　厩肥中的养分含量　%

肥料种类	水分	有机质	氮(N)	磷(P_2O_5)	钾(K_2O)
猪粪	72.4	25	0.45	0.19	0.6
牛粪	77.5	20.3	0.34	0.16	0.4
马粪	71.3	25.4	0.58	0.28	0.53
羊粪	64.6	31.8	0.83	0.23	0.67

（2）厩肥的施用　厩肥中大部分养分是迟效性的，养分释放缓慢，因此一般作基肥用，可全面撒施或集中施用。撒施的优点是便于施肥机械化，有利于改良土壤，对种植窄行密植作物是很适宜的，缺点是施肥量要多，肥效不如集中施肥好。条施或穴施等集中施肥，对中耕作物是经济有效的施肥方法。腐熟的优质厩肥，也可作追肥，但肥效不如作基肥效果好。厩液在腐熟后即可作追肥，肥效较高。厩肥当季氮素利用率不高，一般只有20%～30%。

施用厩肥不一定全部是完全腐熟的。一般应根据作物种类、土壤性质、气候条件、肥料本身的性质以及施用的主要目的而有所区别。块根、块茎作物，如甘薯、马铃薯和十字花科的油菜、萝卜等，生育期较长的番茄、茄子、辣椒、南瓜、西瓜等作物，对厩肥的利用率较高，可施用半腐熟厩肥；质地黏重、排水差的土壤，应施用腐熟厩肥，且不宜耕翻过深，沙质土壤可施用半腐熟厩肥，翻耕深度可适当加深。早熟作物因其生长期短，应施用腐熟程度高的厩肥，而冬播作物生长期长，对肥料腐熟程度的要求不太严格。由于大多数蔬菜作物生长期短，生长速度快，其产品的卫生条件要求严格，使用厩肥时要求充分腐熟。降雨少的地区或旱季，应施用腐熟的厩肥，翻耕可深些，温暖而湿润地区或雨季，可施用半腐熟的厩肥，翻耕应浅些。用作种肥、追肥时，则应完全腐熟。

注意动物粪便不要施在土壤表面，易发臭生虫，若经处理的粪便可减少此缺点，但乃需应用后覆土或翻土盖住。蔬菜田使用有机肥料需注意卫生及安全，防止寄生虫及病菌滋长。

三、家畜粪尿

家畜粪尿是指家畜（猪、马、牛、羊）的排泄物。

（1）家畜粪尿的成分　家畜粪和尿的成分不同，粪是饲料经过牲畜的消化器官消化后没有吸收的残余物，它主要是半腐解的植物性有机物质，成分是蛋白质（包括蛋白质的分解产物）、脂肪、碳水化合物、纤维素、半纤维素、木质素、有机酸、胆汁、叶绿素、酶以及各种无机盐等。尿是饲料中的营养成分被消化吸收，进入血液经新陈代谢后排出的部分，成分比较简单，全部是水溶性物质，主要有尿素、尿酸、马尿酸以及钾、钠、钙、镁等无机盐类。畜粪中含有机质和氮素较多，磷和钾较少，畜尿中含磷很少。各种家畜每年的排泄量也相差甚大。牛的排泄量最大，羊最少，马、猪介于其间。

（2）使用方法　猪粪尿有较好的增产和改土效果，可作基肥、追肥，适用于各种土壤和作物。腐熟好的粪尿可用作追肥，但没有腐熟的鲜粪尿不宜作追肥。没有腐熟的鲜粪尿施到土壤以后，经微生物分解会放出大量二氧化碳，并产生发酵热，消耗土壤水分，大量施用对种子、幼苗、根系生长均有不利影响。此外，生粪下地还会导致短期使土壤有限的速效养分被微生物消耗，发生“生粪咬苗”现象。腐熟后的马粪适用于各种土壤和作物，用作基肥、追肥均可。由于马粪分解快，发热大，一般不单独施用，主要用作温床的发热材料。牛粪尿多用作基肥，适于各种土壤和农作物。羊粪尿同其他家畜粪尿一样，可作基肥、追肥，适用于各种土壤和作物。羊粪由于较其他家畜粪浓厚，在沙土和黏土地上施用均有良好的效果。

四、禽粪

禽粪是鸡粪、鸭粪、鹅粪、鸽粪等家禽粪的总称，有机质和氮、磷、钾养分含量都比较高，还含有1%～2%氧化钙和其他微量元素成分，其养分含量远远高于家畜粪便。如鸡粪的氮、磷、钾养分含量是家畜粪便的3倍以上，可以说禽粪是一种高浓度天然复合肥料。

(1) 禽粪的成分　家禽的排泄量虽然不多，但禽粪含养分浓厚。禽粪中氮、磷养分含量几乎相等，而钾稍偏低。4种禽粪相比，鸽粪养分含量最高，鸡、鸭粪次之，鹅粪最差（表2）。因为鹅是草食动物，而鸽、鸡、鸭是杂食性动物，尤其是鸽和鸡，均以谷物饲料为主，而且饮水少，所以养分含量高于各种牲畜粪尿。禽粪是很容易腐熟的有机肥料。禽粪中的氮素以尿酸形态为主。尿酸盐不能直接被作物吸收利用，而且对农作物根系生长有害，所以禽粪必须腐熟后才能施用。禽粪在堆腐过程中能产生高温，属于热性肥料。

表2　新鲜禽粪的养分含量

种类	水分/%	有机质/%	氮(N)/%	磷(P_2O_5)/%	钾(K_2O)/%	每只家禽年排泄量/千克
鸡粪	50.5	25.5	1.63	1.54	0.85	5～7.5
鸭粪	56.6	26.2	1.1	1.4	0.62	8～10

续表

种类	水分/%	有机质/%	氮(N)/%	磷(P_2O_5)/%	钾(K_2O)/%	每只家禽年排泄量/千克
鹅粪	67.1	23.4	0.55	0.5	0.95	12～15
鸽粪	51	30.8	1.76	1.78	1.0	2～3

（2）禽粪的施用　禽粪适用于各种作物和土壤，不仅能增加作物的产量，而且还能改善农产品品质，是生产有机农产品的理想肥料。新鲜禽粪易招引地下害虫，因此必须腐熟。因其分解快，宜作追肥施用，如作基肥可与其他有机肥料混合施用。精制的禽粪有机肥每亩施用量不超过 2000 千克，精加工的商品有机肥每亩用量 300～600 千克，并多用于蔬菜作物。

（3）未腐熟禽粪造成蔬菜烧根熏苗的处理办法　蔬菜地里施用没腐熟或腐熟程度不够的禽粪，如果出现了烧苗等现象，可采用如下措施。

① 冲施腐熟剂。如果禽粪没腐熟好，蔬菜定植后 2～3 天就可出现烧苗症状，此时应及时冲熟有机物腐熟剂，加快禽粪腐熟。如每亩每次冲施肥力高 2 千克，能达到快速腐熟的目的。

② 加强通风。冬季棚室相对密闭，禽粪在腐熟过程中产生的氨气挥发不出去，很容易熏坏蔬菜。因此，在发现禽粪没腐熟好出现烧苗现象时，应增加放风次数和时间，以便把棚内的氨气及时排出棚外，从而避免气害的发生。

③ 增施生物菌肥。生物菌肥不仅具有改良土壤结构、提高土壤肥力、抑制根部病害的作用，对促进禽粪的腐熟效果也很显著。因此，当禽粪出现烧苗现象时，可每亩每次用大源一号菌肥 25～30 千克随水冲施，也可冲施适量的微生物制剂。

五、沤肥

沤肥，又称草塘泥、窖肥等，是以作物秸秆、青草、树叶、绿肥等植物残体为主要原料，混合人畜粪尿、泥土，在常温、淹水的条件下，由微生物进行厌气分解而成。一般在水源方便的场地，如田头地角、村边住宅旁，挖坑 1 米深，放入沤制的材料灌粪水、污水。在淹水厌氧条件下，由厌氧微生物群落为主进行矿质化和腐殖质化过程，温度变化比较平稳，一般为10～20℃，pH值变化也平稳，普遍在pH6～7之间，分解腐熟时间较堆肥长，腐殖质积累多，养分损失少，氮素损失一般只5%，而堆肥的氮素损失高达29%。沤肥的成分随沤制材料的种类及物料配比不同而异。据分析，沤肥的成分与厩肥相近。草塘泥的pH大多在6～7，全氮量为0.21%～0.40%，全磷量为0.14%～0.26%。

(1) 沤制条件

① 浅水沤制。保持4～6厘米浅水，有机物处于低温厌氧条件下分解，如果水层太深、温度低，不易分解。坑内不应时干时湿，否则易生成硝态氮而遭受淋洗或反硝化脱氮。

② 材料合理配比。如果碳氮比大，对于秸秆、杂草等应加入适量人粪尿，pH值为6～7。

③ 定植翻堆。每半个月翻1次，主要使上下物料受热一致，分解均匀。

(2) 沤制方法与施用　以草塘泥为例：以塘泥为主，搭配稻草、绿肥和猪厩肥，塘泥占65%～70%，稻草占2%～3%，豆科绿肥10%～15%，猪厩肥20%左右，有时也可加入脱谷场上的有机废弃物等。冬、春季节取河泥，拌入切成20～30厘米长的稻草，堆放田边或河边，风化一段时间。在田边、地角挖塘，塘的大小和深度根据需要而定，挖出的泥作塘埂，增大塘的容积，并防止肥液外流或雨水流入。塘底及土埂要夯实防漏。经风化的稻草、河泥按比例加入绿肥或猪厩肥等材料，于3～4月间运到塘中沤制，混合肥上要保持浅水层。经过1～2个月后，当塘的水层由浅色变成红棕色并有臭味时，沤制的肥料已经腐熟，即可施用。

腐熟的沤肥，颜色墨绿，质地松软，有臭气，肥效持久。沤肥的养分含量因材料种类和配比不同，变幅较大，用绿肥沤制比草皮沤制的养分含量高。沤肥多用于水田作基肥，在蔬菜上大都用作基肥，每亩1600～2600千克。在定植前结合整地撒施后耕翻，防止养分损失。

六、沼气发酵池肥

沼气发酵池肥也称沼气发酵肥料。它是作物秸秆、杂草树叶、生活污水、人畜粪尿等在密闭条件下进行嫌氧发酵，制取沼气后的沉渣和沼液，残渣约占13%，沼液占87%左右。沼气发酵过程中，原材料有40%～50%的干物质被微生物分解，其中的碳素大部分分解产生沼气（即甲烷）被用作燃料，而氮、磷、钾等营养元素，除氮素有一部分损失外，绝大部分保留在发酵液和沉渣中，其中还有一部分被转化成腐殖酸类的物质，是一种缓速兼备又具有改良土壤功能的优质肥料。制取沼气后的沉渣，其碳氮比明显变窄，养分含量比堆肥、沤肥高。沉渣的性质与一般有机肥料相同，属于迟效性肥料，而沼液的速效性很强，能迅速被作物吸收利用，是速效性肥料。其中铵态氮的含量较高，有时可比发酵前高2～4倍。一般堆肥中速效氮含量仅占全氮的10%～20%，而沼液中速效氮可占全氮量的50%～70%，所以沼液可看作是速效性氮肥。

（1）成分和性质　沉渣含全氮0.5%～1.2%、碱解氮430～880毫克/千克、速效磷50～300毫克/千克、速效钾0.17%～0.32%，沉渣的碳/氮为12.6～23.5，质量较高。沼液含全氮0.07%～0.09%、铵态氮200～600毫克/千克、速效磷20～90毫克/千克、速效钾0.04%～0.11%。此外，还含有硼、铜、铁、锰、锌、钙等元素，以及大量的有机质、多种氨基酸和维生素等。

（2）沼肥的施用　发酵池内的沉渣宜作基肥；沼液宜作追肥，也可做叶面喷肥，还可用于浸种、杀蚜；燃烧沼气还可增温。

① 作基肥、追肥使用。二者混合物作基肥时，每亩用量1600千克，作追肥时每亩1200千克。沼液作追肥时每亩2000千克。一般可结合灌水施用。旱地施用沼液时，最好是深施沟施6～10厘米，施后立即覆土，防止氨的挥发。实践证明，在施肥量相同的条件下，深施比浅施可增产10%～12%，比地表施用增产20%。在栽培条件相同的情况下，施用沼气肥的蔬菜作物比施用普通粪肥增产幅度在10%以上，而且还可减少病虫害的发生。

在西瓜上施用，可配制营养土，取充分腐熟（3个月以上）沼渣3份与7份沙壤土拌和，用手捏成团，落地能散，然后装入纸杯，装至一半时压实，再填入一层松散的营养土至杯口1厘米时，播种后覆土，用沼渣配制的营养土育苗，能有效地防治蔬菜立枯病、枯萎病、猝倒病及地下害虫；用1份沼液加2份清水喷洒瓜苗做基肥，移栽前一周，可将沼渣肥施入瓜穴，每亩施沼渣2500千克；从花蕾期开始，每10～15天1次，每次施沼液2000千克做大田追肥。

在大蒜上施用，作基肥时，每亩用沼渣2500千克撒施后，立即翻耕；作面肥时，于播种时，在床面上开10厘米宽、3～5厘米深浅沟，沟间距15厘米，沼液浇于沟中，浇湿为宜，然后播蒜，覆土；作追肥时，于越冬前每亩用沼液1500千克，加水泼洒，可进行2次，但在立春后不可追沼液。

② 叶面喷施。用沼液进行叶面喷肥，收效快，利用率高，24小时内叶片可吸收附着喷量的80%左右。沼液要取正常产气1个月以上的沼气池内的沼液，澄清，用纱布过滤好，以防堵塞喷雾器，浓度不能过大，以1份沼液加1～2份清水即可，每亩用量40千克。喷施时，要选在早晨8～10点露水干后进行，夏季以傍晚为好，中午高温及暴雨前不要喷施，尽可能喷于叶片背面。一般可7～10天喷1次。

用沼液喷施西瓜，初伸蔓开始，每亩施用10千克沼液加入30千克清水；初果期，每15千克沼液加入30千克清水；后期每20千克沼液加入20千克清水。可增强抗病能力，提高产量，对有枯萎病的地方，效果更显著。

用沼液喷施蘑菇，从出菇后开始，每平方米施用500克沼液加1～2倍清水，每天喷1次，可提高菇质，增加产量，增产幅度37%～140%。

③ 浸种杀蚜。瓜类、豆类作物还可用沼液浸种，方法是：1次浸2.5～4小时，洗净后催芽或直接播种；每亩菜田用沼液35千克加洗衣粉200克喷雾或在晴天温度适宜时泼洒可有效地杀灭

蚜虫。

④ 大棚增温促长。冬春时节在蔬菜大棚内直接燃烧沼气，可有效地提高大棚内的温度和二氧化碳浓度，促进作物生长。通常在大棚内每10平方米需设计安装一盏沼气灯，或在每50平方米放一个沼气灶。在增温时要求沼气灯一直点着，不但可以产生热量，还增加了棚内光照，加强了棚内农作物在阳光不足时的光合作用，有利于提高产量。沼气灶则是在需要快速提高棚内温度时才使用。在棚内用沼气灶加温时，最好在沼气灶上烧些开水，利用水蒸气加温效果更好。利用沼气为大棚增温，要控制好棚内的温度、湿度。例如：大棚内栽培黄瓜和番茄，在日出时就要点燃沼气，温度要控制在28～30℃，相对湿度控制在50%～60%，夜间时相对可以在高一些，但不要超过90%。大棚采用沼气加温，应该注意加温时间最好选在凌晨低温情况下进行，另外时间不要过长，以防温度过高对蔬菜等农作物生产产生不利影响。

(3) 注意事项 沉渣、沼液出池后不要立即施用。沼气肥的还原性强，出池后若立即施用，会与作物争夺土壤中的氧气，影响种子发芽和根系发育，导致作物叶片发黄、凋萎。沼气肥出池后，一般先在贮粪池中存放5～7天后施用。

沼液不能直接作追肥。沼液不宜对水直接施在作物上，尤其是用来追施幼苗，会使作物出现烧伤现象。作追肥时，要先对水，一般对水量为1∶1。

不要表土撒施。沼肥施于地表，两天后不覆土，铵态氮损失达50%以上，故应提倡深施，施后覆土，水田应开沟深施使泥肥混合，旱作可用沟施或穴施，以防肥效损失。

不要过量施用。施用沼气肥的量不能太多，一般要少于普通猪粪肥。若盲目大量施用，会导致作物徒长，行间郁闭，造成减产。

不能与草木灰、石灰等碱性肥料混施。草木灰、石灰等碱性较强，与沉渣、沼液混合，会造成氮肥的损失，降低肥效。

七、堆肥

堆肥是利用作物秸秆、杂草、树叶、各种绿肥、泥炭、河泥、垃圾以及其他废弃物为主要原料，加进家畜粪尿进行堆积或沤制而成的。在人工控制下，在一定的温度、湿度、碳氮比和通风条件下，利用自然界广泛分布的细菌、放线菌、真菌等微生物的发酵作用，人为地促进可生物降解的有机物向稳定的腐殖质生化转化的微生物学过程，即人们常说的有机肥腐熟过程。粪便经过堆沤处理后，可有效杀死粪便中的病原菌、寄生虫卵及杂草种子等，防止病虫草害的发生。

(1) 堆肥的成分与特性　新鲜的堆肥含水量在60%～65%，含氮量在0.4%～0.5%，含磷0.18%～0.3%，含钾0.45%～0.67%，碳氮比为（16～20）：1，有机质含量为15%～25%。堆肥分为普通堆肥和高温堆肥两种方法。高温堆肥的养分含量、有机质比普通堆肥高，腐熟堆肥颜色为黑褐色，有臭味，堆肥的性质基本上与厩肥类似。

(2) 堆肥的施用　腐熟后的堆肥富含有机质，碳氮比窄，肥效稳，后效长，养分全面，是比较理想的有机肥料品种。此外，优质的堆肥中还含有维生素、生长素以及各种微量元素养分。长期施用堆肥可起到培肥改土的作用。蔬菜作物由于生长期短，需肥快，应施用腐熟堆肥。堆肥的施用与厩肥相同。一般作基肥结合耕翻时施入，使土肥相融，以便改良土壤和增加土壤养分。堆肥适用于各类土壤和各种作物。堆肥的施用量每亩为1500～2500千克。

八、秸秆肥

秸秆是作物收获后的副产品，秸秆的种类和数量丰富，如稻草、麦秸、玉米秸、豆秸等，是宝贵的有机质资源之一。秸秆还田能增加土壤有机质，改善土壤结构，使土壤疏松，空隙度增加，容量减轻，促进土壤微生物的活力和农作物根系的发育。秸秆还田增肥增产作用明显，但若方法不当，也会导致土壤病菌增加，作物病害加重及缺苗、僵苗等不良现象。菜地秸秆直接还田方式主要采取将秸秆粉碎翻压还田的方式。秸秆还田量不宜过大，过大秸秆不易腐烂，造成土壤跑墒及耕作质量不高，严重时导致减产，过小达不到培肥地力的目的，一般每亩还田量应在200～300千克。但切忌将病虫秸秆直接还田，因为秸秆直接还田没有经过高温发酵，未杀死病菌虫卵，可能会引起病害虫灾蔓延，必须将带病菌、虫卵的秸秆清除出园，可作堆肥。

（1）秸秆的施用量　秸秆的施用量是确定秸秆还田量和调节碳氮比。一般秸秆还田量以每亩200～300千克为宜，在数量较多时，应配合相应耕作措施并增施适量速效氮肥。

（2）翻耕技术和方法　翻耕时以粉碎的秸秆还田为最好，因为容易腐解。可在作物收获后，用重型农田机械切碎，耕埋翻入土中，耕埋的深度一般在15～22厘米为最好。秸秆收获后应及时耕埋，因为这时的含水量比较高，及时耕埋有利于秸秆在土壤中的腐解。

（3）碳氮比的调节　碳氮比的调节，首先是估算秸秆的还田量，再折算成干物质、全碳量、全氮量。然后再确定碳氮比的调节量，一般碳氮比以25∶1最为适宜。最后计算应加入的氮肥的施用量。

秸秆的施用要均匀，如果不均匀，则厚处很难耕翻入土，使田面高低不平，易造成作物生长不齐、出苗不匀等现象。适量施入速效氮肥来调节适宜的碳氮比。一般禾本科作物秸秆含纤维素较高30%～40%，秸秆还田后土壤中碳素物质会陡增，一般要增加1倍左右。因为微生物的增长是以碳素为能源、以氮素为营养的，而有机物对微生物分解适宜的碳氮比为25∶1，有些秸秆的碳氮比高达75∶1。这样秸秆腐解时，由于碳多氮少失衡，微生物就必须从土壤中吸取氮素以补不足，也就造成了与作物共同争氮的现象。因此，秸秆还田时，增施速效氮肥显得尤为重要，它可以起到加速秸秆，快速腐熟及保证作物苗期生长旺盛的双重功效。

（4）还田方式及注意事项　采取深旋耕时可选择高留茬，即留茬高度在15～20厘米，并使秸秆均匀撒在地表，以利于耕作。采取少免耕田块，可选择留矮茬，将作物秸秆均匀撒于地面，这样即省力又有利于作物出苗。各类作物秸秆收获后要及时耕翻入土，避免水分损失而不易腐解，在水田上更要注意。秸秆还田后，在腐解过程中会产生许多有机酸，在水田中易积累，浓度大时会造成为害。因此，在水田水浆管理上应采取“干湿交替、浅水勤灌”的方法，并适时搁田，改善土壤的通气性。另外，要使用无病健壮的作物秸秆还田，以防止传播病菌，加重下茬作物病害。

九、饼肥

饼肥是油料作物籽实榨油后剩下的残渣，大豆、花生、芝麻、油菜、桐籽、茶籽、棉籽、菜籽、向日葵榨油后的渣质都可做成饼肥，是一种优质的有机肥料。

(1) 饼肥的成分和性质　饼肥含氮、磷养分较高，也含适量的钾。不同饼肥的养分含量不尽相同（表3)。饼肥中氮主要是以蛋白质形态为主的有机态氮存在着，蛋白质含量在20%～50%之间，磷以植素、卵磷脂为主，钾大都是水溶性的，用热水浸提可提取油饼中96%以上的钾。此外，饼肥含有一定的油脂和脂肪酸化合物，吸水性慢。这些有机态的氮和磷只有被微生物分解后，作物才能吸收利用，所以饼肥是一种迟效性有机肥，用饼肥做肥料时，一定要经过微生物的发酵分解后，并注意正确的使用方法，才能达到最好的效果。

表3　主要饼肥中养分的含量　%

饼肥名称	氮(N)	磷(P_2O_5)	钾(K_2O)
大豆饼	7.00	1.32	2.13
芝麻饼	5.80	3.00	1.30
花生饼	6.32	1.17	1.34
棉籽饼	3.41	1.63	0.97
菜籽饼	4.50	2.48	1.40
蓖麻籽饼	5.00	2.00	1.90
柏籽饼	5.16	1.89	1.19
茶籽饼	1.11	0.37	1.23
桐籽饼	3.60	1.30	1.30
胡麻饼	5.79	2.81	1.27
柏籽饼	5.16	1.89	1.19

(2) 使用方法　饼肥是一种养分丰富的有机肥料，肥效高并且持久，适用于各种土壤和作物，可作基肥和追肥。

① 饼肥可做基肥，也可做追肥。施用前应打碎，做基肥时，可直接用也可沤制发酵后再用，在定植前5～7天施用好。以施在土壤10～20厘米深为宜，不要施在地表，也不可过深。但是饼肥作种肥时必须充分腐熟，因为在发酵过程中要发热，会烧根而影响种子发芽，或者与堆沤过的有机肥一同施入土中作基肥，这样比较安全。作追肥时，也应经过发酵，没有经过发酵的饼肥，肥效很慢，会失去追肥的最佳时机。

② 施用方法。在植株定植时使用，先挖好定植穴，每穴施入腐熟的饼肥100克左右，与土壤混合均匀后再定植。据调查，这种施肥方法，可使蔬菜产量增加10%～20%，而且产出的蔬菜商品性好，品质佳，尤其在黄瓜、番茄上使用增产效果很显著。此外，还可以与基肥一起混施，其用量根据作物、土壤肥力而定，土壤肥力低和耐肥品种宜适当多施；反之，应适当减少施用量，一般中等肥力的土壤，黄瓜、番茄、甜（辣）椒等每亩施100千克左右。

③ 施用时期。作瓜类茄果类基肥宜在定植前7～10天施用，作追肥一般可在结果后5～10天在行间开沟或穴施，施后盖土。

④ 综合利用。大豆饼、花生饼、芝麻饼等含有较多的蛋白质及一部分脂肪，营养价值较高，可将其作为牲猪饲料，通过养猪积肥，既可发展养猪业，又可提供优质猪粪肥。还有些油饼含有毒素，如菜饼、茶籽饼、桐子饼、蓖麻饼，不宜作饲料，但可以用作工业原料。如茶籽饼含有13.8%的皂素，在工业上可作为洗涤剂和农药的湿润剂，应先提取皂素后再作肥料。茶籽饼的水溶液能杀死蚜虫，也可先作农药后肥田。

(3) 注意事项　最好与生物菌肥混用；生物菌肥中的有机态氮、磷为无机态，更有利于被作物吸收利用；由于饼肥中营养元素比较单一，而且为迟效性肥料，因此，在使用时，应注意配合施用适量的有机肥；饼肥数量有限时，应优先用于瓜菜和经济作物上。

十、绿肥

凡是利用植物绿色体作为肥料的，都称为绿肥。绿肥按照来源可分为栽培绿肥和野生绿肥，按照植物学科分可分为豆科绿肥、非豆科绿色，按照生长季节可分为冬季绿肥、夏季绿肥，按照生长期长短可分为一年生或越年生和多年生绿肥，按照生长环境可分为水生绿肥和旱生绿肥。主要的绿肥种类有紫云英、苕子、紫花苜蓿、草木樨等。

（1）绿肥的作用

① 绿肥作物一般适应性较强，生长迅速，可充分利用荒山荒地种植，利用自然水面或水田放养，利用空茬地进行间种、套种、混种、播种，成本低，见效快，不像化肥受投资、能源、原料设备等条件的限制，可就地种植，就地施用，有利于改良新菜地的土壤培肥，绿肥耕翻后的当季有明显增产效果，而且其后效一般可以延续到三季以上，因此发展绿肥是解决肥源的重要途径。

② 绿肥是培肥土壤、改良土壤、改良生态环境的有效措施。绿肥能够增加耕层土壤养分，能够改良土壤理化性状、改良低产田，能够覆盖地面，防止水土流失，改善生态环境，还能够绿化环境、净化环境、净化污水等。

（2）施用方式

① 直接翻耕。绿肥直接翻耕以作基肥为主，间、套种的绿肥也可就地掩埋作为主作的追肥。翻耕前最好将绿肥切短，稍经曝晒，让其萎蔫，然后翻耕。先将绿肥茎叶切成10～20厘米长，然后撒在地面或施在沟里，随后翻耕入土壤中，一般入土10～20厘米深，沙质土可深些，黏质土可浅些。

② 堆沤。加强绿肥分解，提高肥效，蔬菜生产上一般不直接用绿肥翻压，而是多用绿肥作物堆沤腐熟后施用。

③ 作饲料用。绿肥绿色体中的蛋白质、脂肪、维生素和矿物质，并不是土壤中不足而必须施给的养料，绿色体中的蛋白质在没有分解之前不能被作物吸收，而这些物质却是动物所需的营养，利

用家畜、家禽、家鱼等进行过腹还田后，可提高绿肥利用率。

(3) 收割与翻耕适期　多年生绿肥作物一年可收割几次，翻耕适期应掌握在鲜草产量最高和肥分含量最高时进行。翻耕过早，虽易腐烂，但产量低，肥分总量也低；翻耕过迟，腐烂分解困难。一般豆科绿肥植株适宜的翻压时间为盛花期至谢花期，禾本科绿肥最好在抽穗期翻压，十字花科绿肥最好在上花下荚期。间、套种绿肥作物的翻压时期，应与后茬作物需肥规律相吻合。

(4) 翻埋深度与施肥量　耕翻深度应考虑微生物在土壤中旺盛活动的范围，一般以耕翻入土 10～20 厘米较好，旱地 15 厘米，水田 10～15 厘米，盖土要严，翻后耙匀，并在后茬作物播种前 15～30 天进行。还应考虑气候、土壤、绿肥品种及其组织老嫩程度等因素。土壤水分较少、质地较轻、气温较低、植株较嫩时，耕翻宜深，反之宜浅。一般每亩施 1000～1500 千克鲜苗基本能满足作物的需要，施用量过大，可能造成作物后期贪青迟熟。

(5) 绿肥的施用量　施用量要根据作物产量、作物种类、土壤肥力、绿肥的养分含量等确定。一般每亩 1000～1500 千克基本能够满足作物的需要。

(6) 防止毒害作用　绿肥在分解过程中产生的有害作用有如下几点：一是绿肥在分解时需要消耗大量水分，如在干旱季节或干旱土壤施用绿肥，施后往往易使作物因缺水而呈枯萎状态。二是绿肥在分解过程中会产生某些有害的有机酸等物质，并容易使土壤缺氧，影响种子发芽和根系的生长，特别是幼苗根系的生长。水生蔬菜田施用过多的绿肥，常使水生蔬菜在生育初期受害，导致叶色发黄，根部生长受阻，严重时根系发黑腐烂，绿肥施后的 2 周内容易对作物产生毒害，应引起注意。三是在绿肥分解过程中，微生物需要吸收一定的氮素来组成它自身的细胞体，因此可能发生微生物与作物争夺氮素的现象，致使作物得不到足够的氮素。因此，绿肥用量不宜过大，特别是排水不良的水生蔬菜田尤应注意控制用量，提高翻耕质量，犁翻后精耕细耙，造成土肥相融，有利于绿肥分解。配合施用石灰，加强绿肥分解。若已出现中毒性发僵时，每亩可施用石膏粉1.5～2.5千克。

第二节 生物有机肥

一、根瘤菌肥料

根瘤菌肥料，是指用于豆科作物接种，使豆科作物结瘤、固氮的接种剂。根瘤菌肥中含有大量的根瘤菌，其最大特点是能与豆科植物共生固氮，即根瘤菌肥施入土壤后，根瘤菌遇到相应的豆科植物，就侵入根内，形成根瘤。瘤内的根瘤菌能固定空气中的氮素，将其转化成作物可利用的氮素化合物，供豆科作物上用，而豆科作物制造的碳水化合物，则作为根瘤菌生命活动的能源，两者形成相互依赖的共生关系。研究表明，平均每亩豆科植物的根瘤菌从空气中固定的氮素可达到3～12千克，相当于15～60千克硫酸铵的肥效。

复合根瘤菌肥料以根瘤菌为主，加入少量能促进结瘤、固氮作用的芽孢杆菌、假单胞细菌或其他有益的促生微生物的根瘤菌肥料，称为复合根瘤菌肥料。

目前我国较广泛应用根瘤菌肥料的作物主要有花生、大豆、苕子、紫云英等。正确使用根瘤菌剂的都能获得显著而稳定的增产效果。大豆、花生平均可增产10%～20%，豌豆增产15%，蚕豆增产17%。

(1) 分类与特性　根瘤菌肥料按形态分为液体根瘤菌肥料和固体根瘤菌肥料。按寄主种类的不同，根瘤菌肥料分为菜豆根瘤菌肥料、大豆根瘤菌肥料、豌豆根瘤菌肥料、花生根瘤菌肥料、三叶草根瘤菌肥料、苜蓿根瘤菌肥料、紫云英根瘤菌肥料和羽扇豆根瘤菌肥料等（表4）。根瘤菌对它共生的豆科植物具有专一性、侵染力和有效性，专一性是指某种根瘤菌只能使一定种类的豆科作物形成根瘤，因此用某一族的根瘤菌制造的根瘤菌肥，只适用于相应的豆科作物；侵染力是指根瘤菌侵入豆科作物根内形成根瘤的能力；有效性是指它的固氮能力。生物固氨具有成本低廉、优质、利用率高、不污染环境等优点。

表4 豆科植物-根瘤菌互接种族

种族	根瘤菌	豆科植物
苜蓿族	苜蓿根瘤菌	紫花苜蓿、黄花苜蓿、草木樨、葫芦巴等
三叶草族	三叶草根瘤菌	红三叶、白三叶、地三叶、绛三叶等
豌豆族	豌豆根瘤菌	各种豌豆、蚕豆、毛叶苕子、兵豆等
菜豆族	菜豆根瘤菌	四季豆、扁豆等
羽扇豆族	羽扇豆根瘤菌	各种羽扇豆
大豆族	慢生大豆根瘤菌、费氏中华根瘤菌	各种大豆、野生大豆等
豇豆族	豇豆根瘤菌	豇豆、花生、绿豆、赤豆、胡枝子等
紫云英族	紫云英根瘤菌	紫云英和沙打旺

(2) 使用方法

① 拌种。根瘤菌肥料作种肥比追肥好，早施比晚施效果好，多用于拌种。根据使用说明，选择类型适宜的根瘤菌肥料，将其倒入内壁光洁的瓷盆或木盆内，加少量新鲜米汤或清水调成糊状，放入种子混匀，捞出后置于阴凉处，略风干后即可播种。最好当天拌种，当天播完，也可在播种前一天拌种。也可拌种盖肥，即把菌剂对水后喷在肥土上作盖种肥用。根瘤菌的施用量，因作物种类、种子大小、施用时期和菌肥质量而异，一般要求大粒种子每粒粘10万个、小粒种子每粒粘1万个以上根瘤菌为标准。质量合格的根瘤菌肥（每克菌剂含活菌数在1亿～3亿个以上），每亩施用量为1～1.5千克，加水0.5～1.5千克混匀拌种。为了使菌剂很好地黏附在种子上，可加入40%阿拉伯胶或5%羧甲基纤维素等黏稠剂。正确使用根瘤菌肥料可使豆科蔬菜增产10%～15%，在生茬和新垦的菜地上使用效果更好。

② 种子球法。先将根瘤菌剂黏附在种子上，然后再包裹一层石灰。种子球法可防止菌株受到阳光照射，降低农药和肥料对预处理种子的不利影响。常用的包衣材料主要是石灰，还可以混入一些

微量元素和植物包衣剂等。具体方法为：将 100 克阿拉伯胶溶于 225 毫升热水中，冷却后将 70 克菌剂混拌在黏着剂中，包裹 28 千克大豆种子，然后加入 3.4 千克细石灰粉，迅速搅拌 1～2 分钟，即可播种。18℃以下可贮藏 2～3 周。

③ 土壤接种。颗粒接种剂配合磷肥、微肥同时使用，不与农药和氮肥同时混用，特别是不可与化学杀菌剂混施。种子萌发长出的幼根接触到菌剂，为提高接种菌的结瘤率和固氮效率，研究表明，将拌种方式改为底施，特别是将菌剂施用在种子下方 3～7 厘米处，增产幅度超过拌种，有的较拌种增产 2 倍以上。

④ 苗期泼浇。播种时来不及拌菌或拌菌出苗 20 多天后没有结瘤的可补施菌肥，即将菌剂加入适量的稀粪水或清水，一般 1 千克菌剂加水 50～100 千克，苗期开沟浇到根部。补施菌肥用量应比拌种的量大 4～5 倍。泼浇要尽量提早。

根瘤菌肥供应不足的可用客土法。客土法是在豆科作物收割后取表土放入瓦盆内，下次播种时每亩用此客土 7.5 千克，加入适量的磷肥、钾肥拌匀后拌种。

（3）注意事项 拌种时及拌种后要防止阳光直接照射菌肥，播种后要立即覆土；根瘤菌是喜湿好氧性微生物，适宜于中性至微碱性土壤（pH6.7～7.5），应用于酸性土壤时，应加石灰调节土壤酸度；土壤板结、通气不良或干旱缺水，会使根瘤菌活动减弱或停止繁殖，从而影响根瘤菌肥效果，应尽量创造适宜微生物活动的土壤环境，如良好的湿度、温度、通气条件等，以利豆科作物和根瘤菌生长的共生固氮作用；应选与播种的豆科作物一致的根瘤菌肥料，如有品系要求更需对应，购买前一定要看清适宜作物。

二、固氮菌肥料

固氮菌肥料，是指含有益的固氮菌，能在土壤和多种作物根际中固定空气中的氮气，供给作物氮素营养，又能分泌激素刺激作物生长的活体制品。

（1）品种与类型 按菌种及特性分为自生固氮菌、共生固氮菌和根际联合固氮菌。

① 自生固氮菌。是指一类不依赖于其他种生物共生而能独立在土壤里固定空气中的氮，供给作物氮素营养，又能分泌激素刺激作物生长的微生物，如自生固氮菌属的圆褐固氮菌。

② 共生固氮菌。是指必须与其他生物共生才能进行固氮的微生物，如与豆科植物共生结瘤的各种根瘤菌。

③ 根际联合固氮菌。是既依赖根际环境生长，又在根际中固定空气中的氮气，对作物的生长发育产生积极作用的微生物，联合固氮菌微生物生活在植物的根内、根表，可以利用一些禾本科植物，尤其是 C_4 植物根分泌的一些糖类繁殖、固氮，也能进行自生固氮，如固氮螺菌、雀稗固氮菌等。

用于固氮菌肥料生产的菌株主要采用圆褐固氮菌属、氮单胞菌属的菌种。根际联合固氮菌可采用下列菌种：固氮螺菌、阴沟肠杆菌、粪产碱菌和肺炎克氏杆菌。

(2) 使用方法　固氮菌适用于各种作物，特别是禾本科作物和蔬菜中的叶菜类，可作种肥、基肥和追肥。如与有机肥、磷肥、钾肥及微量元素肥料配合施用，能促进固氮菌的活性，固体菌剂每亩用量250～500克，液体菌剂每亩100毫克。合理施用固氮菌肥，对作物有一定的增产效果，增产幅度在5%左右。土壤施用固氮菌肥后，一般每年每亩可以固定1～3千克氮素。

① 拌种。作种肥施用，在菌肥中加适量的水，倒入种子混拌，捞出阴干即可播种。随拌随播，随即覆土，避免阳光照射。

② 蘸秧根。对蔬菜、甘薯等移栽作物，可采用蘸秧根的方法。

③ 基肥。可与有机肥配合沟施或穴施，施后立即覆土。薯类作物施用固氨菌剂时先将马铃薯块茎或甘薯幼苗用水喷湿，再均匀撒上菌肥与肥土的混合物，在其未完全干燥时就栽培。

④ 追肥。把菌肥用水调成糊状，施于作物根部，施后覆土，或与湿肥土混合均匀，堆放三五天，加稀粪水拌和，开沟浇在作物根部后盖土。

(3) 注意事项

① 固氮菌属中温性细菌，在25～30℃条件下生长最好，温度低于10℃或高于40℃时生长受到抑制，因此，固氮菌肥要保存于阴凉处，并要保持一定的湿度，严防暴晒。

② 固氮菌对土壤湿度要求较高，当土壤湿度为田间最大持水量的25%～40%时，固氮菌才开始繁殖，至60%时繁殖最旺盛，因此，施用固氨菌肥时要注意土壤水分条件。

③ 固氮菌对土壤酸性反应敏感，适宜的pH7.4～7.6，酸性土壤在施用固氮菌肥前应结合施用石灰调节土壤酸度，过酸、过碱的肥料或有杀菌作用的农药，都不宜与固氨菌肥混施，以免发生强烈的抑制。

④ 固氮菌只有在碳水化合物丰富而又缺少化合态氮的环境中，才能充分发挥固氮作用。土壤中碳氮比低于（40～70）∶1时，固氮作用迅速停止。土壤中适宜的碳氮比是固氮菌发展成优势菌种、固定氮素最重要的条件。因此，固氮菌最好施在富含有机质的土壤上，或与有机肥料配合施用。

⑤ 应避免与速效氮同时施用。土壤中施用大量氮肥后，应隔10天左右再施固氮菌肥，否则会降低固氮菌的固氮能力。但固氮菌剂与磷、钾及微量元素肥料配合施用，则能促进固氮菌的活性，特别是在贫瘠的土壤上。

⑥ 固氮菌肥料多适用于禾本科作物和蔬菜中的叶菜类作物，有专用性的，也有通用性的，选购时一定要仔细阅读使用说明书。

三、钾细菌肥料

钾细菌肥料是利用从玉米根际筛选的胶质芽孢杆菌HM8841菌株，采用特定培养基，经三级工业发酵研制成功的硅酸盐菌剂，是一种生物肥料，也叫生物钾肥。各种农作物接种钾细菌肥料后，菌体细胞就在根际或根表生长增殖，减少了土壤中速效钾的固定，大大提高了对钾元素吸收率。使用钾细菌肥料的土壤，其根际钾含量比对照要高出3毫克/克土，蔬菜产量明显增加12%～19%，且钾细菌肥料还具有活化土壤、培肥地力的功能，对土壤无污染。目前应用的硅酸盐细菌有中国科学院微生物研究所的1153号菌株、上海农科院分离的硅酸盐细菌308号菌株等。

(1) 类型　钾细菌肥料按剂型不同分为液体菌剂、固体菌剂和颗粒菌剂。

(2) 施用方法　钾细菌肥料可以作基肥、追肥和拌种或蘸根用。

① 基肥。每亩沟施、条施或穴施10～20千克钾细菌肥料，施后覆土。若与农家肥混合施用效果更好，因为硅酸盐细菌的生长繁殖同样需要养分，有机质贫乏时不利于其生命的进行。

② 拌种。每亩用1～1.5千克颗粒生物钾肥与种肥混合使用，加入适量的清水制成悬浊液，喷在种子上拌匀，稍干后立即播种。

③ 蘸根。将钾细菌肥料与清水按1∶5的比例混匀，待溶液澄清后，将蔬菜作物的根部蘸取清液，随蘸随用，避免阳光直射。

(3) 注意事项

① 不能曝晒。拌种要在室内或棚内进行，拌好菌剂的种子应在阴凉处晾干，因太阳光中的紫外线可杀死钾细菌肥料中的细菌，所以不要在阳光下曝晒。晾干后应立即播种、覆土。

② 提前施用。因为钾细菌肥料施入土壤以后，细菌繁殖到从土壤矿物中分解释放出钾、磷需要一个过程，为了保证有充足的时间完成这个过程，并从幼苗期就能提供钾、磷养分，所以必须提前施用。在整地前基施、拌种、蘸根、移苗时施用效果较好。如果是追肥，宜在苗期早追为好。

③ 近施均施。钾细菌肥料与其他肥料不同，它安全性高，不会烧苗，施在根系的周围，效果更好。均匀施用则有利于菌剂充分发挥作用。

④ 土壤不能过酸过碱。钾细菌适宜生长的pH为5～8，当土壤pH小于6时，钾细菌的活性会受到抑制。因此，在施用前施用生石灰调节土壤酸度。不可与草木灰等碱性物质混合使用，以免杀死菌体细胞，影响肥效。

⑤ 注意与有机肥的混合。作基肥时，钾细菌肥料最好与有机

肥料配合施用。因为钾细菌的生长繁殖同样需要养分，有机质贫乏时不利于其生长繁殖。

⑥ 注意与农药的混合。钾细菌肥料可与杀虫、杀真菌病害的农药同时配合施用（先拌农药，阴干后拌菌剂），但不能与杀细菌农药接触，苗期细菌病害严重的作物，菌剂最好采用底施，以免耽误药剂拌种。

⑦注意外部环境条件。有机质、速效磷丰富的壤质土地上施用效果好，土壤速效钾含量 26 毫克/千克以下时，不利于解钾功能的发挥，在土壤速效钾含量在 50～75 毫克/千克的土壤施用，解钾能力达到高峰；湿润的土壤条件施用效果好，在干旱的土壤中，钾细菌肥料中的细菌活体不能正常生长繁殖，效果不明显。

⑧注意存放。钾细菌肥料应存放在阴凉处，避免阳光直射。

四、 磷细菌肥料

磷细菌肥料，是指能把土壤中难溶性的磷转化为作物能利用的有效磷素营养，又能分泌激素刺激作物生长的活体微生物制品。这类微生物施入土壤后，在生长繁殖过程中会产生一些有机酸和酶类物质，能分解土壤中矿物态磷，被固定的磷酸铁、磷酸铝和磷酸钙等难溶性磷以及有机磷，使其在作物根际形成一个磷素供应较为充分的微区域，从而增强土壤中磷的有效性，改善作物的磷素营养，为农作物的生长提供有效态磷元素，还能促进固氮菌和硝化细菌的活动，改善作物氮素营养。

（1）类型　按菌种及肥料的作用特性，可将磷细菌肥料分为有机磷细菌肥料和无机磷细菌肥料。

① 有机磷细菌肥料。是能在土壤中分解有机态磷化物（卵磷脂、核酸等）的有益微生物经发酵制成的微生物肥料，分解有机态磷化物的细菌有芽孢杆菌属中的种和类芽孢杆菌属中的种。

② 无机磷细菌肥料。是能把土壤中难溶性的不能被作物直接吸收利用的无机态磷化物溶解，转化为作物可以吸收利用的有效态磷化物，分解无机态磷化物的细菌有假单胞属中的种、产碱菌属中

的种和硫杆菌属中的种。

用于磷细菌肥料的菌种必须是从国家菌种中心或国家科研单位引进的，并经过鉴定对动物和植物均无致病作用的非致病菌菌株。按剂型不同分为液体磷细菌肥料、固体粉状磷细菌肥料和颗粒状磷细菌肥料。目前采用最多的菌种有巨大芽孢杆菌、假单胞菌和无色杆菌等。

(2) 使用方法　磷细菌肥料可以用作种肥（浸种、拌种）、基肥和追肥，使用量以产品说明书为准。

① 拌种。作种肥时，每亩用 0.5 千克左右的磷细菌肥料加 1.5～2.5千克清水调成糊状，与种子混拌后，捞出阴干即可播种。也可先将种子喷湿，再拌上磷细菌肥，随拌随播，播后覆土，若暂时不用，应于阴凉处覆盖保存。

② 蘸秧根。每亩用 0.5 千克左右的磷细菌肥，加细土或河泥及少量草木灰，用水调成糊状，蘸根后移栽。

③ 作基肥。每亩用 2 千克左右的磷细菌肥，与堆肥或其他农家肥料拌匀后沟施或穴施，施后立即覆土。也可将肥料或肥液在作物苗期追施于作物根部。

④ 作追肥。在作物开花前施用为宜，菌液要施于根部。

(3) 注意事项　磷细菌适宜生长的温度为 30～37℃，适宜的酸碱度为 pH7.0～7.5，应在土壤通气良好、水分适当、温度适宜(25～37℃)、pH6～8 条件下施用；磷细菌肥料在缺磷但有机质丰富的高肥力土壤上施用，或与农家肥料、固氮菌肥、抗生菌肥配合施用效果更好；在酸瘠土壤中施用，必须配合施用大量有机肥料和石灰；磷细菌肥料不得与农药及生理酸性肥料同时施用；贮存时不能暴晒，应放于阴凉干燥处；拌种时应使每粒种子都沾上菌肥，随用随拌，暂时不播，放在阴凉处覆盖好再用。

五、抗生菌肥料

(1) 特点与特性　抗生菌肥料是指用能分泌抗生素和刺激素的微生物制成的肥料。其菌种通常是拮抗性微生物——放线菌，“5406”属于此类菌肥。其中的抗生素能抑制某些病菌的繁殖，对作物生长有独特的防病保苗作用；而刺激素则能促进作物生根、发芽和早熟。“5406”抗生菌还能通过其生命活动，产生有机酸，将根际土壤中作物不能吸收利用的氮、磷养分转化为有效氮、磷，提高作物对养分的吸收能力。

(2) 施用方法　“5406”抗生菌肥可用作拌种、浸种、浸根、蘸根、穴施、追施等。合理施用“5406”抗生菌肥，能获得较好的增产效果，一般可使蔬菜增产20%～30%。

① 作种肥。用“5406”菌肥1.5千克左右，加入棉籽饼粉3～5千克、碎土50～100千克、钙镁磷肥5千克，充分拌匀后覆盖在种子上，保苗、增产效果显著。

② 浸种、浸根或拌种。用0.5千克“5406”菌肥加水1.5～3.0千克，取其浸出液作浸种、浸根用。也可用水先喷湿种子，然后拌上“5406”菌肥。

③ 作追肥。“5406”菌肥追肥要早，旱土在定苗时施。也可将菌种粉加水50～80倍或菌肥加水4倍浸提，以浸提液作根外追肥。

(3) 注意事项

① 掌握集中施、浅施的原则。

②“5406”抗生菌是好氧性放线菌，良好的通气条件有利于其大量繁殖。因此，使用该菌肥时，土壤中的水分既不能缺少，又不可过多，控制水分是发挥“5406”抗生菌肥效的重要条件。

③ 抗生菌适宜的土壤pH值为6.5～8.5，酸性土壤上施用时应配合施用石灰，以调节土壤酸度。

④“5406”抗生菌肥可与杀虫剂或某些专性杀真菌药物等混用。

⑤“5406”抗生菌肥施用时，一般要配合施用有机肥料、磷肥，但忌与硫酸铵、硝酸铵、碳酸氢铵等化学氮肥混施。此外，抗生菌肥还可以与根瘤菌、固氮菌、磷细菌、钾细菌等菌肥混施，一肥多菌，可以相互促进，提高肥效。

六、增产菌

增产菌，有效成分为芽孢杆菌，主要剂型：粉剂（每克含菌体

10亿个）、液体菌剂。它是依据植物微生态理论，针对作物重茬及根病的多元病因，筛选多种对作物有特异功能菌株复合而成的活菌制剂。能抵制和减少植物种子、根部、体内外及土壤中杂菌的数量，以菌制菌，维护植物的微生态平衡。对重茬所造成的猝倒病、立枯病、青枯病、枯萎病、灰霉病、霜霉病、病毒病、根腐病等多种病害都有显著防效。并且能促进植物生长发育、早熟，提高抗病、抗旱、抗寒、抗热风、抗霜冻等能力。对人畜无任何不良影响，对植物不会产生任何损害，不存在残毒问题。

（1）产品特性

① 增产提质。据试验，亩施20克固体或20毫升液体，可使根菜类增产11.1%～28.2%，叶菜类、瓜类增产5.3%～24.8%，花椰菜类、茄果类增产7.9%～40.6%。作物使用后，品质提高，糖度增加，延长贮存期。

② 抗病防病。可预防植物多种病害，如对枯萎病、黄萎病、立枯病、炭疽病等多种病害有显著防效。

③ 促进生长。该菌在生长代谢中能产生生长素、SOD等活性物质，促进作物生长发育，表现主根发达，侧根增多，苗齐苗壮，促进早熟，提高作物抗旱、抗寒、抗霜冻、抗干热风等能力。

④ 缓解药害。该菌迅速进入植物体内，从而能促进植物受伤组织的愈合，很快缓解化肥、农药等对作物所产生的药害。

（2）在蔬菜生产上的应用

① 拌种。用量根据蔬菜种子大小和表面光滑度而定，一般按种子量10%～20%使用。先将种子浸湿，再用菌粉拌种；也可先温汤浸种，再用菌粉拌种后播种；还可将液体菌剂适量加水稀释后，边喷边翻动种子，要拌匀，稍晾干后，即可播种。

② 浸种。对于需催芽后进行播种的，可将催好芽的种子装入纱布袋内，放入稀释10～20倍的菌液中，待种子表面沾满菌液后，取出，稍晾干后播种。

③ 蘸根。以定植方式栽培的茄果类、瓜类蔬菜，可以用蘸根的方法处理幼苗。将幼苗根系在20～40倍的菌液中浸泡5～7分

钟，使根部蘸满菌液，稍晾后即可定植或扦插。

④ 浇灌。先将菌剂配成500～1000倍的菌液，浇于定植穴内，每穴用150～200毫升的菌液，再栽苗。

⑤ 喷雾。在蔬菜幼苗期、初花期、盛花期，用300～800倍菌液喷洒植株，每隔10天喷1次，共喷2～3次，喷时着重喷植株下部。据试验，黄瓜3～5片真叶期、花期各喷1次500倍液，霜霉病发病率降低24.1%～43.2%，亩增收黄瓜850～940千克，并减少黄瓜苦味，提高甜度。在西瓜5～6叶期，亩用液体菌剂10～15毫升，加水40～50千克喷施，可使西瓜增产增甜，减轻病害，促进早熟。

(3) 注意事项　在肥沃疏松、湿润的土壤上使用本剂，效果才好；喷雾时，应着重喷洒植株的下部和基部；可与叶面肥、多种杀菌剂、杀虫剂混用，但不能与杀细菌药剂混用；贮存期不宜超过半年，最好随用随买；宜在阴凉干燥处保存，本菌为活菌，如有膨胀，属正常现象。

七、AM菌根真菌肥料

菌根，是土壤中某些真菌侵染植物根部，与其形成的菌-根共生体。包括由内囊霉科真菌中多数属、种形成的丛枝状菌根(AM)，担子菌类、少数子囊菌形成的外生菌根，与兰科、杜鹃科植物共生的其他内生菌根，以及另一些真菌形成的外-内生菌根等。与农业关系密切的是AM菌根真菌，它是土壤共生真菌宿主和分布范围最广的一类真菌。

(1) 产品特点　菌根在根外形成庞大的菌丝网络，可以大大地增加根的吸收面积，改善土壤理化性状。因此丛枝菌根在实际生产中的作用主要表现为：提高移栽苗的成活率，缩短育苗期；提高植物对磷及其他营养元素（如N、K、Ca、Mg、Cu、Fe、S、B等）的吸收，降低化肥施用量；增强植物的抗旱、抗寒、抗盐碱性；提高植物对土传病害的抗性，减少根病，进而减少部分农药的使用；提前开花、结果，促进果实成熟，提高作物的产量，改善产品品质。绝大多数的粮食作物、油料作物、蔬菜作物、果树、药用植物、牧草作物和其他一些经济作物都可以形成丛枝菌根，因此，丛枝菌根在发展绿色农业生产中具有广泛的应用前景。用丛枝菌根真菌做成生物菌剂——AM 菌剂，是当前生物肥料生产中的新型制剂，在国际上发展很快。

(2) 应用前景 北京市农林科学院植物营养与资源研究所通过多年研究，形成了自己的 AM 菌剂产品，大量试验证明，在草莓、芹菜、香蕉、水稻、芦笋、大椒、甜瓜、西瓜、番茄、黄瓜、海棠花等作物上有很好增产和改善品质的效果，如甘薯、大麦、小麦、花生、绿豆可增产 15%～25%，西瓜增产 40%。AM 菌剂主要在育苗时使用，培育菌根化苗，从而最大限度地发挥菌根真菌的作用。特别是在工厂化育苗中应用，是一项方法简便、投资少、见效快、获利多的农业高新生物技术。

国内外的研究者利用种种方法人工培养大量的接种 AM 菌根的植物根，然后用这些侵染了 AM 菌根的植物根段和有大量活孢子的根际土壤接种剂去接种作物，可以获得较好的增产和提高品质的效果。另外在植物组织培养快速育苗时接种菌根，形成菌根的侵染苗也是一个较好的应用途径。

凡接种 AM 菌根的植物产量和经济效益均良好，AM 菌根的效果在小规模试验中虽然得到证实，但大面积推广应用还有很多技术问题尚待解决。由于生产量受限制，目前此方法主要用于名贵花卉、苗木、药材和经济作物的接种，效果稳定，应用前景良好。

八、光合细菌肥料

能利用光能作为能量来源的细菌，统称为光合细菌（photo synthetic bacteria，PSB)。根据光合作用是否产氧，可分为不产氧光合细菌和产氧光合细菌；又可根据光合细菌碳源利用的不同，将其分为光能自养型和光能异养型，前者是以硫化氢为光合作用供氢体的紫硫细菌和绿硫细菌，后者是以各种有机物为供氢体和主要碳源的紫色非硫细菌。

(1) 光合细菌肥料增产增质机理

① 光合细菌能促进土壤物质转化，改善土壤结构，提高土壤肥力，促进作物生长。光合细菌大都具有固氮能力，能提高土壤氮素水平，通过其代谢活动能有效地提高土壤中某些有机成分、硫化物和氨态氮，并促进有害污染物如农药等的转化。同时能促进有益微生物的增殖，使之共同参与土壤生态的物质循环。此外，光合细菌产生的丰富的生理活性物质如脯氨酸、尿嘧啶、胞嘧啶、维生素、辅酶Q、类胡萝卜素等都能被作物直接吸收，有助于改善作物的营养，激活作物细胞的活性，促进根系发育，提高光合作用和生殖生长能力。

② 光合细菌能增强作物抗病防病能力。光合细菌含有抗细菌、抗病毒的物质，这些物质能钝化病原体的致病力以及抑制病原体生长。同时光合细菌的活动能促进放线菌等有益微生物的繁殖，抑制丝状真菌等有害菌群生长，从而有效地抑制某些病害的发生与蔓延。基于光合细菌具有抗病防病作用，现有研究者将其开发为瓜果等的保鲜剂。

(2) 光合细菌肥料的施用方法　生产的光合细菌肥料一般为液体菌液，用于农作物的基肥、追肥、拌种、叶面喷施、秧苗蘸根等。

① 作种肥使用。可增加生物固氮作用，提高根际固氮效应，增进土壤肥力。

② 叶面喷施。可改善植物营养，增强植物生理功能和抗病能力，从而起到增产和改善品质的作用。

③ 作果蔬保鲜剂。能抑制病菌引起的病害，对西瓜等的保藏有良好的作用，光合细菌防止病害的主要原因是因为它具有杀菌作用，能抑制其他有害菌群及病毒的生长。

此外，还可用于畜禽粪便的除臭，在有机废物的治理上均有较好的应用前景。

由于光合细菌应用历史比较短，许多方面的应用研究还处在初级阶段，还有大量的、深入的研究工作要做。尤其是这一产品的质量、标准以及进一步提高应用效果等方面基础薄弱，有待进一步加强。目前的研究和试验已显示出光合细菌作为重要的微生物资源，其开发应用的前景是广阔的，必将具有不可替代的应用市场，在人类活动中必将发挥越来越大的作用。

九、 酵素菌肥料

酵素菌是河南三门峡龙飞生物工程有限公司引进日本的一种多功能菌种，由能够产生多种酶的好（兼）氧性细菌、酵母菌和霉菌组成的有益微生物群体，它不仅能分解农作物秸秆等各种有机质，而且能分解土壤中残留的化肥、农药等化学成分，还能分解沸石、页岩等矿物质，它在分解发酵过程中能生成多种维生素、核酸、菌体蛋白等发酵生成物，营养价值相当丰富。酵素菌肥有效活菌数0.2亿个/克，含有机质25%以上，氮、磷、钾总量6%以上，还含有作物需要的多种微量元素如硼、铜、锌、锰、铁等。

(1) 主要特点

① 改良土壤、增加地力。酵素菌肥能使土壤疏松、通透性好，保水保肥，提高地温2～3℃，抗旱耐涝、增强作物的适应能力，分解土壤中的农药等有毒物质。

② 抑制病虫害、提高产量。酵素菌肥能够减少病虫害的发生，克服作物重茬病，减少农药用量，用于大棚蔬菜，可增产30%以上，成熟期提前7～10天。

③ 改良品质、色泽鲜艳。使用酵素菌肥，能够增加农作物中氨基酸和糖的含量。用于蔬菜，风味浓、口感好、色泽好，瓜果含糖量提高2～3度。

(2) 使用方法 酵素菌肥既适用于水田，更适合旱地作物，可用作基肥和追肥，采用沟施或穴施，勿与植株根部直接接触，以免烧根。也可大田撒施，通过翻耕，使肥料均匀与耕层土壤混合。施后即用薄土覆盖，避免阳光直射。一般作育苗基质，每吨营养土添加酵素菌肥250千克。叶菜类每亩酵素菌肥用量为100～150千克，果菜类、西瓜等每亩200～250千克。

十、海藻肥

海藻肥是从海洋藻类中采用国际领先的生化酶工程萃取工艺等新技术提取海藻中的活性成分，能够促进作物生长，增加产量，减少病虫害，并增强作物抗寒、抗旱能力的一类天然农用有机肥料，又称海藻抗逆植物生长剂、海藻精、海藻粉、海藻灰等。其产品涵盖叶面肥、底施肥、冲施肥、有机无机复混肥、生根剂、拌种剂、瓜果增光剂、农药稀释剂、花卉专用肥、草坪专用肥等多个类型。在蔬菜生产上应用具有明显的促进生长效果，增产幅度达7.1%～26%，抗寒、抗旱和抗病等抗逆效果明显，保护生态环境。

(1) 主要功效

① 调节生理代谢，提高开花、坐果率，使蔬菜作物早开花，早结果，提早上市5～7天。

② 改善蔬菜作物品质，使果实着色好，畸形果少，口味好，不裂果，提早成熟，耐贮运，使叶菜叶色鲜绿，有光泽，纤维少，质脆嫩，味道鲜。使根菜类蔬菜脆嫩多汁，表皮光滑，形状整齐。

③ 增强蔬菜作物抗逆性，对作物有明显的生长促进作用，增产幅度达10%～30%。能有效提高作物根系发育，激发作物细胞活力，增强光合作用，营造强壮苗，提高作物抗寒、抗旱能力，并对蚜虫、灰霉病、花叶病有明显防效。

④ 促进生根发芽，弱苗变壮苗，能迅速恢复僵苗、黄叶、卷叶等。提高矿物质养分的吸收利用，促进根系发育，利于壮苗育成；促进植株生长旺盛、健壮。

⑤ 改良土壤，培肥地力，促进作物根系发育，有效预防土传病害发生。

⑥ 肥料养分全面均衡，迅速纠正缺素症状，使蔬菜叶型丰满，叶片肥壮浓绿，防治脆叶、烧叶及干尖。

⑦缓解病虫害、肥害、药害，无毒、无公害、无副作用。

(2) 施用方法　海藻类肥料施用主要采用叶面喷施，一般稀释

1000倍左右喷雾或灌根，每亩喷洒量稀释后约60千克，喷雾时叶正反面要喷均匀，喷雾6小时内遇雨需补喷。

十一、甲壳素肥料

甲壳素是一种多糖类生物高分子，在自然界中广泛存在于低等生物菌类、藻类的细胞，节肢动物虾、蟹、昆虫的外壳，软体动物（如鱿鱼、乌贼）的内壳和软骨，高等植物的细胞壁等中。甲壳素是一种天然高分子聚合物，属于氨基多糖，甲壳素的化学结构与植物中广泛存在的纤维素结构非常相似，故又称为动物纤维素，是目前世界上唯一含阳离子的可食性动物纤维，也是继蛋白质、糖、脂肪、维生素、矿物质以外的第六生命要素。

甲壳类动物经过处理后生成甲壳素和衍生物聚糖，在农业生产上的应用主要表现为可作生物肥料、生物农药、土壤改良剂、农用保鲜防腐剂等。作为新一代的肥料产品，甲壳素肥料多种功能融为一体，各种优点集于一身，特别适合生产无公害、绿色、有机农产品。

（1）作用特点

① 增产突出。甲壳素对作物的增产作用十分突出，这是因为甲壳素可以激活其独有的甲壳质酶、增强植株的生理生化机制，促使根系发达、茎叶粗壮，使植株吸收和利用水肥的能力以及光合作用等都得到增强。用于果蔬喷灌等可增产20%～40%。果实提早成熟3～7天，黄瓜增产可达20%～30%，菜豆、大豆增产20%～35%。

② 具有极强的生根能力和根部保护能力。黄瓜使用甲壳素后3天，畦面可见大量白根生成，7天后植株长势健壮。甲壳素区别于普通生根肥的关键在于甲壳素可以促进根系下扎，抵御低温对根系造成的损伤，使根系在低温条件下仍能很好地吸收营养，正常供给作物所需，有效避免了黄瓜花打顶现象。另外，甲壳素的强力壮根作用对根茎类增产效果尤为突出，是根茎类作物增加产量的又一新途径。

③ 促进植株具备超强抗病能力。甲壳素可诱导防治的蔬菜主要病害有：菜豆褐斑病、白粉病、炭疽病、锈病；西瓜镰刀菌根腐病、丝核菌立枯病、叶枯病、白粉病、菌核病；黄瓜霜霉病、白粉病、枯萎病、叶点霉叶斑病；番茄根腐病、斑点病、煤污病、白粉病、炭疽病；茄子褐斑病、果腐病、黄萎病、斑枯病、褐轮纹病、黑点根腐病等；甜（辣）椒苗期灰霉病、根腐病、白绢病等。

④ 显著提高抗逆性。甲壳素可以在植株表面形成独有的生态膜，能显著提高作物的抗逆性。施用甲壳素以后，对蔬菜作物的抗寒冷、抗高温、抗旱涝、抗盐碱、抗肥害、抗气害、抗营养失衡等性能均有很大提高。

⑤ 节肥效果明显。甲壳素可以固氮、解磷、解钾，使肥料的吸收利用率提高。其独有的成膜性可以在肥料表面形成包衣，使肥料根据作物所需缓慢释放。

⑥ 具有极强的双向调控能力。作物在旺长时甲壳素可以促进营养生长向生殖生长转化，而植株长势较弱时，甲壳素可以促进生殖生长向营养生长转化，使作物能平衡分配营养。

⑦可作果蔬保鲜剂。甲壳素在植株表面形成薄膜，对病菌的侵害起阻隔作用，而且这层膜有良好的保湿作用和选择性透气作用。这些特性决定了甲壳素可以成为果蔬保鲜剂的最好原料。目前应用最多的是水果、蔬菜的保鲜。虽然甲壳素的保鲜效果不如气调、冷藏等传统的贮藏方法，但它应用方便，价格低廉，无毒无害，可作为一种辅助的贮藏方法。

（2）注意事项

① 禁止原液混配。不论是杀菌剂、杀虫剂原液或原粉都禁止与甲壳素原液或原粉混配。要混配使用，必须分别稀释成一定浓度的稀释液后混配使用。

② 与杀菌剂混用的要求：可以与链霉素、中生霉素、多抗霉素等大多数单一成分杀菌剂混用，只要分别配成母液即可。不能与无机铜制剂混用。

③ 与杀虫剂混用的要求：应先将甲壳素产品与杀虫剂分别稀

释到相应的倍数后混配试验，如无反应才可使用。不和带负电的农药混合使用，因甲壳素带正电，会和某些带负电的农药起凝胶沉淀现象（类似蛋花汤一样），使药效消失且阻塞喷雾器的喷雾孔。

④ 甲壳素本身具有“植物疫苗”的作用，能够诱导作物对病害的抵抗力，与杀菌剂交替使用，杀菌剂使用次数减半，能够达到同样的防治效果，并且产量增加20%以上。

十二、保得微生物土壤接种剂

保得微生物土壤接种剂，主要成分为PGPR多功能菌类，有效活菌数≥12亿/克。东莞市保得生物工程有限公司生产，已经有机认证。产品中含有的有益微生物可调节恢复作物地上部分的微生态平衡。其分泌的抑菌活性物质，可直接抑制和杀死某些病原菌，使作物防病、抗病。所含的多种植物生长物质，可增加叶绿素含量、打破休眠，促进萌发，提高出苗率，使作物叶片增大、增厚，茎秆增粗，坐果率提高，增强作物抗逆能力，充分发挥作物生长潜能。适用于玉米、萝卜、甘蓝、黄瓜、茄子、辣椒、菜薹、西葫芦等作物。

（1）主要功能　提高土壤肥力，活化土壤改良土壤；增强根系活力，促进作物稳健生长；预防土传病害，阻止病菌病毒侵染；降解毒害残留，提高产量改善品质。

（2）作用机理

① 预防土传病害，阻止病菌病毒侵染。保得菌通过空间、营养的竞争，抑制病原菌等有害微生物繁殖；通过拮抗作用，杀死或抑制病原菌，在根际周围形成一圈生物屏障，阻止病原菌的入侵，起到减少病害（特别是土传病害）的作用。对作物病害具有一定的生物控制作用，减轻、降低许多作物病害的发生。

② 促进养分分解、增加土壤肥力。保得菌通过互生作用，促进土壤中有益微生物如解磷菌（巨大芽孢杆菌）、解钾菌（硅酸盐细菌）、酵母菌等繁殖，一方面促进土壤有机质分解转化，释放出氮、磷、钾等营养元素；另一方面能增加生物固氮量或将土壤矿物

质中含有的磷、钾等元素分解、释放，增加土壤肥力，供植物吸收利用。

③ 改良土壤，平衡供肥。保得菌促进土壤有益微生物大量繁殖，保持土壤微生态平衡，改良土壤理化特性和土壤结构，增强土壤保水保肥能力，使养分供应均衡，提高肥料利用率。能够增加土壤中有益微生物数量；减少有害微生物数量，提高土壤中营养物质的供应水平。

④ 分泌生长物质，促进根系发育。保得菌在其代谢过程中分泌的多种植物生长物质，可促进植物根系生长，增加吸收养分的能力。其分泌的营养物质还可直接被植物吸收利用，促进植物生长。

⑤ 表现较强的生物酶活性。保得菌在代谢过程中会表现出较高的SOD活性，可使植物体内酶活性提高2～3倍。SOD可参与植物的防御反应，增强植物的抗病抗逆性，减少病害，提高产量。同时增加产品中的磷、钾、钙等矿物质及维生素，还原糖、氨基酸等的含量，使产品品质提高，口味变佳，耐贮、耐腐、耐运输。

⑥ 降解土壤有毒有害物质，改善产品品质。保得生物肥对土壤的氮污染有很强的降解作用，并对已经劣化的土壤起到生物治疗和生物修复作用，从而改良土壤，使产品品质大幅度提高。

(3) 使用方法 一般每亩160～200克，主要用法如下。

① 拌肥施用。先与2～3千克细土混匀后，均匀拌入基肥或追肥中施用。

② 拌种施用。加适量水后与种子拌匀后播种。

③ 加水浇根。直播作物出苗后加适量水浇施根部。移栽作物移栽时做“定根水”浇施。早施、近根施效果更好。

(4) 注意事项 勿与杀菌剂混用，须相隔5天以上；病区、生育期长、多年生作物应增加用量或次数；不溶物、悬浮物为载体，不影响应用效果；阴凉防潮存放，在保质期18个月内使用。

十三、用EM微生物菌剂制作有机堆肥

利用从日本引进的EM微生物制剂，以鸡（猪）等畜禽粪、

作物秸秆为原料生产 EM 有机肥，为微生物有机肥，可在有机蔬菜生产上应用。

（1）EM 有机肥优点　营养元素齐全，养分含量高，含有功能菌和有机质，克服土壤板结，增加土壤空气通透性，改良土壤，促进被土壤固定养分的释放。减少水分流失与蒸发，减轻干旱的压力，保肥，减轻盐碱损害，提高土壤肥力。由于添加了有益菌，改善作物根际微生物群，提高植物的抗病虫能力，提高产品品质、果品色泽鲜艳、个头整齐、成熟集中，瓜类产品含糖量、维生素含量都有提高，口感好。腐熟完全，经除臭后气味轻，几乎无臭，杀死了大部分病原菌和虫卵，虫卵死亡率达到 95%以上。不烧根，不烂苗，施用方便，均匀，施入土壤后容易存活，使蔬菜大幅度增产。

（2）EM 有机肥发酵技术原理　有效微生物技术是日本琉球大学比嘉照夫教授研究开发的微生物菌剂，简称 EM，是由光合菌、乳酸菌、酵母菌、发酵丝状菌、放线菌等功能各异的 80 多种微生物组成的一种活菌制剂。这些微生物构成一个复杂而稳定的具有多元功能的微生态系统，可抑制有害微生物，尤其是病原菌和腐败细菌的活动，促进植物生长。在畜禽粪、秸秆为原料的有机肥堆制过程中，添加 EM 能加速有机碳的分解，减少氮素损失和缩短堆肥时间，有效去除畜禽粪便的恶臭，降低粪肥酸度，减少氨的挥发。

（3）EM 有机堆肥制作技术　有机肥原料因地制宜，选用当地资源较丰富的畜禽粪和稻草、玉米秸秆、玉米芯等，秸秆可占原料总量（秸秆和有机肥）的 20%～50%。堆制发酵前先将长的作物秸秆粉碎成 5～10 厘米长的细段。按照原料：EM 原露：红糖＝500：1：1 比例配制。

利用 EM 液进行发酵堆肥生产高质量的有机肥，首先让鲜粪自然脱水，使水分降至 50%以下，然后将切碎的作物秸秆与晾干的畜禽粪充分混合后，再配制 EM 母液。按水：红糖＝4：1 备料，先用水将红糖溶解，冷却后倒入 EM 原露，再用水配成 500 倍液，然后加入混合好的原料内，边搅拌边喷洒 30%左右的清水（具体用量视原料含水量而定），将堆垛压实，用塑料薄膜密封，进行厌氧发酵。夏天经过10～15天，冬天18～20天，待粪堆散发出酒曲香味或出现白色、红色菌丝，即表明发酵成功。

也可以在地上挖一个大坑，用500～1000倍EM稀释液，先喷施坑底和四壁，然后每放一层料（20厘米厚），喷1次500倍EM母液，直到填满大坑，再盖泥土踩实，发酵两周后，有酒曲香味，出现白色、红色菌丝即可使用。发酵中如果温度达到50℃以上，需翻动降温后再密闭发酵，以免破坏有效物质，密闭的发酵堆肥可保存3个月。

一般用EM处理畜禽粪时，无需为了使氧气进入而翻动畜禽粪，但为了使粪中的碳氮比（C/N）均衡和水分的调节，在粪中适当地加入木屑或碎木片时还是要进行必要的翻动。经过EM处理后的畜禽粪尿，如果恶臭味仍存在，说明EM菌处理得还不充分，可增加EM的使用次数，也可以通过提高EM菌和糖蜜的浓度等措施，使恶臭逐渐减轻。

十四、用CM菌制作有机堆肥

亿安神力（CM）是山东亿安生物工程有限公司从日本引进的菌种，运用独特的组合及发酵工艺制造的高效有益微生物制剂。CM是高效有益微生物菌群（complex microorganism）的简称，商品名为亿安神力，主要由光合菌、酵母菌、醋酸杆菌、放线菌、芽孢杆菌等组成。

（1）作用原理　光合菌利用太阳能或紫外线将土壤中的硫氢和碳氢化合物中的氢分离出来，变有害物质为无害物质，并和二氧化碳、氮等合成糖类、氨基酸类、纤维素类、生物发酵物质等，进而培肥土壤。醋酸杆菌从光合菌中摄取糖类固定氮，然后将固定的氮一部分供给植株，另一部分还给光合细菌，形成好氧性和嫌氧性细菌共生结构。放线菌将光合菌生产的氮素作为基质，就会使放线菌增加。放线菌产生的抗生物质，可增加植物对病害的抵抗力和免疫力。乳酸菌摄取光合菌生产的物质，分解在常温下不易被分解的木质素和纤维素，使未腐熟的有机物发酵，转化成植物容易吸收的养分。酵母菌可产生促进细胞分裂的生物发酵物质，同时还对促进其他有益微生物增殖起着重要作用。芽孢杆菌可以产生生理发酵物质，促进作物生长。

（2）菌剂的使用方法

① 将1千克亿安神力（CM）溶于30千克水中，配成稀释药液备用。

② 把秸秆充分用水浇湿，让秸秆吃透水（把水浇在所需堆沤肥的秸秆上，根据秸秆本身所含的水量每1000千克秸秆浇800～1000千克水），也可以把秸秆堆在地上让雨水淋湿更好，这样可以节省劳力和水。堆沤1000千克秸秆，需1千克（CM）亿安神力、5千克尿素。

③ 将配好的药液均匀地喷在浇透的秸秆上，同时在每隔20～30厘米高的秸秆垛上撒上一些尿素，最后把秸秆堆上垛，用泥把垛盖严。夏天发酵20～30天，冬天40～60天。

（3）注意事项

① 一定要掌握“一透、二匀、三严”，即一要用水浇透秸秆，二要把药喷匀，三要盖严。

② 冬天堆肥可用塑料盖严，这样可提高发酵温度。

③ 堆肥的时候加鸡粪、猪粪效果更好，可缩短发酵时间。

（4）秸秆堆沤的作用范围和堆肥施用方法

① 一年四季可以施用（CM）亿安神力堆沤秸秆。

② 豆粕、豆饼、棉籽饼、花生饼等物质也可用于堆沤有机肥料。

③ 每亩用300～500千克秸秆的堆肥即可。其他根据不同作物需要量而定。

十五、地力旺EM生物菌

由豆汁、红糖加地力旺EM有益菌制成，为有机农产品生产准用物质。每克含80多种菌，总数达300亿～500亿。

(1) 主要功能

① 土壤中有了大量地力旺 EM 有益复合菌，能平衡土壤和植物营养，可减轻生理、真菌引起的各种病害。

② 可替代杂、病菌占领生态位，作物生长快速健康。

③ 能分解有机肥中的粗纤维，避免生虫。

④ 能使成虫不产生脱壳素而窒息死亡，能化卵。

⑤ 能打开植物次生代谢功能；抗病增产，原品种风味凸现。

⑥ 能使碳、氢、氧、氮以菌丝残体形态被植物根系直接吸收利用，使光合作用在杂菌环境下利用有机物率从 20%～24%提高到 100%～200%，即可吸收空气中的氮（含量 79.1%），和二氧化碳（含量 300～330 毫克 / 千克），分解土壤中的矿物营养。第一次亩施用 2 千克，之后一次施用 1 千克。与硫酸钾交替施用为佳。

(2) 主要产品及使用方法

① 地力旺 EM 生物菌液态剂：由豆汁、土豆汁、红糖营养汁，放入原种（每克含量 500 亿～1500 亿），扩繁后每毫升有效活性菌达 20 亿以上。每亩随水冲入 2 千克，即可达到净地、分解有机粪、使植物平衡生长的效果。同时可沤制 10000 千克左右的有机碳素肥。另外，每吨可沤制生物有机肥 60 吨左右。

② 固体地力旺 EM 生物有机肥：每克含量 2 亿以上，每袋 20 千克，秸秆还田或施入有机畜禽粪肥，每亩需施入 40～80 千克，可分解单位面积田间有机物，几乎可被作物完全利用。

十六、活力素

植物生长活力素，为美国高乐公司采取低温萃取工艺生产的 100%纯天然有机提取物，该产品已通过美国 NOP 有机认证，是目前国内已知的有效成分含量最高的产品。可保花保果、促进生根，提高植物抗寒抗旱能力。

(1) 主要成分　其主要成分海藻精为天然的植物生长调节剂，是从海洋藻类中提取的营养精华，含有多种陆生植物生长所必需的物质，包括海藻酸 35 克/升、甘露醇 10 克/升、蛋白质 5 克/升、钙 8.8 克/升、生物多糖 6%、苗长素 ≥58 毫克/升、生长素 ≥32 毫克/升、细胞分裂素 ≥100 毫克/升、多种维生素 ≥50 毫克/升。

(2) 在蔬菜生产上的应用　叶面喷施时，可稀释 1250～1500 倍，分别于现蕾期、幼果期、果实膨大期、采果前后、新梢抽生期及花芽分化期各喷施 1～2 次；扦插生根时，稀释 100～200 倍，浸泡插条 1～2 分钟后直接扦插；移栽幼苗时使用，稀释 500～600 倍，移栽前 1 天或移栽后立即灌根，缩短缓苗期，提高移栽成活率。

① 番茄、黄瓜、辣椒、西瓜、豇豆、茄子、冬瓜、苦瓜、甜瓜等瓜果类蔬菜。苗期淋施 1～2 次，可使根多苗壮，长势旺，整齐均匀，抗寒、抗旱、抗病。定植后至挂果期喷施 1～2 次，可促进秧蔓快速健壮生长，提早挂果。挂果期喷施 2～3 次，可保花保果，提高坐果率，果实大小均匀，提早上市。

② 叶类菜。全生育期喷施 2～3 次，可促进茎叶发育，鲜嫩爽口，提早上市。

(3) 注意事项　喷雾时，喷于叶背效果更佳，应避开中午高温时段，喷施后 4 小时内遇雨酌情补喷。该产品可与大多数农药混合使用，但不能与波尔多液、石硫合剂、机油乳剂、铜制剂混用。使用前充分摇匀，与其他农药肥料混用前，对水 5 倍以上混匀，再加足水量。

十七、恩益碧（NEB）

恩益碧（NEB）是美国根茂公司研制生产的新型有机生物高科技产品，英文名为 nutrient enhancing balancer，简称为 NEB。其主要成分为丛枝泡囊菌，是一种用于农业生产的，对人、畜、植物无毒无害，生物降解型的特殊功能的生物技术制剂，既有肥力，又有药效的一种肥料。

(1) 主要类型　恩益碧有通用型、根施型、叶面型等多种型号。NEB-26（通用型），适合各类作物，13 毫升/袋；叶面型，每亩每次用量 2 袋，适合各类作物，10 毫升/袋；甘薯马铃薯专用型，每亩用量2袋，80克/袋。

（2）作用机理　通过其所含的真菌“丛枝泡囊菌”，与植物根系形成共生关系，一方面使植物根系广泛地向外延伸，形成健康、庞大的复合吸收新体系；另一方面，丛枝泡囊菌占据植物根表后，抢先吸收有害菌的营养，同时分泌抗生素，抑制或杀死土壤中各种有害微生物，为植物创造良好的根际微生态环境，进而有效缓解植物各种重茬性病害。

（3）使用方法　在各种季节、各种作物上均可使用，但使用时间以早为好。可以用其拌种或浸根，也可以做追肥使用。用恩益碧拌种，将种子内滴入恩益碧，用手搓匀随即播种；用恩益碧浸根，将恩益碧用水稀释后浸沾植株根部，或用喷雾器喷于植株根部即可；恩益碧做追肥使用，最好将其与粪水混合，或与肥料、细土拌匀，在作物根系集中分布区域开浅沟灌根或撒施后随即培土。在根部使用根施型恩益碧同时，叶面喷施叶面型恩益碧，效果更好。

（4）在蔬菜生产上的应用

① 黄瓜、冬瓜、节瓜、南瓜、丝瓜、苦瓜、蛇瓜、瓠瓜。可用1袋通用型拌种1千克。育苗时，每2立方米营养土，用1袋通用型拌土，移栽前15天喷叶面型1袋，移栽前7天用1袋通用型喷根，然后小水喷叶，将药液冲入根部土壤。移栽时，灌根一次，每亩用通用型5袋，对水量依土壤湿度，一般每袋对水不超过100千克。苗期使用，可用叶面型1～2袋喷雾。花期可用叶面型2～3袋并加入微肥喷雾。

② 西瓜。西瓜重茬种植会造成枯萎病大量发生而死秧甚至绝收，除了采用嫁接方法，使用恩益碧，同样可以增强西瓜根系的延伸能力，达到增根壮苗、抗病防病的目的，而且省工省时。育苗时喷雾，每1～2立方米营养土用通用型1袋，出苗后15天用1袋对水15千克喷苗，喷到叶面流水为宜，然后用小水喷苗，使药液入土。移栽前5～6天用叶面型1袋对水10千克喷施。移栽时灌根，对于自根苗或嫁接苗，每亩均可用通用型5袋灌根，每袋对水100

千克，苗期每亩用叶面型 1 袋，果实鸡蛋大时，每亩用叶面型 2 袋，每袋对水 15 千克。

③ 甜瓜、茄果类、豆类。拌种时，每亩种子拌通用型 1 袋。分苗时，一叶一心，于分苗前 1～2 天，用通用型 1 袋对水 15 千克，灌 1000～2000 株。移栽前 5～6 天，用叶面型 1 袋对水 10 千克喷施。灌根时，每亩用通用型 5 袋灌根，每袋对水 100 千克。直播田不移栽的，可将通用型掺入基肥中使用，每亩 5 袋，搅匀。可壮苗，防治根腐病、枯萎病、病毒病，防止死棵等。

④ 圆葱。拌种时，通用型 1 袋拌种子 1 千克后播种。移栽前 15 天，喷叶面型 1 袋并加入磷酸二氢钾 40 克，移栽前 7 天，每亩苗床用通用型 10 袋加水 150 千克喷葱苗，喷小水将药液冲入土壤。移栽时，按通用型 1 袋对水 5 千克蘸根。直播田不移栽，每亩可用通用型 5 袋掺入基肥。苗期及生长中期各喷叶面型 1～2 袋。

⑤ 大蒜。浸种时，按每亩用种蒜 150 千克，在浸种液内加入通用型 1～2 袋，浸泡 24 小时，捞出堆闷 6～8 小时。拌种时，可于先天晚上 7 时左右浸泡，当天晚上 7 时左右捞出，沥水 1 小时后，每亩用通用型 5 袋对水 7.5 千克，喷雾到蒜种上，第二天早上开始播种。秋蒜可于 3～4 片叶时，叶面喷施一次叶面型并加入磷酸二氢钾。开春及蒜薹伸长初期和中期，喷叶面型 1～2 次。蒜头大，蒜薹产量高。

⑥ 韭菜。新栽韭菜，拌种时，每亩韭菜籽拌 1～2 袋拌种剂。出苗后 15 天，先喷通用型，每亩 4～5 袋，每袋对水 15 千克。喷后 3～7 天，每隔 15 天叶面喷施叶面型 1～2 袋。第二年韭菜，于开春前，每亩用通用型 5 袋，每袋对水 15 千克喷到畦内。4 月中旬，每隔 15 天叶面喷施一次叶面型 1～2 袋。

⑦大葱。拌种时，按每千克种子拌通用型 2 袋，拌后育苗。移栽前，每亩用通用型 5 袋喷到垄沟底，种葱苗后灌水。苗期可用叶面型 1～2 袋喷雾，中期用叶面型 2～3 袋喷雾。可有效解决防治大葱叶尖出现异常发黄，甚至干尖现象。

⑧绿叶蔬菜、甘蓝类、芥菜类、根菜类、薯芋类。拌种时，每1千克种子拌通用型1袋后播种（白菜、芥菜等每千克种子拌2袋，根菜每亩地种子用1袋）。也可用通用型1袋浸种1～3千克种子。移栽前10～15天，每亩苗床用通用型10袋对水150千克，加入400克磷酸二氢钾喷苗，再用小水喷苗，将药液冲入土壤。移栽时，可用通用型1袋加水5千克蘸根。直播田，每亩可用通用型5袋掺入基肥，苗期及中期各喷叶面型1～2袋。可克服死苗现象，病害少，苗壮，产量高，并提高品质。

⑨甘薯。可有效解除花叶病毒病。种薯处理，可用通用型每袋对水100千克浸种。苗床处理，用根施型每袋对水100千克浇灌，同时叶面喷施叶面型。扦插苗处理，对剪下的薯苗，在扦插前用根施型每袋对水100千克，浸泡基部8～12小时。大田处理，薯苗插于大田后，用根施型每袋对水200千克定根，若每亩用甘薯专用型2袋与农家肥拌匀后做基肥施用，增产效果更好。

⑩莲藕。栽藕前，用通用型1袋对水1千克喷到1亩种藕上，水干后排藕。排藕后5～10天，每亩用通用型5袋，每袋拌细土15～30千克，撒入藕田。藕苗出齐后，每亩喷施叶面型2袋，30天后，再喷叶面型2袋。莲藕病害明显减轻，植株长势很好，荷叶增大、增厚，光合作用明显增强，积累光合产物较多，藕叶生长旺盛，又有效抑制田间杂草生长，肥料利用率提高，因而莲藕产量明显较高，藕身洁白，商品性状与口感明显更好。

⑪ 草莓。移栽前5～6天，叶面喷施叶面型1袋对水10千克。新栽草莓，通用型1袋对水5千克于移栽时蘸根。灌根时，每亩用通用型5袋，每袋对水25～50千克。秋天收秧前，每亩用3～5袋灌根，第二年后的草莓，开春发叶前，每亩用通用型5袋灌根。可克服草莓的重茬现象，生根力强，缓苗快，根量多，叶片肥厚，生长健壮，生长后期无死苗现象。

（5）注意事项　育苗作物，使用恩益碧后应注意提前分苗。使用恩益碧时，应越早越好。灌根时应将恩益碧灌在吸收根上，一般离主根10～15厘米。

第三节 ▶▶ 无机（矿质）肥料

一、磷矿粉

（1）成分　磷矿粉是由磷灰石或磷块岩等经机械加工、直接粉碎、磨细而成。自然界的磷酸盐矿物有200余种，但95%以上为磷灰石矿物，且主要是氟磷灰石。由于矿源不同，所含全磷和有效磷变化较大，一般全磷含量在10%～25%，弱酸溶性磷为1%～5%。

（2）性质　磷矿粉外观为白色或棕褐色粉末，为中性或微碱性肥料。含全磷10%～25%，而含枸溶性磷只有1%～5%。它只有小部分可溶于弱酸，这一部分磷可为作物直接吸收；大部分只溶于强酸，不能被作物直接吸收。因此，磷矿粉属于迟效性磷肥。

（3）施用方法　磷矿粉作为磷肥直接施用是有一定条件的，它的有效程度与磷矿粉的性质、土壤条件、作物种类和施用方法等因素密切相关。

① 磷矿粉的性质。通常以磷矿粉中有效磷量和枸溶率衡量磷矿粉中磷酸盐的可给性和其直接施用的肥料价值。枸溶率在15%以上的磷矿粉，一般可直接作为肥料施用，若全磷量高而枸溶率低于5%时，只能作加工磷肥的原料。

磷矿粉的细度也影响肥效。磨得愈细，肥料颗粒的表面积也愈大，与土壤及根系接触的机会也愈多，因而更易被分解转化而发挥肥效。但从肥效及加工成本考虑，要求90%能通过100目筛即可。

② 土壤条件。土壤pH值是影响磷矿粉肥效的重要因素，酸性条件（pH5.5以下）有利于磷矿粉的溶解。盐基饱和度高的黏性土壤上施用磷矿粉的肥效好于同等酸度的沙性土。另外，有效磷含量低、熟化程度低的土壤中施用磷矿粉，效果也不错。因此，我国南方的红壤、黄壤，沿海的咸酸田等酸性土壤上，施用磷矿粉的增产效果甚至超过过磷酸钙。因而石灰性土壤上的肥效很差，只能

在严重缺乏有效磷的条件下，对某些吸磷能力强的作物等才表现一定的肥效。

③ 作物种类。不同的作物对磷矿粉的利用能力差别很大，如油菜、萝卜、荞麦、苕子、大豆、豌豆、紫云英、花生，以及多年生经济林木、果树、橡胶、油茶、茶树等利用能力最强。因此，磷矿粉应首先施于对难溶性磷肥吸收能力强的作物上。

④ 施用方法。磷矿粉宜作基肥，不宜作追肥和种肥。作基肥时，以撒施、深施为好，而且要与土壤混合均匀。磷矿粉的用量在一定程度上与其肥效成正相关，而它的用量又取决于全磷量及可给性，一般每亩用量 40～100 千克。将磷矿粉和酸性肥料或生理酸性肥料混合施用，可提高磷矿粉肥效。

以磷矿粉垫圈。定期定量地给牛圈、猪栏、马棚垫入磷矿粉，让粪尿吸收，畜蹄踩踏，使畜粪尿与磷矿粉搁混搁融，可以显著提高磷矿粉的有效性。方法是：将磷矿粉堆放在畜舍内，每天垫圈时同垫料一起均匀撒在圈内，加入量约为畜肥的 3%～4%（即每 1000 千克厩肥中撒 30～40 千克磷矿粉），磷矿粉中的磷，既不会挥发，也不会烧腐畜蹄，安全可靠，圈肥起出后，堆成长 3 米、宽 1.5 米、高 1.5 米方形堆。以泥封抹后熟 20～30 天，可进一步提高磷肥的有效性。

与有机肥料混合堆沤。将磷矿粉与厩肥、堆肥、垃圾肥、绿肥、草塘泥等有机肥料混合堆沤。同以其垫圈堆沤一样可以有效地提高磷矿粉的有效性。一般每 1000 千克有机肥料中加入磷矿粉 60～80千克，堆沤时过于缺水，可加水润湿，然后封泥密闭。

（4）注意事项　磷矿粉需要以粉末状施用，细度以 100 目为宜，这样磷矿粉与土壤和作物根系的接触面积大，有利于磷的释放。磷矿粉含有效磷低，施用量要大，对于一般情况来说，大约每亩 40～60 千克，随着有效磷含量的高低可酌情增减。

当季作物对磷矿粉的利用率一般很少超过 10%。磷在土壤中不易移动，连续施用数年后，可造成土壤中磷素的大量积累，而且在酸性土壤中残留的磷矿粉可逐渐有效化，因此磷矿粉的后效较长，在连续施用4～5年后可停施一段时间再用。

二、钙镁磷肥

目前，钙镁磷肥占我国磷肥总产量的17%左右，仅次于普钙。

（1）成分　钙镁磷肥是将磷矿石、含镁和硅的矿石与焦炭等按一定比例混合，经高温（1400℃）熔融后水淬骤冷，粉碎干燥而成。是一种以含磷为主，同时含有钙、镁、硅等成分的多元肥料，属枸溶性磷肥。主要成分为α型磷酸三钙，含五氧化二磷12%～20%，此外，还含有25%～30%的氧化钙、10%～15%的氧化镁、25%～40%的二氧化硅等。

（2）性质　钙镁磷肥是灰白、黑绿或棕色玻璃状有光泽的粉末，呈微碱性反应，其2%的水溶液pH值为8.0～8.5。其磷酸盐不溶于水，但能溶于2%的柠檬酸溶液中。钙镁磷肥的产品质量标准如表5。

表5　钙镁磷肥的产品质量标准

等级		特级品	一级品	二级品	三级品	四级品
有效磷含量(P_2O_5)/%	≥	20	18	16	14	12
水分含量/%	≤	0.5	0.5	0.5	0.5	0.5
细度(过80目筛)/%	≥	80	80	80	80	80

钙镁磷肥不潮解，不结块，没有腐蚀性，物理性状较好，便于贮存和运输。由于钙镁磷肥为碱性肥料，故不应与铵态氮肥混存，以免氮素转化为氨而挥发损失。

钙镁磷肥施入土壤后，移动性小，不易流失，但易被土壤溶液中的酸和作物根系分泌的酸逐渐分解，而为作物吸收利用。

（3）施用方法　钙镁磷肥除供应磷素营养以外，对酸性土壤兼有供给钙、镁、硅等元素的能力。因此，钙镁磷肥最适于在酸性土壤上施用，特别是缺磷的酸性土，其肥效与等量磷的过磷酸钙相似，甚至超过。但在石灰性土壤上施用，其肥效不如过磷酸钙，但后效较长。

① 作基肥及早施用。钙镁磷肥是枸溶性的，其肥效较水溶性磷肥慢，属缓效肥料。其中磷只能被弱酸溶解，在土壤中要经过较长时间的溶解和转化，才能供作物根系吸收。因此，宜作基肥，且应提早施用，一般不作追肥施用。每亩用量为15～30千克，施用量宜将大部分施于10～15厘米这一根系密集的土层。在旱地可开沟或开穴施用，在水田可耙田时撒施。

② 宜作种肥和沾秧根。钙镁磷肥的物理性良好，适宜作种肥，每亩用量5～10千克拌种施入。在南方缺磷的酸性水田，于插秧前每亩用10～15千克调成泥浆蘸秧根，随蘸随插，一般比不蘸秧根的增产10%以上。

③ 与有机肥料混合堆沤后施用。为了提高钙镁磷肥的肥效，可将其预先和10倍以上的优质猪粪、牛粪、厩肥等共同堆沤1～2个月后施用，可以提高其肥效。可作基肥或种肥，也可用来蘸秧根。

(4) 注意事项

① 钙镁磷肥与普钙、氮肥配合施用效果比较好，但不能与它们混施。

② 钙镁磷肥通常不能与酸性肥料混合施用，否则会降低肥料的效果。

③ 钙镁磷肥的用量要合适，一般每亩用量要控制在15～20千克之间。钙镁磷肥后效较长，通常亩施钙镁磷肥35～40千克时，可隔年施用。

④ 钙镁磷肥最适合于对枸溶性磷吸收能力强的作物，如油菜、萝卜、蚕豆、豌豆等豆科作物和瓜类等作物上。对生长期短、生长较快及根系有限的作物来说，施用钙镁磷肥的效果不好。

⑤ 钙镁磷肥不溶于水，只溶于弱酸，为了增加其肥效，一般要求有80%～90%的肥料颗粒能通过80目筛孔。我国南方酸性土壤对钙镁磷肥溶解能力较强，肥料颗粒可稍大一些。而北方石灰性土壤的溶解能力较弱，肥料的颗粒则要求更细一些。

⑥ 钙镁磷肥应注意施用深度，且用量应大于水溶性磷肥。钙

镁磷肥在土壤中的移动性小，应施在根系密集的地方，以利于吸收。

三、脱氟磷肥

(1) 成分　脱氟磷肥是将磷矿粉、石灰石和石英砂的混合物在1400～1600℃高温下熔融，然后通入水蒸气脱氟，再经冷却、干燥、磨细而成，制造时不需要酸，而且可以充分利用低品位磷矿，是值得发展的磷肥品种之一。

脱氟磷肥的主要成分为磷酸三钙和磷酸四钙，含五氧化二磷14%～18%，最高可达30%左右。肥料中的含氟量应在0.2%以下。

(2) 性质　其外观为深灰色粉末，物理性质良好，不易吸湿、结块，无腐蚀性，运输、贮存和施用都很方便。其中所含的磷酸盐大部分可溶于柠檬酸溶液中，属弱酸溶性磷肥，施入土壤后可被土壤酸性和作物根系分泌的酸分解转化为作物可利用的磷酸盐。如肥料中的含氟量不超过0.2%，可用作家畜矿物质饲料。

(3) 施用方法　脱氟磷肥的施用方法与钙镁磷肥相似，对各种作物均有增产效果。最适于在酸性土壤上作基肥施用。其肥效高于过磷酸钙和钙镁磷肥，在石灰性土壤上施用，肥效与钙镁磷肥相当。

四、鸟粪磷肥

鸟粪磷肥是一种高解析的化石磷肥，源于数千年前鸟粪和鸟尸体堆积。在高温多雨条件下，由岛粪分解的磷酸盐向下淋溶，与土壤中钙结合而形成鸟粪石。鸟粪石经开采磨细后称鸟粪磷矿粉或鸟粪磷肥。与经过化学处理的磷肥不同，化学磷酸包含相当数量的重金属镉，而鸟粪磷肥没有。其主要成分为羟基磷灰石。

(1) 理化性状　含磷（P_2O_5）15%～19%、钙（CaO）40%、氮（N）0.33%～1%、钾（K_2O）0.1%～0.18%。

(2) 施用方法　鸟粪磷肥中的磷酸盐难溶于水，但约有一半以上的磷可溶于中性柠檬酸铵溶液，是一种优质磷肥，可以直接作基肥施用，其肥效接近钙镁磷肥。为了提高其有效性，施用前最好与堆、厩肥混合堆沤后再用。其他施用方法与骨粉和磷矿粉相似。

五、硫酸钾镁肥

硫酸钾镁肥是从盐湖卤水或固体钾镁盐矿中仅经物理方法提取或直接除去杂质制成的一种含镁、硫等中量元素的化合态钾肥。它是一种多元素钾肥，除含钾、硫、镁外，还含有钙、硅、硼、铁、锌等元素，呈弱碱性，特别适合酸性土壤施用，硫酸钾镁肥适用于任何作物，尤其适用于各种经济作物，既可做基肥、追肥，也可做叶面喷肥。由于硫酸钾镁肥能够有效地提高农作物产量、改善农作物品质，因而在发达国家中硫酸钾镁肥推广得比较好。目前，硫酸钾镁肥在世界范围内已被广泛应用。有机天然硫酸钾镁肥，是指符合推荐性国家标准（GB/T 20937—2007）并取得有机产品认证的硫酸钾镁肥，中信国安“有机天然硫酸钾镁肥”填补了天然矿物钾肥的国内空白，解决了有机农业补钾难的问题。

(1) 产品特点　含钾（K_2O）≥22%、镁（Mg）≥8%、硫（S）≥14%，基本不含氯化物。纯品为无色结晶体。硫酸钾镁肥是一种天然的矿物质肥料，被誉为农作物施肥的“白金钾”，是硫酸钾的换代品。利用含有硫酸钾及硫酸镁的天然矿，经过数道繁琐的工序加工而成，是能为作物生长提供全面均衡的养分钾、镁、硫的天然绿色肥料。在传统硫酸钾产品功能的基础上增加了镁元素，大大促进了作物生长过程中的最重要的光合作用，镁元素对作物生长起着至关重要的作用，它是叶绿素的核心成分，作物的生长主要靠光合作用，而对光合作用起决定作用的正是叶绿素。镁还能大大促进作物对磷的吸收，促进作物生长酶的形成，进而促进作物维生素、碳水化合物、蛋白质及脂肪的形成，防止作物提前落叶和成熟期的掉果现象。实验表明，硫酸钾镁肥适用于所有农作物，特别适用于蔬菜、果树、茶叶和花卉等经济作物，能给作物的生长提供长期稳定肥效，并能提高作物的品质，增强作物的抗旱、抗寒、抗药害的能力，增产效果十分明显。

（2）施用方法　硫酸钾镁肥适合在多种作物上作基肥或追肥，也可单独施用或与其他肥料混合施用。菠菜、白菜、油菜、生菜、茼蒿等作基肥15～20千克/亩，叶片大而肥厚，叶色油绿，有光泽，配合氮肥施用；番茄、青椒、茄子等作基肥20～25千克/亩，坐果率高，色泽鲜艳，口感好贮存期长，大棚适量增加用量；菜豆、豇豆、扁豆等作基肥25～30千克/亩，提高坐荚率荚肥鲜嫩，早开花，早结果，病虫害明显减少，硫元素有利于豆类蛋白质及油的形成；萝卜、芥菜、生姜、大蒜等作基肥20～25千克/亩，成熟期提前果实个大，预防黑根病，镁及硫的存在能增强气味性使胡萝卜素含量增加；葱、莴笋、芹菜等叶茎类，作基肥15～20千克/亩，增加叶绿素含量，叶茎鲜嫩，好贮存，味更强。

近年来，我国高强度的耕作以及单一的氮、磷、钾肥施用，造成了土壤中的中、微量元素持续耗竭，特别是镁的缺乏。钙、硫等可以通过施用过磷酸钙、硫酸铵等予以补充，而镁除了钙镁磷肥外，补充途径十分有限。因此，在我国许多地区，缺镁已经是普遍现象，这种现象在南方部分地区尤为明显。因此，硫酸钾镁特别适合在南方红黄壤地区施用。

六、硼砂

硼砂，也叫粗硼砂、硼酸钠、焦硼酸钠、十水合四硼酸二钠、月石砂，含硼11.3%，在化学组成上，它是含有10个水分子的四硼酸钠（十水）。

（1）理化性状　工业硼砂为无色半透明晶体或白色单斜结晶粉末。无臭，味咸。密度1.73克/立方厘米。在40℃热水中易溶解，微溶于酒精溶液后呈弱酸性。硼砂在空气中可缓慢风化。加热到60℃时，失去8个结晶水；350～400℃时，失去全部结晶水。熔融时成无色玻璃状物质。硼砂有杀菌作用，口服对人有害。产品广泛用于玻璃、搪瓷、陶瓷、医药、冶金等工业部门，在农业上可用于微量元素肥料等方面。

（2）施用方法

① 作基肥。在中度或严重缺硼的土壤上基施效果最好。每亩用0.5～0.75千克硼砂，与干细土或有机肥料混匀后开沟条施或穴施，或与氮、磷、钾等肥料混匀后一起基施，但切忌使硼肥直接接触种子（直播）或幼苗（移栽），以免影响发芽、出苗和幼根、幼苗的生长。不宜深翻或撒施，用量不能过大，若每亩条施硼砂超过2.5千克时，就会降低出苗率，甚至死苗减产。

② 浸种。浸种宜用硼砂，一般先用40℃的热水将硼砂溶解，再加冷水稀释至浓度为0.01%～0.03%的硼砂溶液，将种子倒入溶液中，浸泡6～8小时，种、液比为1∶1，捞出晾干后即可播种。

③ 叶面喷施。用0.1%～0.25%的硼砂溶液，每亩每次喷施40～80千克溶液，6～7天一次，连喷2～3次。苗期浓度略低一些，生长后期略高一些。田间已经出现缺硼症状的，必须尽快喷施2～3次。叶面喷施以下午为好，喷至叶面布满雾滴为度。如果喷后6小时内遇雨淋，应重喷一次。

蔬菜喷施浓度一般以0.1%～0.2%为宜，番茄在苗期和开花期各喷1次；花椰菜在苗期和莲座期（或结球期）各喷1次；扁豆在苗期和初花期各喷1次；萝卜和胡萝卜在苗期及块根生长期各喷1次；马铃薯在蕾期和初花期各喷1次；每次每亩均为50～80升。其他蔬菜一般都在生长前期喷施效果较好。

（3）注意事项　硼砂常用内衬牛皮纸或塑料袋的麻袋包装。在运输和贮存过程中，注意防潮，必须干燥和清洁。

七、赛众28钾硅调理肥

赛众28钾硅调理肥是一种集调理土壤生物系统和物质生态营养环境于一身的矿物制剂。

（1）主要营养成分　含硅42%，施入田间可起到避虫作用；含天然矿物速效钾8%，起膨果壮秆作用；含镁3%，能提高叶片的光合强度；含钼，对作物起抗旱作用；含铜、锰，可提高作物抗病性；含有多种微量和稀土元素，可净化土壤和作物根际环境，招引益生菌，从而吸附空气中的养分，且能打开植物次生代谢功能，使作物果实生长速度加快，细胞空隙缩小，产品质地密集，含糖度提高，上架期及保存期延长，能将品种特殊风味素和化感素释放出来，达到有机食品标准要求。

（2）使用方法

① 防治根腐病。根据植株大小施赛众 28 钾硅肥料若干，病情严重的可加大用量，将肥料均匀撒在田间后深翻，施肥后如果干旱，就适量浇水。

② 防治枯萎病。在播种前结合整地每亩施赛众 28 钾硅肥 50～75 千克，病害较重田块要加大肥量 25 千克，苗期后在叶面连续喷施赛众 28 肥液 5～8 次即可防病。

③ 防冻害、寒害。发现受害症状，立即用赛众 28 钾硅肥浸出液喷施在叶面或全株，连续 5 次以上，可使受害的作物减轻为害，尽快恢复生长。

④ 防治小叶、黄叶病。每亩田间施 25 千克赛众 28 钾硅肥料，大秧和发病重的增至 40 千克，同时叶面喷施赛众 28 钾硅肥液，每 5 天喷一次，连续喷施 5 次以上。

⑤ 防治重茬障碍病。瓜、菜类作物根据重茬年限在（播）栽前结合整地，亩施赛众 28 钾硅肥料 25～50 千克，同时用赛众 28 拌种剂拌种或肥泥蘸种苗移栽。补栽时每个栽植坑用肥少许，撒在挖出的土和坑底搅匀，再用赛众 28 拌种剂肥泥蘸根栽植。

⑥ 解救药害。发现受害株后立即用赛众 28 钾硅肥料浸出液喷施受害作物，5 天喷一次，连续喷洒 5～7 次即可，能使作物恢复正常生长。在叶面上喷植物修复素也可解除除草剂药害。

（3）叶面喷洒配制方法　5 千克赛众 28 钾硅肥料＋水＋食醋，置于非金属容器里浸泡 3 天，每天搅动 2～3 次，取清液再加 25 千克清水即可喷施。一次投肥可连续浸提 5～8 次，以后加同量水和醋，最后把肥渣施入田间。浸出液可与酸性物质配合使用。

八、石膏

农用石膏既是肥料又是碱土的改良剂。作物需要的 16 种营养元素中，有钙和硫，而石膏的主要成分是硫酸钙，石膏作肥料施入土壤，不仅能提供硫肥，还能提供钙肥，所以它也是一种肥料。由于土壤中钙和硫的来源广泛，相对数量也比其他营养元素多，一般情况下，石膏单独作为肥料施用的不多。当土壤有效硫低于10毫克/千克时，应施用石膏。在南方丘陵山区的一些冷浸田、烂泥田、返浆田往往缺钙缺硫，施用石膏有明显的增产效果。

（1）种类和性质 农用石膏有生石膏、熟石膏和含磷石膏三种。

① 生石膏。即普通石膏，由石膏矿直接粉碎而成，含硫15%～18%、氧化钙20%以上，呈白色或灰白色，微溶于水。使用前应先磨细，通过60目筛，以提高其溶解度。石膏粉末愈细，改土效果愈好，作物也较容易吸收利用。

② 熟石膏。也称雪花石膏，由生石膏加热脱水而成，含硫20%～22%、氧化钙35%～38%。熟石膏容易磨细，颜色纯白，但吸湿性强。吸水后变为普通石膏，形成块状，所以应存放在干燥处。

③ 含磷石膏。是硫酸分解磷矿粉制取磷酸后的残渣，主要成分是石膏，约64%，含硫10%～13%，此外，还含有少量磷（平均约2%），呈酸性反应，易吸湿。

（2）施用方法

① 作基肥、追肥与种肥。旱地通常作基肥，每亩用15～25千克石膏粉撒施于地表，结合耕耙使其与土壤混匀。在水田作基肥或追肥，每亩施用石膏5～10千克，作种肥或蘸秧根每亩用量为3～4千克。

② 改良碱土。改良盐碱地时，石膏的用量应根据土壤中代换性钠的含量来确定。代换性钠占土壤阳离子总量的5%以下时，不必施用石膏；占10%～20%时，应适量施用石膏，一般每亩施用石膏100～200千克；代换性钠占土壤阳离子总量20%以上时，石膏施用量要增大。施用时，撒施田面后深翻，并结合灌溉洗去盐分。石膏的溶解度小，后效长，除当年见效外，有时第二年、第三

年的效果更好，不必年年都施。

九、生石灰

生石灰，又称烧石灰、氧化钙、苛性石灰、煅烧石灰，主要成分为氧化钙，通常以石灰石、白云石及含碳酸钙丰富的贝壳等为原料，经过煅烧而成。生石灰即是一种最主要的钙肥，也是一种矿物源、无机类杀菌、杀虫剂。

（1）产品特点　为白色块状，在空气中能吸收水汽和二氧化碳，自然消解成消（熟）石灰和碳酸钙，呈粉状。生石灰加水时发生反应，发热膨胀而崩碎，成为白色的粉末状消石灰（氢氧化钙），用生石灰量3～4倍的水量，可得到膏状石灰泥，用10倍以上的水量可生成乳浊状的石灰乳，呈碱性。

（2）在蔬菜生产上作肥料施用

① 中和能力强的石灰或同时施用其他碱性肥料时可少施，而施用生理酸性肥料时，石灰用量应适当增加。降水量多的地区用量应大些。撒施，中和整个耕层或结合绿肥压青或稻草还田的量可多些。如果石灰施用于局部土壤，用量就要减少。

② 酸性土壤石灰需要量见表6。

表6　酸性土壤的石灰用量　　千克/亩

土壤反应	黏土	壤土	砂土
强酸性(pH值4.5～5.0)	150	100	50～75
酸性(pH值5.0～6.0)	75～125	50～75	25～50
微酸性(pH值6.0)	50	25～50	25

③ 石灰可作基肥和追肥，不能作种肥。撒施力求均匀，防止局部土壤过碱或未施到。条播作物可少量条施。番茄、甘蓝等可在定植时少量穴施。

④ 酸性水田施用石灰作基肥，多在整地时施入。种植绿肥的水田，可在翻地压青时施用，每亩施用石灰25～50千克，可促进绿肥分解，加速养分释放，同时还可以消除绿肥分解时产生的一些有毒物质。如果土壤酸性较强，则每亩需要施用石灰50～100千

克，甚至高达150千克，才能见效。

⑤ 石灰用于旱地作物作基肥时，可结合犁地时施入，也可于作物播种或定植时，将少量石灰拌混适量土杂肥，施于播种穴或播种沟内，使作物幼苗期有良好的土壤环境。

(3) 在蔬菜生产上作杀菌、杀虫药剂使用

① 撒施。每亩撒施生石灰100～150千克，用于调节土壤的酸碱度，可防治黄瓜、南瓜（黑籽南瓜）、甜（辣）椒、马铃薯、菜豆、扁豆等的白绢病，番茄、茄子、甜（辣）椒、草莓等的青枯病，白菜类、萝卜、甘蓝等的根肿病，胡萝卜细菌性软腐病，姜瘟病，甜瓜枯萎病，豌豆苗茎基腐病（立枯病），马铃薯疮痂病，番茄病毒病（促进土壤中病残体上的烟草花叶病毒钝化，失去侵染能力）。

每亩撒施生石灰50～100千克，可防治辣椒疮痂病，菊花白绢病。

在菜地翻耕后，每亩撒生石灰25～30千克，并晒土7天，可防治蔬菜跳虫。

每亩施用生石灰50千克，可防治落葵根结线虫病。

在晴天，每亩用生石灰5～7.5千克，撒于株行间呈线状，可防治蛞蝓。

在保护地春夏休闲空茬时期，选择近期为天气晴好、阳光充足、气温较高的时机，先把保护设施内的土壤翻30～40厘米深，并粉碎土块，每亩均匀撒施碎稻草和生石灰各300～500千克，碎稻草长2～3厘米，尽量用粉末状生石灰，再翻地，使碎稻草和生石灰均匀分布于土壤耕层内，起田埂，均匀浇水，待土层湿透后，上铺无破损的透明塑料膜，四周用土压实，然后闭棚膜升温，高温闷棚10～30天，利用太阳能和微生物发酵产生的热量，使土温达到45℃，可大大减轻菌核病、枯萎病、软腐病、根结线虫病、螨类、多种杂草的为害。高温处理后，要防止再传入有害病虫。

② 穴施。在降雨或浇水前，拔掉病株，用石灰处理病穴。

每穴撒施生（消）石灰250克，防治番茄的青枯病、溃疡病，

茄子青枯病，马铃薯软腐病，西葫芦软腐病，甜瓜疫病，芹菜和香芹菜的软腐病，白菜类的软腐病和根肿病，韭菜白绢病，落葵苗腐病，枸杞根腐病，姜青枯病，胡萝卜细菌性软腐病，魔芋炭疽病，草莓枯萎病。

用 1 份石灰和 2 份硫黄混匀，制成混合粉，每亩穴施 10 千克，可防治大葱和洋葱的黑粉病。

每病穴内浇 20%石灰水 300～500 毫升，可防治番茄的青枯病、溃疡病，西葫芦软腐病。

③ 涂抹。用 2%石灰浆，在入窖前，涂抹山药尾子的切口处，防治腐烂病；甜椒定植后长到筷子粗时，将生石灰加水调成糊状，用刷子直接刷在辣椒茎基部，可大大减少辣椒茎基部病害的发生。

④ 喷雾。每亩用石灰粉 500～900 克，对水 50～90 千克稀释后，用清液喷雾，防治琥珀螺、椭圆萝卜螺。

⑤ 配药。用于配制石硫合剂或波尔多液。

(4) 注意事项

① 合理使用石灰有多方面的功效，但是如石灰施用量过多，也会带来不良的后果，可导致土壤有机质迅速分解，腐殖质积累减少，从而破坏土壤结构。同时土壤中磷酸盐以及铁、锰、硼、锌、铜等微量元素也会形成难溶性的沉淀物，有效性降低。大量使用石灰而未施其他肥料，土壤养分大量释放，作物不能全部吸收，导致养分流失，致使土壤肥力下降。所以石灰用量必须适当，而且要与有机肥料配合施用。

② 黄瓜、南瓜、甘薯、蚕豆、豌豆等耐酸性中等，要施用适量石灰；番茄、甜菜等耐酸性较差，要重视施用石灰。

③ 土壤酸性强，活性铝、铁、锰的浓度高，质地黏重，耕作层较深时石灰用量适当多些；相反，耕作层浅薄的沙质土壤，则应减少用量。旱地的用量应高于水田。坡度大的山坡地要适当增加用量。

④ 石灰不宜连续大量施用，一般每隔 2 年施用 1 次即可，否则会引起土壤有机质分解过速，腐殖质不易积累，致使土壤结构变

坏，诱发营养元素缺乏症，还会减少作物对钾的吸收，反而不利于作物生长。

⑤ 石灰肥料不能和铵态氮肥、腐熟的有机肥和水溶性磷肥混合施用，以免引起氮的损失和磷的退化，导致肥效降低。

⑥ 石灰作农药使用时，生石灰含量应在95%以上；在配药及施药过程中，要注意安全防护。

十、泥炭

泥炭在国外也称草炭、泥煤、草煤、漂筏子、草木炭、草煤、土煤、泥炭土等，是已被应用很久的有机肥料。泥炭是各种植物残体在水分过多、通气不良、气温较低的条件下，未能充分分解，经过长期的积累，形成一种不易分解的、稳定的有机物堆积层，并有泥沙等矿物掺入，是形成于沼泽中的特定产物。施用后在土壤中分解甚为缓慢，对长期性土壤有机质的增加是最有效的质材。泥炭质轻、呈酸性，但商业产品中已中和处理，并大都已调整泥炭中所含营养养分，可视为最高稳定及不易分解的土壤改良剂。泥炭苔是植物多年浸水的产物，疏松土壤及保水功能甚佳，但与古生物在数万年形成的泥炭土不同，泥炭苔及泥炭土都是土壤的良好改良剂。我国产泥炭主要集中分布在吉林省的长白山国家泥炭中心地矿带。

（1）主要类型 泥炭中全氮含量较高，但氮的转化速度很慢，只占全氮量的0.7%～3.1%。我国泥炭资源按照形成条件、养分状况分为三种类型。

① 低位泥炭。又称富营养型泥炭。是在地势低洼处，水源条件好，多生长着苔藓、芦苇、小叶樟、木贼、灰蓟等草本植物和桦树、云杉松、赤杨等木本植物，这些植物死亡后，经长期掩埋后形成低位泥炭。低位泥炭一般是黑色，由于分解程度高，含有机质比较低，而氮、磷、钾的含量比高位或中位泥炭高，呈微酸性或中性。低位泥炭比高位泥炭吸水、吸氨能力低，一般每100千克低位泥炭能吸水500～800千克，吸氮0.98千克。低位泥炭稍加风干后，可直接用作肥料。目前我国出产的泥炭大部分是低位泥炭。

② 高位泥炭。又称贫营养型泥炭，多发育在地势较高的高寒山区、森林地带潮湿地区，由水藓类植物死亡后积累而成。多呈棕黑色，其有机质含量高，氮、磷、钾的含量低。呈酸性或强酸性。高位泥炭吸水能力很强，一般每 100 千克高位泥炭可吸水 1000～1800 千克，吸氨态氮的能力也强，每 100 千克高位泥炭能吸氨态氮 2.62 千克，所以吸水性较强，并具有保肥的作用。一般不能直接用作肥料。我国分布面积较少，约占泥炭面积的 5%。

③ 中位泥炭。是介于低位泥炭和高位泥炭之间的类型，又叫过渡性泥炭。腐殖酸含量 15%～25%，其养分含量介于低位泥炭与高位泥炭之间。性质接近低位泥炭。

(2) 利用方式

① 泥炭垫圈。在泥炭产地附近饲养家畜时，可用泥炭铺在地面作为垫圈材料，吸收粪尿、厩液，经圈外堆积，可得到优质厩肥。

② 泥炭与人、畜粪尿混合堆沤。用人、畜粪尿与泥炭堆沤时，先在堆肥场地上每隔 0.6～1 米挖一条通气沟，沟宽 16 厘米，深 16 厘米，沟上再铺上秸秆，以便通气，促进微生物活动。然后采用分层堆沤方式，即一层泥炭粉末，洒上一层粪尿（泥炭与粪尿按 4∶1 的比例为宜），再铺上一层泥炭粉末，洒上一层粪尿，这样一层层堆积起来，堆高 1.2～1.5 米，堆的宽度以 2.5～3 米为好。堆积时不要压得太紧实，使堆内保持足够水分。在堆沤过程中，一般堆沤一周后，要检查一下堆内是否发热，如不发热，需再加一些粪尿（最好加些马粪），重新堆沤，发热一个月后，倒一次堆，把泥炭粉末与粪尿混合均匀后，再重新堆好，以备使用。

③ 泥炭与绿肥混合堆沤。在沤制绿肥时，按每 100 千克秸秆、青草等物质加上 20～30 千克泥炭粉末，并适量加水混合均匀，而后堆积发酵。由于南北方气温差异较大，堆积时间，应有所不同。北方堆沤一个月左右，而南方 15～20 天即可。在堆沤过程中，经过微生物和自然水解作用，使被沤制的物料腐烂，即成腐殖酸铵肥料。

④ 泥炭与磷矿粉堆沤。泥炭粉末与磷矿粉按 10∶3 的比例配

方，即100千克泥炭粉末，加上30千克磷矿粉（磷矿粉要粉碎细一些为好），再配适量清水或人、畜粪尿搅拌均匀，堆沤15～20天，即制成腐殖酸磷肥。

⑤ 泥炭与草木灰堆沤。泥炭粉末与草木灰按5∶1的比例，即100千克泥炭粉末，加上20千克草木灰，再加适量清水，混合均匀，一般堆沤10天左右，即制成腐殖酸钾。

⑥ 泥炭与鱼汁、鱼粉堆沤。有些地区，尤其南方沿海地区，也广泛利用鱼汁、鱼粉等制作腐殖酸类肥料。

泥炭与鱼汁堆沤：先将泥炭风干、粉碎后，泥炭与鱼汁按10∶3的比例，在平地上铺一层泥炭粉末，泼浇一层鱼汁，如此一层层堆积起来，堆的高度到不便操作为止。最后上面盖上一层泥炭粉末，堆沤10～15天，即制成腐殖酸鱼汁肥。

泥炭与鱼粉堆沤：先将泥炭和鱼（发臭变质的鱼）分别用粉碎机粉碎，泥炭粉末与鱼粉按10∶1的比例，再加适量清水，混合均匀，堆沤发酵10天左右，即制成腐殖酸鱼粉肥。

⑦泥炭与含钙、镁的岩石粉末堆沤。凝灰岩属于火山喷发物，这种原料所含成分以钙、镁为主。生产时，先将凝灰岩用破碎机粗粉碎至3厘米左右，然后，再用粉碎机细粉至0.20～0.25毫米。泥炭粉末与凝灰岩粉按2∶1的比例，同时加入少量（5%～10%）人、畜粪尿，混合均匀，堆沤1～2个月，腐熟后即为腐殖酸钙、镁肥。

⑧改良土壤。分解程度高，养分含量高而酸度较低的低位泥炭，粉碎后施在低产土壤中直接作基肥，可以调节土壤水、肥、气、热状况，改善土壤理化性状，尤其可作黏重土壤的改良剂，起到改良土壤的作用。

⑨栽培基质。泥炭用于蔬菜育苗和无土栽培的栽培基质，可以提高秧苗素质，改善蔬菜的生长条件，增加蔬菜产量，提早上市时间，改善蔬菜品质。

⑩制作营养钵。营养钵育苗是蔬菜作物的一项常用栽培措施。泥炭有一定黏结性和松散性，并有保水保肥和通气透水的特点，有

利于幼苗根系发育。但是泥炭含速效养分少，所以在制造营养钵时，宜按各种幼苗的营养要求，加入适量的腐熟人粪尿，根据泥炭酸度和蔬菜作物对环境的要求，先在泥炭中加入适量的石灰或草木灰混合堆积后，再加其他肥料。将肥料充分拌匀后，以手握不出水为宜，然后压制成不同规格的营养钵或营养方，可供苗床、冷床育苗使用。

十一、草木灰

植物（草本和木本植物）燃烧后的残余物，称草木灰。草木灰肥料因草木灰为植物燃烧后的灰烬，所以凡是植物所含的矿质元素，草木灰中几乎都含有。其中含量最多的是钾元素，一般含钾6%～12%，其中90%以上是水溶性，以碳酸盐形式存在；其次是磷，一般含1.5%～3%；还含有钙、镁、硅、硫和铁、锰、铜、锌、硼、钼等微量营养元素。不同植物的灰分，其养分含量不同（表7)。在等钾量施用草木灰时，肥效好于化学钾肥。所以，它是一种来源广泛、成本低廉、养分齐全、肥效明显的无机农家肥。此外，草木灰还是一种很好的杀虫杀菌植物源农药，还可用于蔬菜的贮藏保鲜。

表7 几种灰肥主要养分含量 %

类别	灰名	钾(K_2O)	磷(P_2O_5)	钙(CaO)	氮(N)
木灰	阔叶树灰	10.0	3.5	30.0	
	针叶树灰	6.0	2.5	35.0	
草灰	稻草灰	5.86	0.44		0.08
	茅草灰	1.75	2.36		
	芦苇灰	8.09	0.24		0.39
	苦竹灰	6.29	1.27		
杂灰	花生壳灰	6.45	1.23		
	谷壳灰	0.67	0.62	0.89	
	硬煤灰	0.20	0.20	3.50	
	山土灰	1.07	0.21		0.15

(1) 积存方法

① 仓贮。建一个永久性的草木灰仓，每天把灰倒入仓内，以

便积攒。灰仓要有遮雨棚，地面要高（避免积水），要硬化，要防潮。

② 袋装。将草木灰及时用塑料袋装起来密封保存。

③ 单存。要严格避免与其他农家肥混合堆放。一些农民习惯于将草木灰倒进水坑里与有机肥、秸秆等混合堆沤，还有的用草木灰垫厕所或与人粪尿、厩肥混合堆放。这样做是错误的。由于草木灰为碱性，上述做法的结果会造成有机肥中氮素的挥发，降低肥效。

（2）草木灰在蔬菜生产上作肥料的使用方法

① 作基肥。一般每亩用量 300 千克左右。以集中施用为宜，采用条施和穴施均可，深度 8～10 厘米，施后覆土。施用前先拌 2～3倍的湿土或以少许水分喷湿后再用，但水分不能太多，否则会使养分流失。甘薯、马铃薯用草木灰作基肥，可增产 15%左右。

② 作根外追肥。于甘薯、马铃薯的膨大期穴施，可增产 10%～15%；对于部分移栽作物（辣椒、甘薯），可在移栽时按草木灰：水为 1：3 的比例拌匀后蘸根，可增加产量 5%～10%；用新的草木灰 2～3 千克加水 50 千克拌均匀，浸泡 8～12 小时，取澄清液喷西瓜叶蔓，可增产 10%以上，糖度可提高 0.8～1 度；在油菜、甘薯、马铃薯生长的中后期，每亩喷施 15%～20%草木灰浸出液 50～75 千克，可增产 15%～20%。叶面撒施要选用新鲜且过筛的草木灰，叶面喷施要选用新鲜的草木灰澄清液，以提高肥效。

③ 作盖种肥。在蔬菜育苗时，把适量新鲜的草木灰撒于苗床上，可提高地温 2～3℃，减轻低温引起的烂苗现象，促进早出苗，出壮苗。作种肥时，肥量不能过大并应与种子隔离，以防烧种。亩用量一般为 50～100 千克为宜。

（3）草木灰在蔬菜生产上作杀菌杀虫剂的使用方法

① 防治病虫害。防治蚜虫、红蜘蛛：用 10 千克草木灰加水 50 千克，浸泡一昼夜，取滤液喷洒，可防治蔬菜上的蚜虫。露水未干时在蔬菜上追撒新鲜草木灰，可有效防治蚜虫、菜青虫等害虫。

防治韭菜、大蒜根蛆、蛴螬：发现韭菜、大蒜有根蛆为害时，用草木灰撒在叶上可防治其成虫。葱、蒜、韭菜行距较宽的，在根的两侧开沟，深度以见到根为限，将草木灰均匀地撒入沟内；行距较窄的，草木灰可施入地表，然后用钉齿锄耕锄，使草木灰与土充分混合，不但能有效地防治根蛆，而且又增施了钾肥，可提高产量。栽种马铃薯时，将薯块蘸草木灰后再下地，对蛴螬有较好的防治作用。

② 贮藏保鲜。保鲜辣椒：在竹筐或其他贮藏器具的底层放一层草木灰再铺一层牛皮纸，然后一层辣椒一层草木灰，放在比较凉爽的屋里贮藏（注意：贮存过程中不能有水浸入草木灰），保鲜期可达四五个月。

贮藏种子：把瓦罐、瓦缸等贮具准备好，洗净擦干，然后用草木灰垫在底部，上面铺一层牛皮纸，把种子放在牛皮纸上，装好后用塑料薄膜封口，贮存效果良好，有利齐苗、全苗、壮苗。也可将甜瓜、黄瓜、辣椒等剖开后，即将瓜子扒出与干净的草木灰做成1∶4的灰饼（瓜子1∶草木灰4）贴在墙上。

贮藏薯类：用干燥新鲜的草木灰覆盖芋头或马铃薯，可有效地防止腐烂，贮藏保鲜期可达半年。方法是：先将无伤口的芋头或马铃薯放在悬空的木板或木排上，厚度不能超过45厘米，然后用草木灰覆盖，草木灰厚度不能少于5厘米，干燥的草木灰吸水性和吸收二氧化碳性强，又具有良好的散热性，加之碱性强，可以杀死细菌，防止腐烂。

贮藏西瓜：在收获西瓜时留3个以上蔓节，在剪断蔓节时及时沾上草木灰，能防止细菌从切口侵入，有利于西瓜保鲜。

③ 处理种子。拌种：用草木灰拌种，既能为苗期提供钾素养分，又有抗倒伏防治病虫害的作用。方法是，先将种子用水喷湿，然后按每100千克种子加5千克草木灰之比拌匀种子，使每粒种子表面都粘有草木灰即可播种。

种子消毒：马铃薯栽培时将薯块切好后拌上草木灰，然后下种，既能杀菌消毒，又能防止地下害虫。甘薯育苗时，将薯种用10%的草木灰浸出液浸种0.5～1小时，能防止在畦内烂种。瓜类及豆类蔬菜种子在育苗或播种前用10%的草木灰浸出液，浸种1～2小时，能杀灭病原菌，使种子发芽快，出苗齐，生长健壮。

④ 在大棚蔬菜生产中应用。当棚内湿度过大时，可撒一层草木灰吸水降湿；在大棚内撒施草木灰，能为蔬菜直接提供养分；蔬菜生长期，用10%的草木灰浸水叶面喷施，有利于增强植株的抗逆性；大棚蔬菜施用草木灰，能抑制蔬菜秧苗猝倒病、立枯病、沤根等，还能有效防治芹菜斑枯病、韭菜灰霉病等多种病害的发生；大棚蔬菜连作时间过长，土壤易板结，增施草木灰可疏松土壤，防止板结，增加土壤肥力。

⑤ 中和土壤酸性及调节沼液pH值。草木灰含氧化钙5%～30%，在微酸和酸性土壤上施用草木灰，不但补充了植物的钾素养分，也中和了土壤有害酸性物质，增加了土壤钙素，有利于恢复土壤结构；新建沼气池和沼气池大换料时，经常会出现沼气池内料液偏酸。产生的气体不能燃烧，此时，可用pH试纸查出偏酸的程度，可视酸性程度加适量的草木灰，很快就会运转正常。

⑥ 覆盖平菇培养基。早春播种平菇，因气温低，菌丝发育慢，易被杂菌污染，若在表面撒一层草木灰，能加强畦床的温室效应，促进菌丝发育；草木灰还能为菌丝提供一定养分，并能成为抑制杂菌生长的一道屏障。早春播种用草木灰覆盖，可使出菇期提早10天，增产20%左右。

(4) 注意事项

① 宜单独施用。草木灰不能与有机农家肥（人粪尿、家禽粪、厩肥、堆沤肥等）混用，也不能与铵态氮肥混存或混施，否则会造成氮素挥发损失；草木灰含氧化钙和碳酸钾，呈碱性反应，不宜在盐碱地施用。可以用在中性、石灰性土壤上，尤其适宜在酸性土壤中施用。

② 应优先作物。草木灰适用于各种作物，尤其适用于喜钾或喜钾忌氯蔬菜，如马铃薯、甘薯、油菜、甜菜等。草木灰用于马铃薯，不仅能用于土壤施用，还能用于沾涂薯块伤口，这样，既可当种肥，又可防止伤口感染腐烂。

第四节 ▶▶ 其他肥料

一、骨粉

骨粉是我国农村应用较早的磷肥品种。它是由各种动物骨骼经过蒸煮或焙烧后粉碎而成的一种肥料。其成分比较复杂，除含有磷酸三钙外，还含有骨胶、脂肪等。由于含有较多的脂肪，常较难粉碎，在土壤中也不易分解，因此肥效缓慢。往往需经脱脂处理才能提高肥效。根据不同的加工方法可获得不同的产品。目前，骨粉多用作饲料添加剂。

(1) 主要种类

① 粗制骨粉。把骨头稍稍打碎，放在水中煮沸，随煮随除去漂浮出的油脂，直至除去大部分油脂，取出晒干，磨成粉末。此种骨粉中五氧化二磷含量为20%左右，并含有3%～5%氮素。

② 蒸制骨粉。将骨头置于蒸汽锅中蒸煮，除去大部分脂肪和部分骨胶，干燥后粉碎。蒸制骨粉中含五氧化二磷25%～30%，含氮素2%～3%。其肥效高于粗制骨粉。

③ 脱胶骨粉。在更高的温度和压力下，以除去全部脂肪和大部分骨胶，干燥后粉碎。此种骨粉含五氧化二磷可达30%以上，含氮素在0.5%～1%之间。肥效较高。

(2) 性质及施用方法

① 骨粉中的磷酸盐不溶于水，不能被作物直接吸收，其肥效缓慢，宜作基肥。它最适宜施于酸性土壤或生长期长的作物，肥效较好，一般每亩用量为25～30千克，而在石灰性土壤中施用肥效很不明显。

② 应重点施用在十字花科作物、荞麦、豆科绿肥等作物，因为这些作物对骨粉中难溶性磷的利用率高、效果好。

③ 骨粉肥效缓慢，宜作基肥，尤以集中条施或穴施为好。

④ 在夏季施用的肥效比冬季好。

⑤ 骨粉的肥效一般高于磷矿粉，因为它含有少量的氮素，施用骨粉的第一年往往是氮素的效果。未经处理的骨粉施于水田有漂浮问题，因此，施前应进行处理，可加少量碱性物质（石灰、草木灰）进行皂化。未经处理的骨粉施于旱地也会因含脂肪而招来地下害虫，所以一般需经脱脂、发酵后施用。

二、海肥

海肥是指利用海产物制成的肥料。我国海岸线长，沿海生物繁盛，各地海产加工的废弃物如鱼杂、虾糠，许多不能食用的海洋动物如海星、蟛蜞，以及海生植物如海藻、海青苔等都是良好的肥料。海肥的种类很多，一般分为动物性海肥、植物性海肥、矿物性海肥三大类，其中动物性海肥种类最多，数量最大，使用最广，肥效最高。

（1）主要种类

① 植物性海肥。以海藻为主要成分，分解速度快，是速效肥料。藻肥含有作物所需要的多种养分，其全氮含量在1.7%～4.0%。磷含量分别为（P_2O_5 占干物质量）：硅藻2%、甲藻1.3%、金黄藻3.0%、蓝藻1.4%、绿藻2.7%、褐藻和红藻0.3%。各种藻类含钾量都超过了目前施用的有机肥料的含钾量。此外，碘的含量也很高，对不同作物的生长具有良好的促进作用。

② 动物性海肥。主要由鱼类、虾蟹类、贝类等海洋动物产品加工的废弃物或非食用性海洋动物遗体组成。这类海肥主要是鱼虾加工厂的废弃物，包括鱼杂、鱼头、鱼尾、鱼渣、虾糠虾皮等。含有氨基酸、脂肪、蛋白质等大量的有机质和丰富的微量元素。动物性海肥的肥效持久，后效明显。此外，施用动物性海肥还有改善土壤结构等物理性状之优点。

③ 矿物性海肥。主要由海洋动物贝壳和虾池泥组成。动物贝壳中无机成分如碳酸钙的含量很高，特别适宜我国南方沿海地区酸性土壤改良。虾池泥呈微碱性，有机质和速效氮的含量都高于一般土壤，特别是速效钾含量高于土壤10倍以上，盐分含量在1.0%～

3.0%之间，主要是氯化钠、氯化钾和氯化镁。此外，还含有碳、镁和微量元素等。

（2）施用方法

① 植物性海肥积制与施用方法。藻类肥料传统积制方法：一是作为家畜栏圈的铺垫物；二是将其切碎后，与泥土掺混堆沤2～3个月，经腐熟后施用。藻肥分解快，是速效肥料，一般作基肥，也可以作种肥。

② 动物性海肥施用方法。鱼虾类海肥一般不直接施用，需放在池内或缸内加水4～6倍，搅拌均匀加盖沤制10～15天，待腐熟后对水1～2倍，开穴浇施，肥效快，适于作追肥。也可与其他有机肥掺匀，作基肥沟施或穴施。鱼虾肥也可捣碎后混在其他有机肥中堆沤数日后，作基肥施用。施用量为每亩施鱼虾肥10～15千克。

③ 矿物性海肥　海洋动物贝壳：粉碎后可撒入农田作基肥。由于碳酸钙含量很高，特别适宜我国南方沿海地区酸性土壤改良。

虾池泥：在秋末冬初收虾后至封冻前，将清淤出的虾池泥搬运到地头田边，摊晒晾干，然后捣碎泥块，与农家肥掺和后再施入地中。虾池泥用作基肥，可均匀撒于田中，然后再春耕，也可耕后条施或穴施。施用虾池泥时要注意不要直接与作物种子相接触，以免烧种，影响种子萌发。要隔年施用虾池泥，科学掌握用量，注意防止土壤盐渍化。虾池泥不要施用于对氯敏感的作物上。

（3）注意事项　海肥一般含有较多的盐分，不宜在有盐碱为害的土壤上施用；在大棚蔬菜上要控制用量，不要连年大量施用，以防增加温室土壤盐离子大量积累，破坏土壤结构，影响蔬菜生长。

三、植物诱导剂

植物诱导剂又名那氏齐齐发，原名那氏778诱导剂。是由多种有特异功能的植物体整合而成的生物制剂，植株沾上该剂能增加根系70%以上，提高光合强度0.5～4倍，可起到前期控秧促根、后期控蔓促果的作用，使作物抗热、抗冻、抗病、抗虫性大大提高。

植物诱导剂1200倍液，在蔬菜幼苗期叶面喷洒，能防治真菌、细菌病害和病毒病，特别是番茄、西葫芦易染病毒病，早期应用效果较好。作物定植时按800倍液灌根，能增加根系0.7～1倍，矮化植物，营养向果实积累。因根系发达，吸收和平衡营养能力强，一般情况下不沾花就能坐果，且果实丰满漂亮。

生长中后期如植株徒长，可按600～800倍液叶面喷洒控秧。作物过于矮化，可按2000倍液叶面喷洒。因蔬菜种子小，一般不作拌种用，以免影响发芽率和发芽势。

（1）应用方法 每亩用50克植物诱导剂原粉，放入瓷盆或塑料盆（勿用金属盆），用500克开水冲开，放24～48小时，对水30～60千克，灌根或叶面喷施。如在茄子4～6叶时全株喷一次；定植后按800倍液再喷一次，如果早中期植物有些徒长，节长叶大，可用650倍液再喷一次。密植作物如芹菜等可每亩放150克原粉用1500克沸水冲开液随水冲入田间，稀植作物如西瓜，每亩可减少用量至原粉20～25克。作物叶片蜡质厚如甘蓝、莲藕，可在母液中加少量洗衣粉，提高黏着力，高温干旱天气灌根或叶面喷后1小时浇水或叶面喷一次水，以防植株过于矮化并提高植物诱导剂效果。植物诱导剂不宜与其他化学农药混用，而且用过植物诱导剂的蔬菜抗病避虫，所以也不需要化学农药。

（2）注意事项 用过植物诱导剂的作物光合能力强，吸收转换能量大，故要施足碳素有机肥，按每千克干秸秆长叶菜10～12千克，果菜5～6千克投入，鸡、牛粪按干湿情况酌情增施。同时增施品质营养元素钾，按50%天然矿物钾100千克，产果瓜8000千克，产叶菜1.6万千克投入，每次按浇水时间长短随水冲施10～25千克。每间隔一次冲施地力旺EM生物菌液1～2千克，提高碳、氢、氧、钾等元素的利用率。

四、植物修复素

植物DNA修复剂又名植物传导素、植物修复素，为矿物制剂。是由多种稀土元素与果实膨大、抗病毒、“超级钙”、细胞稳定、海洋抗菌等因子，用纳米技术合成的对植物内部质量有改善作用的新型物质，简称“植物 DNA 修复剂”。被称为作物增产的“助推器”。植物沾上该剂，能激活叶片沉睡的细胞，打破顶端生长优势，使营养往下部果实转移，能愈合叶片及果实上的虫伤、病伤，使蔬菜外观丰满、漂亮，含糖度增加 1.5～2 度。

（1）主要成分　B-JTE 泵因子、抗病因子、细胞稳定因子、果实膨大因子、钙因子、稀土元素及硒元素等。

（2）主要作用　具有激活植物细胞，促进分裂与扩大，愈伤植物组织，快速恢复生机；使细胞体积横向膨大，茎节加粗，且有膨果、壮株之功效，诱导和促进芽的分化，促进植物根系和枝杆侧芽萌发生长，打破顶端优势，增加花数和优质果数；能使植物体产生一种特殊气味，抑制病菌发生和蔓延，防病驱虫；促进器官分化和插、栽株生根，使植物体扦插条和切条愈伤组织分化根和芽，可用于插条砧木和移栽沾根，调节植株花器官分化，可使雌花高达 70%以上；平衡酸碱度，将植物营养向果实转移；抑制植物叶、花、果实等器官离层形成，延缓器官脱落、抗早衰，对死苗、烂根、卷叶、黄叶、小叶、花叶、重茬、落铃、落叶、落花、落果、裂果、缩果、果斑等病害症状有明显特效。

（3）主要功能　打破植物休眠，使沉睡的细胞全部恢复生机，能增强受伤细胞的自愈能力，创伤叶、茎、根迅速恢复生长，使病害、冻害、除草剂中毒等药害及缺素症、厌肥症的植物 24 小时迅速恢复生机。

提高根部活力，增加植物对盐、碱、贫瘠的适应性，促进气孔开放，加速供氧、氮和二氧化碳，由原始植物生长元点，逐步激活达到植物生长高端，促成植物体次生代谢。植物体吸收后 8 小时内明显降低体内毒素。

（4）使用方法　可与一切农用物资混用，并可相互增效 1 倍。适用于各种植物。育苗期、旺长期、花期、坐果期、膨大期均可使用，效果持久，可达 30 天以上。将胶囊旋转打开，将其中粉末倒入水中，每粒 6 克对水 14～30 千克，叶面喷洒即可，以早晚 20℃左右时喷施效果为好。如果发现病虫害和生理病症，可加入 50～

100 克地力旺 EM 生物菌，效果更佳。

五、喷施宝

喷施宝是广西壮族自治区北海喷施宝有限责任公司生产的一种超浓缩螯合型叶面肥，产品含有机质≥110 克/升；氮（N）+磷（P_2O_5）+钾（K_2O）≥170 克/升（氮、磷、钾的单一含量≥10 克/升）；锰（Mn）+锌（Zn）+硼（B）≥30 克/升（锰、锌、硼的单一含量≥2 克/升）；水不溶物≤50 克/升；pH 值（1+250 倍稀释）3～7；汞≤5 毫克/千克；砷、镉≤10 毫克/千克；铅、铬≤50 毫克/千克。

（1）产品机理　本品采用先进高浓缩螯合技术将有机质、活性有机酸以及钾、锌、硼等多种元素进行螯合，用量少，见效快，能起到及时提供大田栽培和大棚种植的叶菜、茄果类、瓜类以及根茎类蔬菜的多种营养和进行生理调节作用。促根壮苗、促花保果、防早衰、延长采摘期，提高品质和产量，增强抗病力，减少蔬菜病害的发生；对遭受风、旱、涝、病等灾害而落叶、枯黄、烂根的作物也有一定的改善作用，可提高灾后恢复能力。

（2）使用方法　苗期、移栽后、伸蔓期、膨瓜期各喷施一次，采摘期每隔 7～10 天喷施一次。每袋 10 毫升对水 15～30 千克叶面喷施（间隔 7～10 天使用）。可同非碱性农药一起使用，提高菜瓜类作物抗病力，效果明显。可促蕾壮花、减少畸形瓜、防止早衰、延长采收期。

苗期、生长期每隔 7～10 天喷施一次，每袋 10 毫升对水 15～30 千克叶面喷施（间隔 7～10 天使用）。可同非碱性农药一起使用，提高菜瓜类作物抗病力，效果明显。可使作物生长快速、叶片鲜嫩、提早上市。

苗期、移栽后、伸蔓期、膨瓜期各喷施一次。每袋 10 毫升对水 15～30 千克叶面喷施（间隔 7～10 天使用）。可同非碱性农药一起使用，提高菜瓜类作物抗病力，效果明显。可促根壮苗、叶色浓绿肥厚、瓜大、瓜重、瓜形好、含糖增加。

(3) 注意事项

① 应尽量避免在中午曝晒和高温时施用，喷施后6个小时内遇雨需重喷，遇炎热天气适当加大对水量。

② 可以与非碱性农药一起使用，省时省工，药效更好，但必须按规定浓度稀释产品后再加入相应量的混用物质，搅拌均匀。

③ 严格掌握喷施浓度，以防药害。开花盛期或果实成熟期禁止使用，以免影响授粉或造成裂果。

④ 应存放于阴凉通风处，存放期间有可能出现沉淀或结晶，摇匀后可以使用，不影响效果。

六、农家有机废弃物肥

新型农家废弃物堆肥技术，采用添加复合微生物菌剂等方法，人为接种分解有机物能力强的微生物，加速堆肥材料的腐熟，且温度高，对消灭某些病原体、虫卵和杂草种子等效果较好，并能增加土壤肥力，是一种自然、接近原生态的“绿色技术”。利用农家有机废弃物堆制有机肥的过程，又叫有机堆肥化处理，即堆积有机物的残渣，经由微生物的繁衍，使有机物分解、发酵至完全腐熟，形成松软、茶褐色并具有泥土芳香的有机肥，直接施用于土壤，不会为害作物，有利于作物的生长。

(1) 发酵辅助菌剂的培养　在有机废弃资源的堆肥化处理过程中，发酵辅助菌剂担任极重要的角色，其培养材料系利用生产胡麻油后的副产物——胡麻油粕，配合制糖残余并经堆积腐熟的甘蔗渣，即以胡麻油粕1份、甘蔗渣（需放置1年以上）3份的比例培育发酵辅助菌剂。

将甘蔗渣与胡麻油粕混合搅拌均匀，边搅拌边加水（冬天可酌加约35℃的温水，夏天则加自来水）至抓起来挤压成团时，有水分渗出，但水不会滴下来的湿度为原则，此时含水量约60%。材料的堆积高度至少需30厘米以上，但不超过150厘米为原则。发酵期间出现白色丝状物（菌丝），表示发酵菌生长正常。发酵过程温度上升，可达60～75℃，此温度会影响微生物生长繁衍，因此大约每间隔5天需翻搅1次，经6～8周后，可当发酵辅助菌剂使用。没有条件制作发酵辅助菌剂的家庭，可以天然米糠、黄豆粉为介质制作有机肥料除臭剂（含乳酸菌、光合作用菌等菌种）。

(2) 堆肥化处理方法

① 发酵桶。选购2个容量66升的大型塑料桶及桶盖（塑料桶的大小可自行调整，但塑料材质以耐酸、碱，耐暴晒者为佳），予以凿孔，装上排水管及水龙头，作为有机化处理桶，桶底置砖头或筛网，以防止废弃物残渣阻塞发酵液的排除。

② 实施垃圾分类。收集有机废弃资源，包括农畜产废弃资源、落叶、树枝、树皮、农家厨余（果皮、废弃的蔬菜叶、蛋壳、鱼骨头、肉骨头、剩菜、剩饭、泡过的茶叶、各类有机污泥、市场肉品及果菜之下脚料等）。体积较大的有机废弃物最好能切成小片，因材料愈细愈容易被分解发酵，且愈快腐熟。

③ 接种发酵辅助菌剂。将有机废弃物沥干水分后，放入发酵桶，然后在上面薄施一层辅助菌剂（或有机肥料除臭剂），有机废弃物与发酵辅助菌剂的适当比例为9∶1（即发酵辅助菌剂用量以全部掩盖有机废弃物但没有厚度为原则），然后每置入1次有机废弃物，即洒一层发酵辅助菌剂，以促进有机废弃物的发酵分解并消除臭味。

④ 发酵液的排除与应用。有机废弃物在桶内发酵后，陆续会有发酵液渗出，切记每天应打开水龙头收集发酵液，且排尽水分（即发酵液），以避免桶内水分太多，发酵不良而产生臭味或长虫。发酵过程排出的发酵液即液态肥，加水约100倍稀释后，可作叶面喷肥，也可倒入厨房或浴厕的排水孔、下水道，促进排水管畅通兼除臭剂。

⑤ 发酵后期。有机废弃物在桶内经2周发酵后，会出现像棉絮一样的白色菌丝，且菌丝愈长愈多，近似棉花糖，掀开桶盖有点特殊的甘甜味，表示有机废弃物发酵良好，堆肥化处理成功。当桶内有机废弃物堆积至八分满后，最上层可多洒一些发酵辅助菌剂封存，再经2周后，回归农地；可埋入土中；或封存2～3个月即可

转变成有机质肥料，可直接施用于作物根部附近或做盆栽、花园覆土，有利于作物的生长。

也可采用自然法则，即将塑料桶底部打洞，让水分漏出，渗至地下。在桶子底部铺上6～7厘米的土壤（不能用黏土）。将已沥干的有机废弃物（厨余）倒入，平铺于土底上。上面再平铺一层土压实，以免臭味溢出。以后每倒入一层有机废弃物，便铺上一层土压实。堆置至八九分满时，最后上层再铺一层较厚的土壤7～8厘米。每次倒完有机废弃物都要加盖密封，不让空气进出，才能把有机废弃物闷熟。桶子底部打洞所流出之水加以收集，即是最佳的液态肥料，可用于浇花及种菜。

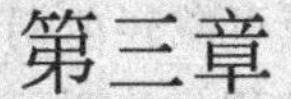

第三章 几种蔬菜病虫草害综合防治技术

一、茄果类蔬菜病虫草害综合防治

有机茄果类蔬菜生产应从作物—病虫草害整个生态系统出发，综合运用各种防治措施，创造不利于病虫草害孳生和有利于各类天敌繁衍的环境条件，保持农业生态系统的平衡和生物多样化，减少各类病虫草害所造成的损失。采用综合措施防控病虫害，露地蔬菜全面应用杀虫灯和性诱剂，设施蔬菜全面应用防虫网、黏虫色板及夏季高温闷棚消毒等生态栽培技术。

(1) 农业防治　菜田冬耕冬灌，将越冬害虫源压在土下，冬季白茬土在大地封冻前进行深中耕，有条件的耕后灌水，能提高越冬蛹、虫卵死亡率。

苗期，播种前清除病残体，深翻减少菌、虫源；幼苗期，育苗用无病苗床、苗土，培育无病壮苗，露地育苗苗床要盖防虫网，保护地育苗通风口要设防虫网，防止蚜虫、潜叶蝇、粉虱进入为害传毒，出苗后要撒干土或草木灰填缝。加强苗期温湿度管理，适当控制浇水，保护地要撒干土或草木灰降湿；摘除病叶，拔除病株，带出田外处理；及时分苗，加强通风；选择排水良好的地作苗床，施入的有机肥要充分腐熟，采用营养钵育苗、穴盘基质育苗，出苗后尽可能少浇水，在连阴天也要注意揭去塑料覆盖，苗床温度白天控制在25～27℃，夜间不低于15℃，逐步通风降湿。在苗床内喷1～2次等量式波尔多液。苗期施用艾格里微生物肥，有利于增强光合作用和抗病毒病能力。茄子可采用嫁接育苗，防治黄萎病，接穗用本地良种，砧木用野茄2号或日本赤茄，当砧木4～5片真叶、接穗3～4片真叶，采用靠接法嫁接。

定植至结果期，选无病壮苗，高畦栽培，合理密植。施足腐熟有机肥，定植后注意松土，及时追肥，促进根系发育。定植缓苗后，每隔10～15天用等量式波尔多液喷雾。盖地膜可减轻前期发病。及时摘除病叶、病花、病果，拔除病株深埋或烧毁，决不可弃于田间或水渠内。及时铲除田边杂草、野菜。及时通风、降湿、降温，控制浇水，不要大水漫灌，最好采用软管滴灌法，提倡适时灌水，按墒情浇水，减少灌水次数，田间出现零星病株后，要控水防病，棚室更应加强水分管理，务必降低湿度，通风透光，改进浇水方式，推行膜下渗灌或软管滴灌，应选择晴天的上午浇水，浇水后提温降湿。

(2) 实行轮作　与非茄科作物实行3年以上轮作，或水旱轮作1年，能预防多种病害，推广菜粮或菜豆轮作。

(3) 种子处理　选用抗病、耐病、高产优质的品种，各地的主要病虫害各异，种植方式不同，选用抗病虫品种要因地制宜，灵活掌握。种子消毒，可选用1%硫酸铜液浸种5分钟。浸种后均用清水冲洗干净再催芽，然后播种。用10亿个/克枯草芽孢杆菌可湿性粉剂拌种（用药量为种子质量的0.3%～0.5%），可防治枯萎病。

(4) 土壤及棚室消毒　棚室消毒，即在未种植作物前，对地面、棚顶、顶面、墙面等处，用硫黄熏蒸消毒，每100立方米空间用硫黄250克、锯末500克混合后分成几堆，点燃熏蒸一夜。在夏季高温季节，深翻地25厘米，撒施500千克切碎的稻草或麦秸，加入100千克熟石灰，四周起垄，灌水后盖地膜，保持20天，可消灭土壤中的病菌。

(5) 物理防治　田间插黄板或挂黄条诱杀蚜虫、粉虱、斑潜蝇。银灰色反光膜对蚜虫具有忌避作用，可在田间用银灰色塑料薄膜进行地膜覆盖栽培，在保护地周围悬挂上宽10～15厘米的银色塑料挂条。在害虫卵盛期撒施草木灰，重点撒在嫩尖、嫩叶、花蕾上，每亩撒灰20千克，可减少害虫卵量。在保护地的通风口和门窗处罩上纱网，可防止白粉虱和蚜虫等昆虫飞入。为了减轻马铃薯瓢虫对茄子的为害，可在茄田附近种植少量马铃薯，使瓢虫转移到马铃薯上来，再集中消灭。

(6) 诱杀成虫 用黑光灯、频振式杀虫灯、高压汞灯等诱杀大多数害虫。斜纹夜蛾、小老虎等，可用黑光灯诱杀和糖、酒、醋液诱杀两种，后者是用糖6份、酒1份、醋3份、水10份，并加入90%敌百虫1份均匀混合制成糖酒醋诱杀液，用盆盛装，待傍晚时投放在田间，距地面高1米，第二天早晨，收回或加盖，防止诱杀液蒸发。棉铃虫，可在成虫盛发期，选取带叶杨树枝，剪下长33.3厘米左右，每10枝扎成一束，绑挂在竹竿上，插在田间，每亩插20束，使叶束靠近植株，可以诱来大量蛾子，隐藏在叶束中，于清晨检查，用虫网震落后，捕捉杀死或用黑光灯诱蛾。

(7) 生物防治 可利用自然天敌，如释放赤眼蜂等，将工厂化生产的赤眼蜂蛹，制成带蜂蛹的纸片挂在菜田内植株中部的叶内，用大头针别住即可，每亩放5点。定植前喷一次10%混合脂肪酸水剂50～80倍液。防治棉铃虫，用2000单位的苏云金杆菌乳剂500倍液，或喷施多角体病毒，如棉铃虫核型多角体病毒等，与苏云金杆菌配合施用效果好。每亩用苏云金杆菌600～700克，或0.65%茴蒿素水剂400倍液，或2.5%苦参碱乳油3000倍液喷雾防治温室白粉虱，也可用20%～30%的烟叶水喷雾或用南瓜叶加少量水捣烂后2份原汁液加3份水进行喷雾。此外，还可选用以下生物药剂防治病虫害。

鱼藤酮：防治茄果类蔬菜蚜虫、菜青虫、害螨、瓜实蝇、甘蓝夜蛾、斜纹夜蛾、蓟马、二十八星瓢虫等害虫，对蚜虫有特效。应在发生为害初期，用2.5%鱼藤酮乳油400～500倍液或7.5%鱼藤酮乳油1500倍液，均匀喷雾一次。再交替使用其他相同作用的杀虫剂，对该药持久高效有利。

苦参碱：防治茄果类蔬菜蚜虫、白粉虱、夜蛾类害虫，前期预防用0.3%苦参碱水剂600～800倍液喷雾；害虫初发期用0.3%苦参碱水剂400～600倍液喷雾；虫害发生盛期可适当增加药量，喷药时应叶背、叶面均匀喷雾，尤其是叶背。

藜芦碱：用0.5%藜芦碱可溶液剂800～1000倍液喷雾，防治棉铃虫。

印楝素：用0.3%印楝素乳油1000～1300倍液防治白粉虱、棉铃虫、夜蛾类害虫、蚜虫等。

氨基寡糖素：种子在播种前用0.5%氨基寡糖素水剂400～500倍液浸种6小时，可预防辣椒青枯病、枯萎病、病毒病，番茄枯萎病、青枯病、黑腐病等。田间发现辣椒、番茄枯萎病、青枯病、根腐病等时，可用0.5%氨基寡糖素水剂400～600倍液灌根，每株200～250毫升。防治茎叶病害，用0.5%氨基寡糖素水剂600～800倍液，发病初期均匀喷于茎叶上。

乙蒜素：用乙蒜素辣椒专用型2500～3000倍液叶面喷洒可预防辣椒多种病害发生，促进植物生长，提高作物品质。用乙蒜素辣椒专用型1500～2000倍稀释液于发病初期均匀喷雾，重病区隔5～7天再喷一次，可有效控制辣椒病害的发展，并恢复正常生长。

银杏提取物：防治番茄灰霉病，用20%银杏提取物可湿性粉剂600～1000倍液喷雾。对番茄叶霉病、早疫病等病害也有一定作用。

丁子香酚：用0.3%丁子香酚可溶性液剂1000～1500倍液喷雾，防治辣椒枯萎病，番茄灰霉病、白粉病。

低聚糖素：防治番茄叶霉病、疮痂病、灰霉病、白粉病、疫霉病、褐斑病、炭疽病和软腐病等。于病害始发期用0.4%低聚糖素水剂250～400倍液喷湿叶片和枝干。

健根宝：育苗时，每平方米用10^8cfu/克健根宝可湿性粉剂10克与15～20千克细土混匀，1/3撒于种子底部，2/3覆于种子上面，可预防茄果类蔬菜猝倒病和立枯病。分苗时，每100克10^8cfu/克健根宝可湿性粉剂对营养土100～150千克，混拌均匀后分苗。定植时，每100克10^8cfu/克健根宝可湿性粉剂对细土150～200千克，混匀后每穴撒100克。进入坐果期，每100克10^8cfu/克健根宝可湿性粉剂对45千克水灌根，每株灌250～300毫升。可防治茄果类蔬菜枯萎病和根腐病。

木霉菌：使用木霉素灌根，可防治根腐病、白绢病等茎基部病害，一般用1亿活孢子/克木霉菌水分散粒剂1500～2000倍液，每株灌250毫升药液，灌后及时覆土。在辣椒苗定植时，每亩用1.5亿活孢子/克木霉菌可湿性粉剂100克，再与1.25千克米糠混拌均匀，把幼苗根部沾上菌糠后栽苗，或在田间初发病时，用1.5亿活孢子/克木霉菌可湿性粉剂600倍液灌根，可防治辣椒枯萎病。用1亿活孢子/克木霉菌水分散粒剂600～800倍液喷雾，可防治番茄灰霉病。

植物激活蛋白茄科作物专用型：适应于辣椒、番茄等大多数茄科作物。对青枯病、疫病、病毒病、白绢病、炭疽病等有很好的防效，增产10%以上，明显改善品质。浸种：稀释500倍，浸种5～6小时。叶面喷施：稀释1000倍喷雾，移栽成活一周后开始喷药，每次间隔20～25天，连续3～4次，具体喷药次数根据病情而定。每亩用量30～45克。

枯草芽孢杆菌：每亩用10亿个活芽孢/克枯草芽孢杆菌可湿性粉剂200～300克灌根处理，可防治辣椒枯萎病。防治番茄青枯病时，多采用药液灌根方法。从发病初期开始灌药，一般使用10亿个活芽孢/克枯草芽孢杆菌可湿性粉剂600～800倍液灌根，顺茎基部向下浇灌，每株需要浇灌药液150～250毫升。

蜡质芽孢杆菌：防治辣椒、茄子青枯病时，从发病初期开始灌根，10～15天后需要再灌一次。一般使用8亿个活芽孢/克蜡质芽孢杆菌可湿性粉剂80～120倍液，或20亿个活芽孢/克蜡质芽孢杆菌可湿性粉剂200～300倍液，每株需要灌药液150～250毫升。

(8) 其他可选用无机铜制剂等　硫酸铜浸种：先用清水浸泡种子10～12小时后，再用0.1%硫酸铜溶液浸种5分钟，捞出拌少量草木灰，防治种传甜（辣）椒的疫病、炭疽病、疮痂病、细菌性叶斑病，茄子枯萎病，番茄枯萎病、褐色根腐病、叶霉病。

石硫合剂：用30%固体石硫合剂150倍液喷雾，可防治白粉病、螨类。

波尔多液：用1∶1∶200液，防治辣椒褐斑病、叶斑病、霜霉病、黑斑病、炭疽病、叶枯病、疮痂病，茄子褐纹病、绵疫病、赤星病，番茄早疫病、晚疫病、斑枯病、灰霉病、叶霉病、果腐病、溃疡病。

氢氧化铜：用77%氢氧化铜可湿性粉剂400～500倍液，防治甜（辣）椒的褐斑病、白斑病、叶斑病、黑斑病，茄子疫病、果腐病、软腐病、细菌性褐斑病。用77%氢氧化铜可湿性粉剂400～500倍液，在初发病时，每株灌0.3～0.5升药液，可防治茄子青枯病，番茄的青枯病、疮痂病、细菌性的斑疹病和髓部坏死病。

(9) 杂草防治　防止肥水混入。制备有机肥时，使其完全腐熟，杀死肥源中杂草种子。

覆盖除草。可采用黑色塑料薄膜覆盖。

种植绿肥除草。休耕时，种植一茬绿肥，在绿肥未结籽前翻入土中作为肥料。

间作除草。茄果类蔬菜生长前期，在行间种植速生叶菜类蔬菜，充分利用空地，防止杂草生长。

人工除草。作物封行前，结合中耕除草。

机械除草。定期用除草机除去田块周边杂草。

二、瓜类蔬菜病虫草害综合防治

有机瓜类蔬菜生产应从"作物—病虫草害—环境"整个生态系统出发，综合运用各种防治措施，创造不利于病虫草害孳生和有利于各类天敌繁衍的环境条件，保持农业生态系统的平衡和生物多样化，减少各类病虫草害所造成的损失。采用综合措施防控病虫害，露地瓜类蔬菜全面应用杀虫灯和性诱剂，设施瓜类蔬菜全面应用防虫网、黏虫板及夏季高温闷棚消毒等生态栽培技术。以下以黄瓜病虫草害的综合为例，其他瓜类可参考进行。

(1) 合理轮作　进行合理轮作，选择3～5年未种过瓜类及茄果类蔬菜的田块、棚室种植，可有效减少枯萎病、根结线虫及白粉虱等病虫源。

(2) 土地及棚室处理　消灭土壤中越冬病菌、虫卵，入冬前灌大水，深翻土地，进行冻垡，可有效消灭土壤中有害病菌及害虫。春季大棚栽培，提早扣棚膜、烤地，增加棚内地温。选用流滴薄膜。棚室栽培的要对使用的棚室骨架、竹竿、吊绳及棚室内土壤进行消毒。在播种、定植前，每亩棚室可用硫黄粉1～1.5千克、锯末3千克，分5～6处放在铁片上点燃熏蒸，可消灭残存在其上的虫卵、病菌。

(3) 种子处理　播种前对种子进行消毒处理。可用55℃温水浸种15分钟。用100万单位硫酸链霉素500倍液浸种2小时后洗净催芽可预防细菌性病害。还可进行种子干热处理，将晒干后的种子放进恒温箱中用70℃处理72小时能有效防止种子带菌。

(4) 嫁接育苗　可防止枯萎病等土传病害的发生。如培育黄瓜，砧木采用黑籽南瓜、南砧1号等。嫁接苗定植，要注意埋土在嫁接口以下，以防止嫁接部位接触土壤产生不定根而受到侵染。

(5) 培育壮苗　育苗床选择未种过瓜类作物的地块，或专门的育苗室。从未种植过瓜类作物和茄果类作物的地块取土，加入腐熟有机肥配制营养土。春季育苗播种前，苗床应浇足底水，苗期可不再浇水，可防止苗期猝倒病、立枯病、炭疽病等的发生。适时通风降湿，加强田间管理，白天增加光照，夜间适当低温，防止幼苗徒长，培育健壮无病、无虫幼苗，苗床张挂环保捕虫板，诱杀害虫。夏季育苗，应在具有遮阳、防虫设施的棚室内育苗。

(6) 田间管理　定植时，密度不可过大，以利于植株间通风透气。栽培畦采用地膜覆盖，可提高地温，减少地面水分蒸发，减少灌水次数。棚室内栽培，灌水以滴灌为好，或采用膜下暗灌，以减低空气湿度。禁止大水漫灌。棚室内浇水寒冷季节时应在晴天上午进行，浇水后立即密闭棚室，提高温度，等中午和下午加大通风，排除湿气。高温季节浇水，在清晨或下午傍晚时浇水。采收前7～10天禁止浇水。多施有机肥，增施磷、钾肥，叶面补肥，可快速提高植株抗病力。设施栽培中，棚室要适时通风、降湿，在注意保温的同时，降低棚室内湿度。冬春季节，开上风口通风，风口要小，排湿后，立即关闭风口，可连续开启几次进行。秋季栽培，前期温度高，通风口昼夜开启，加大通风，晴天强光时，应覆盖遮阳网遮阳降温。及时进行植株调整，去掉底部子蔓，增加植株间通风透光性。根据植株长势，控制结瓜数，不多留瓜。

(7) 清洁田园　清洁栽培地块前茬作物的残体和田间杂草，进行焚烧或深埋，清理周围环境。栽培期间及时清除田间杂草，整枝后的侧蔓、老叶清理出棚室后掩埋，不为病虫提供寄主，成为下一轮发生的侵染源。

(8) 日光消毒　秋季栽培前，可利用日光能进行土壤高温消毒。棚室栽培的，利用春夏之交的空茬时期，在天气晴好、气温较高、阳光充足时，将保护地内的土壤深翻 30～40 厘米，破碎土团后，每亩均匀撒施 2～3 厘米长的碎稻草和生石灰各 300～500 千克，再耕翻使稻草和石灰均匀分布于耕作土壤层，并均匀浇透水，待土壤湿透后，覆盖宽幅聚乙烯膜，膜厚 0.01 毫米，四周和接口处用土封严压实，然后关闭通风口，高温闷棚 10～30 天，可有效减轻菌核病、枯萎病、软腐病、根结线虫、红蜘蛛及各种杂草的为害。

(9) 高温闷棚　黄瓜霜霉病发生时，可采用高温闷棚抑制病情发展。选择晴天中午密闭棚室，使其内温度迅速上升到 44～46℃，维持 2 小时，然后逐渐加大放风量，使温度恢复正常。为提高闷棚效果和确保黄瓜安全，闷棚前一天最好灌水提高植株耐热能力，温度计一定要挂在龙头处，秧蔓接触到棚膜时一定要弯下龙头，不可接触棚膜。严格掌握闷棚温度和时间。闷棚后要加强肥水管理，增强植株活力。

(10) 物理诱杀

① 张挂捕虫板。利用有特殊色谱的板质，涂抹黏着剂，诱杀棚室内的蚜虫、斑潜蝇、白粉虱等害虫。可在作物的全生长期使用，其规格有 25 厘米×40 厘米、13.5 厘米×25 厘米、10 厘米×13.5 厘米三种，每亩用 15～20 片。也可铺银灰色地膜或张挂银灰膜膜条进行避蚜。

② 张挂防虫网。在棚室的门口及通风口张挂 40 目防虫网，防止蚜虫、白粉虱、斑潜蝇、蓟马等进入，从而减少由害虫引起的病害。

③ 安装杀虫灯。可利用频振式杀虫灯诱杀多种害虫。

(11) 生物防治 有条件的，可在温室内释放天敌丽蚜小蜂控制白粉虱虫口密度，即在白粉虱成虫低于0.5头/株时，每株释放丽蚜小蜂“黑蛹”3～5头，每隔10天左右放一次，共3～4次，寄生率可达75%以上，防治效果好。宜采用病毒、线虫、微生物活体制剂控制病虫害。可采用除虫菊素、苦参碱、印楝素等植物源农药防治虫害，如用除虫菊素防治蚜虫。黄守瓜，可在黄瓜根部撒施石灰粉，防成虫产卵；泡浸的茶籽饼（20～25千克/亩）调成糊状与粪水混合淋于瓜苗，毒杀幼虫；烟草水30倍液于幼虫为害时点灌瓜根。

鱼藤酮：防治瓜类蔬菜蚜虫、菜青虫、害螨、瓜实蝇、甘蓝夜蛾、斜纹夜蛾、蓟马、黄曲条跳甲、黄守瓜等害虫，对蚜虫有特效。应在发生为害初期，用2.5%鱼藤酮乳油400～500倍液或7.5%鱼藤酮乳油1500倍液均匀喷雾，再交替使用其他相同作用的杀虫剂，对该药持久高效有利。

蛇床子素：防治黄瓜白粉病，用1%蛇床子素水乳剂400～500倍液喷雾防治。

丁子香酚：用0.3%丁子香酚可溶性液剂1000～1200倍喷雾，防治瓜类霜霉病、灰霉病、白粉病。

儿茶素：预防黄瓜黑星病时，用1.1%儿茶素可湿性粉剂600倍液喷雾。

竹醋液：在黄瓜上应用，每立方米育苗基质中竹醋液添加量为250～500毫升，或苗期用200倍竹醋液灌根，或是在每立方米基质中使用500毫升竹醋液处理育苗基质和栽培基质，并在定植后定期用200倍液灌根的综合处理方法，能够有效地促进黄瓜叶片、茎粗和株高的生长。竹醋液综合处理可以显著提高黄瓜产量，降低黄瓜中硝酸盐的含量。

健根宝：对黄瓜猝倒病、立枯病和枯萎病有效，主要在育苗、定植及坐果期使用。①育苗时，每平方米用10^8cfu/克健根宝可湿性粉剂10克与15～20千克细土混匀，1/3撒于种子底部，2/3覆于种子上面。② 分苗时，每 100 克 10^8cfu/克健根宝可湿性粉剂对营养土 100～150 千克，混拌均匀后分苗。③定植时，每 100 克 10^8cfu/克健根宝可湿性粉剂对细土 150～200 千克，混匀后每穴撒 100 克。④进入坐果期，每 100 克 10^8cfu/克健根宝可湿性粉剂对 45 千克水灌根，每株灌 250～300 毫升。

木霉菌：防治瓜类白粉病、炭疽病可用 1.5 亿个活孢子/克木霉菌可湿性粉剂 300 倍液在发病初期喷雾；防治黄瓜灰霉病、霜霉病等，可用 1 亿个活孢子/克木霉菌水分散粒剂 600～800 倍液喷雾。

枯草芽孢杆菌：防治黄瓜的灰霉病及白粉病时，从病害发生初期开始喷药，一般每亩使用 10 亿活芽孢/克枯草芽孢杆菌可湿性粉剂 600～800 倍液喷雾，喷药应均匀、周到。

核苷酸：防治黄瓜霜霉病、炭疽病、白粉病，用 0.05%核苷酸水剂 600～800 倍液喷雾。

此外，还可用高酯膜防治霜霉病、白粉病。用琥胶肥酸铜、氢氧化铜、波尔多液等预防细菌性病害。

杂草防治可参照茄果类蔬菜病虫草害防治。

三、 豆类蔬菜病虫草害综合防治

豆类主要病害有花叶病、炭疽病、叶斑病、疫病、锈病、煤霉病、枯萎病。虫害主要有豆荚螟、蚜虫、豆象、潜叶蝇、茶黄螨、小地老虎、红蜘蛛等。主要采用综合措施及时防治。有机豆类生产应从“作物—病虫草害—环境”整个生态系统出发，综合运用各种防治措施，创造不利于病虫草害孳生和有利于各类天敌繁衍的环境条件，保持农业生态系统的平衡和生物多样性，减少各类病虫草害所造成的损失。采用综合措施防控病虫害，露地豆类蔬菜全面应用杀虫灯和性诱剂，设施豆类蔬菜全面应用防虫网、黏虫色板及夏季高温闷棚消毒等生态栽培技术。

（1）农业防治　建立无病留种田，选用抗病品种；与非豆类作物如白菜类、葱蒜类等实行 2 年以上轮作。加强田间管理，适时浇水施肥，排除田间积水，及时中耕除草，提高田间的通风透光性，培育壮株，提高植株本身的抗病能力。发现病株或病荚后及时清除，带出田外深埋或烧毁。收获后及时清洁田园，清除残体病株及杂草。

（2）物理防治　采用人工摘除卵块或捕捉幼虫等措施防治甜菜夜蛾和斜纹夜蛾。在甜菜夜蛾、斜纹夜蛾、豆野螟的成虫发生期，使用糖醋液进行诱杀。有条件的可安装黑光灯、频振式诱虫灯杀灭多种害虫。使用性诱剂杀成虫。在蚜虫、美洲斑潜蝇、豌豆潜叶蝇、白粉虱成虫发生期，用黄板涂凡士林加机油、诱蝇纸或黄板诱虫卡诱杀成虫。还可利用银灰膜驱避蚜虫，也可张挂银灰膜条避蚜。

（3）生物防治　利用有益的微生物和昆虫防治病害。利用生物菌肥防病。积极保护利用天敌防治病虫害。有条件的可释放丽蚜小蜂控制粉虱。利用无毒害的天然物质防治病虫害，如草木灰浸泡可防治蚜虫。

可以使用印楝素、除虫菊素防治蚜虫，切断病毒病的传播途径，再用植物病毒疫苗、菇类蛋白多糖等控制病毒病的发生发展。针对立枯病，可选用木霉菌进行防治。生长中期，要注意根腐病和枯萎病等的防治，可选用竹醋液、健根宝等。生长中后期，要特别注意豆荚螟、红蜘蛛、煤霉病等的防治，可选用白僵菌、波尔多液等进行防治。在有机豆类蔬菜生产上，药剂尽量轮换作用，每个药剂一季最好控制使用一次。一旦发现病虫害，要尽早防治，发生严重时，要缩短防治间隔时间。以下是供选用药剂种类（均为通用名）及使用方法。

印楝素：防治豆类上的白粉虱、蚜虫、叶螨、豆荚螟，用0.3%印楝素乳油1000～1300倍液喷雾。

除虫菊素：防治蚜虫，发生初期用5%除虫菊素乳油2000～2500倍液，或3%除虫菊素乳油800～1200倍液。

血根碱：防治蚜虫，每亩用1%血根碱可湿性粉剂30～50克，对水40～50千克喷雾。

白僵菌：防治豆荚螟，可喷雾或喷粉。将菌粉掺入一定比例的白陶土，粉碎稀释成20亿孢子/克的白僵菌粉剂喷粉。或用100亿～150亿孢子/克的白僵菌原菌粉，加水稀释至0.5亿～2亿孢子/毫升的白僵菌菌液，再加0.01%的洗衣粉，用喷雾器喷雾。

竹醋液：在豆类蔬菜上应用竹醋液，可预防根腐病、枯萎病，克服连作障碍效果显著。播种前5～7天用竹醋液床土调酸剂130倍液处理土壤，生长期每隔10天叶面喷施400倍有机液肥，能较有效地方增强长势，并对根腐病有抑制作用，其产量与轮作相当。

健根宝：防治根腐病，主要在育苗、定植及坐荚期使用。

木霉菌：防治豆科蔬菜立枯病，使用木霉素拌种，通过拌种将药剂带入土中，在种子周围形成保护屏障，预防病害的发生。一般用药量为种子量的5%～10%，先将种子喷适量水或黏着剂搅拌均匀，然后倒入干药粉，均匀搅拌，使种子表面都附着药粉，然后播种。

植物病毒疫苗：防治病毒病，苗期育苗的，苗床上喷500～600倍液，喷雾2次，间隔5天一次，定植后喷500～600倍液2次，间隔5～7天一次。

菇类蛋白多糖：防治病毒病，用0.5%菇类蛋白多糖水剂300倍液喷雾，每隔7～10天一次，连喷3～5次，发病严重的地块，应缩短使用间隔期。

(4) 无机铜制剂及其他制剂防治病害

波尔多液：用1∶1∶200倍液，防治菜豆炭疽病、豇豆煤霉病等。

氢氧化铜：用77%氢氧化铜可湿性粉剂400～500倍液，防治菜豆角斑病、豇豆轮纹病等。用600倍液，防治菜豆斑点病。

碱式硫酸铜：用30%碱式硫酸铜悬浮剂400倍液，防治菜豆细菌性叶斑病，豇豆角斑病、细菌性疫病等。

豆类蔬菜的草害防治可参照茄果类蔬菜病虫草害综合防治。

四、白菜类蔬菜病虫草害综合防治

以大白菜为例简述有机白菜类病虫草害防治。

（1）农业措施

① 合理轮作。选在2～3年未种过大白菜的地块进行。栽培大白菜时，周围大田尽量不种其他十字花科作物，避免病虫害传染。多数害虫有固定的寄主，寄主多，则害虫发生量大；寄主减少，则会因食料不足而发生量大减。

② 减少育苗床的病原菌数量。忌利用老苗床的土壤和多年种植十字花科蔬菜的土壤作育苗土。利用3年以上未种过十字花科蔬菜的肥沃土壤作育苗土，可减少床土的病原菌数量，减轻病虫害的侵染。苗床施用的肥料应腐熟。

③ 深耕翻土。前茬收获后，及时清除残留枝叶，立即深翻20厘米以上，晒垡7～10天，压低虫口基数和病菌数量。

④ 清洁田园。大白菜生长期间及时摘除发病的叶片，拔除病株，携出田外深埋或烧毁。田间、地边的杂草有很多是病害的中间寄主，有的是害虫的寄主，有的是越冬场所，及时清除、烧毁也可消灭部分害虫，特别是病毒病的传染源。

⑤ 适期播种。害虫的发生有一定规律，每年都有为害盛期和不为害时期。根据这一规律，调节播种期，躲开害虫的为害盛期。秋大白菜应适期晚播，一般于立秋后5～7天播种，以避开高温，减少蚜虫及病毒病等为害。春大白菜适当早播，阳畦育苗可提前20～30天播种，减轻病虫害。

⑥ 起垄栽培。夏、秋大白菜提倡起垄栽培，夏菜用小高垄栽培或半高垄栽培，秋菜实行高垄栽培或半高垄栽培，利于排水，减轻软腐病和霜霉病等病害。

⑦ 覆盖无滴膜。棚、室内由于内外温度差异，棚膜结露是不可避免的，普通塑料薄膜表面结露分布均匀面广，因而滴水面大，增加空气湿度严重。采用无滴膜后，表面虽然也结露，但水珠沿膜面流下，滴水面小，增加空气湿度不严重。

⑧ 加强管理。苗床注意通风透光，不用低湿地作苗床。及时间苗定苗，促进苗齐、苗壮，提高抗病力。播种前、定植后要浇足底水，缓苗后浇足苗水，尽量减少在生长期浇水，特别是大白菜越

冬栽培中整个冬季一般不浇水，防止生长期过频的浇水降低地温、增加空气湿度。生长期如需浇水，应开沟灌小水，忌大水漫灌，浇水后及时中耕松土，可减少蒸发，保持土壤水分，减少浇水次数，降低空气湿度，田间雨后及时排水。用充分腐熟的沤肥作基肥。酸性土壤结合整地每亩施用生石灰 100～300 千克，调节土壤酸碱度至微碱性。

（2）土壤消毒　即利用物理或化学方法减少土壤病原菌的技术措施。方法有：深翻 30 厘米，并晒垡，可加速病株残体分解和腐烂，还可把病原菌深埋入土中，使之降低侵染力；夏季闭棚提高棚内温度，使地表温度达 50～60℃，处理 10～15 天，可消灭土表部分病原菌。

（3）棚、室消毒　在播种或定植前 10～15 天把架材、农具等放入棚、室密闭，每亩用硫黄粉 1.0～1.5 千克、锯末屑 3 千克，分 5～6 处放在铁片上点燃，可消灭棚、室内墙壁、骨架等上附着的病原菌。

（4）物理防治　采用黑光灯及糖醋液诱杀甘蓝夜蛾、菜青虫、小地老虎等的成虫。蚜虫具有趋黄性，可设黄板诱杀蚜虫，用 40 厘米×60 厘米长方形纸板，涂上黄色油漆，再涂一层机油，挂在行间或株间，每亩挂 30～40 块，当黄板粘满蚜虫时，再涂一次机油。或挂铝银灰色或乳白色反光膜拒蚜传毒。有条件的在播种后覆盖防虫网，可防止蚜虫传播病毒病。大型设施的放风口用防虫网封闭，夏季覆盖塑料薄膜、防虫网和遮阳网，进行避雨、遮阳、防虫栽培，减轻病虫害的发生。

（5）生物防治　印楝素：防治菜青虫、小菜蛾、斜纹夜蛾、甘蓝夜蛾、菜螟、黄曲条跳甲等，于 1～2 龄幼虫盛发期时施药，用 0.3%印楝素乳油 800～1000 倍液喷雾。根据虫情约 7 天可再防治一次，也可使用其他药剂。0.3%印楝素乳油对菜蛾药效与药量成正相关，可以高剂量使用，每亩用 150 毫升对水稀释 400～500 倍喷雾，由于小菜蛾多在夜间活动，白天活动较少，因此施药应在清晨或傍晚进行。

苦参碱：防治菜青虫，在成虫产卵高峰后7天左右，幼虫处于2～3龄时施药防治，每亩用0.3%苦参碱水剂62～150毫升，加水40～50千克喷雾，或用3.2%苦参碱乳油1000～2000倍液喷雾。对低龄幼虫效果好，对4～5龄幼虫敏感性差。持续期7天左右。防治小菜蛾，用0.5%苦参碱水剂600倍液喷雾。

苏云金杆菌：2000国际单位/克的苏云金杆菌可湿性粉剂25～30克对水喷雾，可防治菜青虫、菜螟、小菜蛾等。

绿僵菌：防治小菜蛾和菜青虫，用菌粉对水稀释成每毫升含孢子0.05亿～0.1亿个的绿僵菌菌液喷雾。

小菜蛾颗粒体病毒：防治小菜蛾，可每亩用40亿PIB/克小菜蛾颗粒体病毒可湿性粉剂150～200克，加水稀释成250～300倍液喷雾，遇雨补喷。或每亩用300亿PIB/毫升小菜蛾颗粒体病毒悬浮剂25～30毫升喷雾，根据作物大小可以适当增加用量。

乙蒜素：防治霜霉病，发病初期，用80%乙蒜素乳油5000～6000倍液喷雾防治。

木霉菌：防治大白菜霜霉病，可在发病初期，每亩用1.5亿活孢子/克木霉菌可湿性粉剂200～300克，对水50～60千克，均匀喷雾，每隔5～7天喷一次，连续防治2～3次。

植物激活蛋白大白菜专用型：提高产量，改善品质，促进包心效果明显。对软腐病、霜霉病、病毒病有较好的效果。稀释1000倍喷雾，移栽成活后一周叶面喷施第一次，间隔20天喷施一次，连续4次。每亩用量45～60克。

(6) 无机铜制剂防病　霜霉病、黑斑病、白斑病、白锈病等病害可选用27.12%碱式硫酸铜悬浮剂400～600倍液喷雾，或77%氢氧化铜可湿性粉剂600～800倍液喷雾，或石硫合剂，或波尔多液等喷雾。

(7) 植物灭蚜　用1千克烟叶加水30千克，浸泡24小时，过滤后喷施；小茴香籽（鲜品根、茎、叶均可）0.5千克，加水50千克，密闭24～48小时，过滤后喷施；辣椒或野蒿加水浸泡24小时，过滤后喷施；蓖麻叶与水按1∶2相浸，煮15分钟后过滤喷施；桃叶浸于水中24小时，加少量石灰，过滤后喷洒；1千克柳叶捣烂，加3倍水，泡1～2天，过滤喷施；2.5%鱼藤精乳油600～800倍液喷洒；烟草石灰水（烟草0.5千克，石灰0.5千克，加水30～40千克，浸泡24小时）喷雾。

（8）人工治虫　蔬菜收获后，要及时处理残株败叶或立即翻耕，可消灭大量虫源；菜田要进行秋耕或冬耕，可消灭部分虫蛹。结合田间管理，及时摘除卵块和低龄幼虫。

（9）沼液预治病虫　苗期一般有黄曲条跳甲等害虫咬食幼苗茎秆或子叶，病害主要有白斑病、猝倒病和立枯病，可按沼液：清水＝1∶(1～2)的浓度进行喷雾预防；团棵期、莲座期及结球期易发生菜螟、蚜虫、菜青虫、蛞蝓等虫害和黑斑病、软腐病、霜霉病等病害，可用纯沼液进行喷雾，每隔10天喷一次，即可有效预防。用于喷雾的沼液必须取于正常产气3个月以上的沼气池，先澄清，后用纱布过滤方可使用。喷施时需均匀喷于叶面和叶背，喷施后20小时左右再喷一遍清水。使用沼液喷洒大白菜植株，可起到杀虫抑菌的作用，使大白菜长势更健壮、色泽更鲜艳、品质更优良，是目前有机大白菜生产的最佳措施。

五、直根菜类蔬菜病虫草害综合防治

直根类蔬菜是指以肥大变态的肉质直根为产品的蔬菜，主要包括萝卜、胡萝卜、根芥菜、芜菁甘蓝、芜菁、辣根、牛蒡、婆罗门参等。

（1）农业防治　合理间作、套种、轮作。选用适合当地生长的高产、抗病虫、抗逆性强、品质好的优良品种栽培。从无病株上采种，做到单收单藏。在无病地栽植，或与葱蒜类蔬菜轮作及水稻实行3年以上轮作。深翻晒土，并可适量撒些生石灰消毒。施用充分腐熟的有机肥。合理密植，注意通风透光，适当灌水，雨后及时排水，降低空气湿度。及时间苗和定苗。清除田间病株残体，集中到地边一处，加石灰分层堆积或集中烧毁，以减少田间病原。

（2）物理防治　用黄板诱杀蚜虫和白粉虱，用银灰色反光膜驱避蚜虫，用黑光灯、高压汞灯、频振式杀虫灯和糖醋液，诱杀蛾类、小地老虎、蝼蛄等。大棚里可在通风口安装防虫网。夏季闲棚高温进行土壤消毒等。

（3）生物防治　可释放害虫的天敌防治害虫，如赤眼蜂可防治地老虎，七星瓢虫可防治蚜虫和白粉虱，还有捕食螨和天敌蜘蛛等。可利用微生物之间的拮抗作用，如用抗毒剂防治病毒病等。也可利用植物之间的生化他感作用，如与葱类作物混种，可以防止枯萎病的发生等。

（4）矿物质、植物药剂防治　用硫黄、生石灰进行土壤消毒。喷用木醋液300倍液，连喷2～3次，可在发病前或初期防治土壤和叶部病害。沼液可防治蚜虫和减少枯萎病的发生。用苦楝油防治潜叶蝇。用36%苦参碱水剂防治红蜘蛛、蚜虫、小菜蛾和白粉虱等。用草木灰浸泡后的滤液还可进行叶面喷施防治蚜虫，沼液或堆肥提取液可用来防治蚜虫。用波尔多液控制真菌性病害。浓度为0.5%的辣椒汁可预防病毒病。防治微管蚜、柳二尾蚜等，用2.5%鱼藤酮乳油600～800倍液喷雾。防治菜青虫，可用100亿活芽孢/克苏云金杆菌可湿性粉剂800～1000倍液喷雾。

霜霉病、黑斑病、白斑病、白锈病及炭疽病等病害，药剂防治可选用77%氢氧化铜可湿性粉剂600～800倍液喷雾，或用石硫合剂、波尔多液等喷雾。

六、绿叶菜类蔬菜病虫草害综合防治

（1）农业防治　从无病株上采种，选用无菌且抗病虫性好的种子。种子在55℃恒温水中浸15分钟。重病地实行2～3年轮作。发病初期摘除病叶及底部失去功能的老叶，带出田外深埋。避免大水漫灌，露地栽培雨后及时排水，控制田间湿度。施足底肥。排开播种，培育壮苗。加强肥水管理，促进根系发育和植株旺盛生长，以提高植株的抗病力。采用覆膜栽培，带土定植，地膜贴地或采用黑色地膜；夏秋栽培时，采用覆盖遮阳网或棚膜上适当遮阳。露地种植采用与甜玉米或菜豆（4～6）：1间作，改善田间小气候；注意适时播种，出苗后小水勤灌，勿过分蹲苗。

（2）物理防治　有条件的可设防虫网，防止害虫进入。用黄板诱杀蚜虫、粉虱、斑潜蝇等。用灭蝇纸诱杀潜叶蝇成虫，每亩设置15个诱杀点诱杀。或悬挂30厘米×40厘米大小的橙黄色或金黄色黄板涂黏虫胶、机油或色拉油，诱杀潜叶蝇、蚜虫。或用银灰色地膜驱避蚜虫，兼防病毒病。

（3）生物防治　用植物源农药，如用1%苦参碱水剂600倍液或鱼藤酮喷雾，或用草木灰浸泡后的滤叶面喷雾防治蚜虫，沼液或堆肥提取液也可用来防治蚜虫。在甜菜夜蛾卵孵化盛期用8000国际单位/微升苏云金杆菌可湿性粉剂200倍液喷雾防治。

七、葱蒜类蔬菜病虫草害综合防治

（1）农业防治　选用前茬未种植过葱蒜类蔬菜、土壤肥沃的沙壤土种植。选用抗病性、适应性强的优良品种。实行3年以上的轮作；勤除杂草；收获后及时清洁田园。培育壮苗，合理浇水，雨季注意排水，发病后控制灌水，以防病情加重。增施充分腐熟的有机肥，提高植株抗性。采用地膜覆盖，及时排涝，防止田间积水。

硅营养法防韭蛆：硅元素可使作物表皮细胞硅质化，细胞壁加厚，角质层变硬，促进作物茎秆内的通气性增强，茎秆挺直，减少遮阳，增强光合作用，不利于蛆虫为害。同时使卵和蛆虫表皮钙质化，使卵难以破壳孵化，蛆虫活动力弱化，不利于蛆虫的生长发育。主要选择稻壳、麦壳、豆壳（硅氧化物含量达14.2%～61.4%），其中稻壳中的碳素物中含硅高达91%左右，亩施稻壳300～500千克、麦壳或豆壳600～1000千克，施入这类壳物质可有效避免蛆虫为害。也可每亩施入赛众28硅肥25～50千克（含钾20%、硅42%）。

沼液防治韭蛆：扒去表层土，露出韭葫芦，晾晒5～7天，可杀死部分根蛆。合理浇水，雨季及时排涝，减轻疫病。播种前、定植用70%的沼液浇灌，水面在地面3～4厘米上，可较好防治韭蛆和其他地下害虫。生长期用50%～60%的沼液浇灌，水面在地面

3～4 厘米上，可较好控制韭蛆为害。

(2) 物理防治　播种前采取温水浸种杀菌，保护地育苗和保护地栽培条件下采用蓝板诱杀葱蓟马。覆盖银灰色地膜驱避蚜虫。应用防虫网阻隔害虫。应用频振式杀虫灯诱杀蛾类成虫。

(3) 生物防治　当病虫害达到防治指标时，应首先选用生物农药杀虫；细菌类杀虫剂，主要是苏云金杆菌生物农药；以及植物源杀虫剂，如苦参碱等。利用瓢虫、小花蝽、姬蝽、寄生蜂和蜘蛛等天敌杀虫。

在根蛆发生为害时采用大水漫灌的方法，可以减轻根蛆为害。每亩用 100 亿活芽孢/毫升苏云金杆菌悬浮剂 150～200 毫升喷洒，7 天喷一次，共喷 2～3 次，能有效杀死种蝇的 1～2 龄期幼虫。利用洋葱、丝瓜叶、番茄叶的浸出液制成农药，可防治蚜虫、红蜘蛛；利用苦参、臭椿、大葱叶浸出液，可防治蚜虫。用 1%苦参碱可溶性液剂喷雾可防治葱蓟马、蚜虫。每亩用 1000 亿个活芽孢/克枯草芽孢杆菌可湿性粉剂 30～60 克，对水 50～60 千克喷雾，可防治叶斑病、紫斑病、根腐病等。

(4) 物理防治　常用的方法主要有覆盖隔离、诱杀、热处理等。

① 覆盖隔离。利用防虫网（30 目以上）覆盖，隔离害虫。

② 诱杀。利用光、色、味引诱害虫，进行抓捕和诱杀。如灯光诱杀、色板诱杀、气味诱杀、色膜驱避等。

灯光诱杀：利用昆虫对（365±50）纳米波长紫外线具有较强的趋光特性，引诱害虫扑向灯的光源，光源外配置高压击杀网，杀死害虫，达到杀灭害虫的目的。

色板诱杀：利用害虫对颜色的趋性进行诱杀。在高于蔬菜生长点的适当位置，每 30～50 平方米放置规格为 20 厘米×20 厘米的色板 1 块，板上涂抹机油等黏液，黄板诱杀黄色趋性的害虫如蚜虫、粉虱、斑潜蝇等，蓝板诱杀蓝色趋性的蓟马等害虫。

气味诱杀：利用害虫喜欢的气味来引诱，并捕杀。

性激素诱杀：性诱剂对小菜蛾、斜纹夜蛾等雄蛾具有很好的诱杀效果，每亩投放性诱剂 6～8 粒。

糖醋液诱杀：糖醋液诱杀葱蛆成虫，糖醋液（糖：醋：水＝1：2：2.5）加少量敌百虫拌匀，倒入放有锯末的容器中置于田间，每亩地放 3～4 盆；糖醋酒液诱杀甜菜夜蛾成虫，将糖醋酒液(糖：醋：酒：水：敌百虫＝3：3：1：10：0.5）装入直径 20～30 厘米的盆中放到田间，每亩地放 3～4 盆。

色膜驱避：蚜虫对银灰色具有负趋性，在蔬菜棚室内张挂银灰色的薄膜条或在地面覆盖银灰色的地膜等，有利于驱避蚜虫。

③ 热处理。利用高温杀死害虫。如高温闷棚、种子干热处理等。

八、薯芋类蔬菜病虫草害综合防治

（1）农业防治　要根据当地种植中主要病虫害发生情况，尽可能选用相对应的抗性品种。马铃薯要尽量选用整薯播种，如果用切块作种薯，注意严格消毒刀具，采取茎尖组培脱毒技术培育无病毒种苗可有效防治病毒病。注意茬口的选择，实现 3～5 年轮作，勿与根菜类蔬菜连作。施用有机肥必须腐熟，不可用薯芋类蔬菜的病株残体沤制土杂肥。实行起垄种植、高培土。调整适宜播种期，避开蚜虫发病高峰。加强生长期间的肥水管理，不施带病肥料，用净水灌溉，雨季注意排水。田间发现中心病株和发病中心后，应立即割去病秧，用袋子把病秧带出大田后深埋，病穴处撒石灰消毒，每穴施消石灰 1 千克，然后用无菌土掩埋，并及时改变浇水渠道，防止病害蔓延。及时清除田间杂草，浅松土，锄草尽量不伤到根系，减少传病机会。

（2）物理防治　利用灯光、糖醋液诱杀害虫。利用地老虎、蝼蛄等成虫的趋光性，在田间安装黑光灯诱杀成虫。在蝼蛄为害的地块边上堆积新鲜的马粪，集中诱杀。有条件的设置防虫网，或采用银灰膜避蚜，预防病毒病。利用昆虫性信息素或黄板诱杀成虫。

（3）人工防治　由于二十八星瓢虫成虫和幼虫均有假死习性，可以拍打植株使之坠落在盆中，人工捕杀。卵也是集中成块状在叶背上，且颜色鲜艳，易于发现，可及时摘除叶片。人工摘除卵块和用水冲刷等，如为害芋的斜纹夜蛾可利用幼虫3龄前群聚的特性及时除去。

（4）生物防治 保护和利用草蛉、瓢虫和寄生蜂等天敌昆虫，以及蜘蛛、蛙类等有益生物，减少人为因素对天敌的伤害。通过人工大量繁殖和释放天敌，如七星瓢虫、蜘蛛、草蛉、赤眼蜂等，可有效控制螟虫、蚜虫等害虫的为害。选用对天敌无伤害的生物制剂。蚜虫、茶黄螨、蓟马、二十八星瓢虫等害虫，可用0.3%印楝素乳油800倍液，或苏云金杆菌可湿性粉剂500～1000倍液、0.3%苦参碱水剂或鱼藤酮等喷雾防治，重点喷植株上部，尤其嫩叶背面和嫩茎。

防治生姜炭疽病或姜瘟病，定植后用0.1×10^8cfu/克多黏类芽孢杆菌细粒剂1000倍液灌根，每株灌200～250毫升，在苗期、旺盛生长期各灌根一次。

防治姜螟，在卵孵盛期前后喷洒苏云金杆菌制剂（孢子含量大于100亿个/毫升）2～3次，每次间隔5～7天。田间喷施0.3%苦参碱水剂800倍液，或用3%除虫菊素水剂800倍液喷雾1～2次。

防治蚜虫，用0.5%印楝素水剂800倍液，或0.3%苦参碱水剂600倍液，或3%除虫菊素水剂800倍液等植物源农药喷雾防治。

防治小地老虎，在1～3龄幼虫期，用3%除虫菊素水剂1000倍液灌根，兼治姜蛆、蝼蛄等地下害虫。

（5）药剂防治 青枯病、黑胫病，可选用青枯病拮抗菌灌根，有一定效果，但不能根治。

晚疫病和早疫病，可使用77%氢氧化铜可湿性粉剂500倍液，或波尔多液类药剂300～400倍液，或30%碱式硫酸铜悬浮剂视病情喷雾防治1～3次。

病毒病，可用10%混合脂肪酸乳剂喷雾防治。

防治姜腐烂病，掰姜前用1∶1∶100的波尔多液浸种20分钟，或30%氧氯化铜悬浮剂800倍液浸种6小时，掰姜后将掰口蘸新鲜、清洁的草木灰后播种。发现病株及时拔除，并在病株周围用硫酸铜500倍液灌根，每穴灌0.5～1千克。在普遍发病始期，叶面喷施30%氧氯化铜800倍液，或1∶1∶100波尔多液，或50%琥胶肥酸铜可湿性粉剂500倍液，每亩喷75～100升，每隔5～7天喷一次，或用上述药剂灌根，连续2～3次，对防止病害继续发生有一定防效。

姜炭疽病或姜瘟病，定植后用0.1×10^{8}cfu/克多黏类芽孢杆菌细粒剂1000倍液灌根，并在苗期、旺盛生长期各灌根1次。每次每亩用量3千克。

姜螟，在姜螟或姜弄蝶产卵始盛期和盛期释放赤眼蜂，或卵孵盛期前后喷洒苏云金杆菌制剂2～3次，每次间隔5～7天。用1.1%苦参碱可湿性粉剂喷雾、浸姜种，或灌根防治姜螟成虫和幼虫。

小地老虎，在1～3龄幼虫期，用除虫菊素乳油1000倍液灌根，兼治姜蛆、蝼蛄等地下害虫。

(6) 杂草防治　制备有机肥时，使其完全腐熟，杀死肥源中杂草种子；覆盖除草，可采用黑色塑料薄膜覆盖；种植绿肥除草，休耕时，种植一茬绿肥，在绿肥未结籽前翻入土中作肥料；间作除草；人工除草，作物封行前，结合中耕除草；机械除草，定期用除草机除去田块周边杂草。

九、水生类蔬菜病虫草害综合防治

(1) 农业防治　选用抗病品种；采用水旱轮作；清洁田园，加强除草，减少病虫源；每亩施用茶枯饼40～50千克防治稻根叶甲。莲藕腐败病、芋头软腐病、荸荠枯萎病、荸荠秆枯病、食根金花虫等病虫害的防治宜实行水旱轮作及合理间、套作。茭白胡麻叶斑病、茭白锈病、菱角白绢病、菱角纹枯病、菱萤叶甲、食根金花虫、茭白螟虫等病虫害防治宜清除植株残茬、田间和田边杂草。莲藕腐败病宜及时拔除感病植株。大田准备时，应定植用生石灰进行土壤消毒。做好病虫害的预测预报，适时开展防治。

(2) 物理防治 人工摘除斜纹夜蛾卵块或于幼虫未分散前集中捕杀，用杀虫灯（黑光灯或频振式）或糖醋液诱杀成虫；田间设置黄板诱杀有翅蚜；人工捕杀克氏螯虾和福寿螺。

(3) 生物防治 田间放养黄鳝和泥鳅防治稻根叶甲；每亩用8000国际单位/毫克苏云金杆菌可湿性粉剂50～75克对水55千克喷雾防治斜纹夜蛾。莲藕食根金花虫通过投放泥鳅、黄鳝幼体控制其为害，泥鳅或黄鳝幼体投放量每亩500～800尾。螺类害虫，每亩用茶籽饼3～4千克加50千克温水浸泡3～5小时，滤去渣后喷雾或加水150千克浇泼；或每亩用石灰粉0.5～0.8千克，加水50～80千克喷雾。施药后均需保持3～4厘米深的水层3～7天。

第四章 主要病虫害有机防控技术

一、蓟马

为害蔬菜的蓟马（彩图11、彩图12）主要有棕榈蓟马和烟蓟马两种，棕榈蓟马又称瓜蓟马、棕黄蓟马，主要为害黄瓜、冬瓜、丝瓜、西瓜、苦瓜、茄子、辣椒、豆类以及十字花科蔬菜；烟蓟马又称棉蓟马、葱蓟马，主要为害葱蒜类、马铃薯等蔬菜。两者同属缨翅目蓟马科，在设施栽培环境条件下几乎周年发生，终年繁殖，但以夏、秋季为害最重。

成虫活跃、善飞、怕光，一般在早、晚或阴天取食，多数在蔬菜的嫩梢或幼瓜的毛丛中取食。一、二龄若虫在寄主的幼嫩部位爬行活动，十分活跃，并躲在这些部位的背光面，吸食汁液。

各部位叶片均能受害，但以叶背为主。以成虫和若虫锉吸植物生长点、花器，被害叶片形成密集小白点或长条形斑纹，新叶停止生长、畸形，叶子变厚僵脆，疑似病毒病为害。幼瓜受害后亦硬化，毛变黑，造成落瓜，严重影响产量和质量。茄子受害时，叶脉变黑褐色，发生严重时，植株生长也受影响。蓟马主要在花内活动，致使花器过早凋谢。露地瓜田蓟马为害多于保护地。

（1）农业防治　实行1～2年轮作，蓟马主要为害瓜果类、豆类和茄果类蔬菜，种植这些蔬菜最好能与白菜、甘蓝等蔬菜轮作，可使蓟马若虫找不到适宜寄主而死亡，减少田间虫口密度。种植前彻底清除田间植株残体，翻地浇水，减少田间虫源。生长期增加中耕和浇水次数，抑制害虫发生繁殖。保护地育苗，采用营养土育苗或穴盘育苗。适时定植，避开蓟马的为害高峰，进行地膜覆盖。

（2）物理防治　利用成虫趋蓝色、黄色的习性，在棚内设置蓝板、黄板诱杀成虫。在自然界中，蓟马通过嗅觉对某种化合物有特殊的趋性，因此将这些化合物加在色板上，并缓释至田间，引蓟马成虫至诱捕器，并杀死这些成虫，从而减少田间虫口密度，以利于防治。目前市场上新出的蓝板+性诱剂产品，诱杀效果强，使用时撕去粘虫板上的离型纸，把微管诱芯用钉书机钉在蓝板上，并用剪刀剪开其中一端封口，把蓝板插在田间，蓝板离叶面 10～15 厘米，每亩 15～20 片，色板粘满虫时，需及时更换。

蓟马若虫有落土化蛹习性，用地膜覆盖地面，可减少蛹的数量。

(3) 生物防治　蓟马的天敌主要有小花蝽、猎蝽、捕食螨、寄生蜂等，可引进天敌来防治蓟马的发生与为害。利用捕食螨对蓟马的捕食作用，特别是针对蓟马不同的生活阶段，以叶片上的蓟马初孵若虫以及对落入土壤中的老熟幼虫、预蛹及蛹的捕食作用，而达到抑害和控害目的，是安全持效的蓟马防控措施。蓟马的天敌捕食螨的本土主要种类有巴氏钝绥螨、剑毛帕厉螨等。

巴氏钝绥螨适用于黄瓜、辣椒、茄子、菜豆、草莓等蔬菜，在 15～32℃，相对湿度大于 60%条件下防治蓟马、叶螨，兼治茶黄螨、线虫等。剑毛帕厉螨，适用于所有被蕈蚊或蓟马为害的作物，适宜 20～30℃，潮湿的土壤中使用，可捕食蕈蚊幼虫、蓟马蛹、蓟马幼虫、线虫、叶螨、跳甲、粉蚧等，在作物上刚发现有蓟马或作物定植后不久释放效果最佳。严重时 2～3 周后再释放一次。对于剑毛帕厉螨来说，应在新种植的作物定植后的 1～2 周释放捕食螨，经 2～3 周后再次释放捕食螨种群数量。

对已种植区或预使用的种植介质中可以随时释放捕食螨，至少每 2～3 周再释放一次。用于预防性释放时，每平方米释放 50～150 头；用于防治性释放时，每平方米释放 250～500 头。巴氏钝绥螨可每 1～2 周释放一次。巴氏钝绥螨可挂放在植物的中部或均匀撒到植物叶片上。剑毛帕厉螨释放前旋转包装容器用于混匀包装介质内的剑毛帕厉螨，然后将培养料撒于植物根部的土壤表面。

(4) 药剂防治　蓟马初生期一般在作物定植以后到第一批花盛开这段时间内，应在育苗棚室内的蔬菜幼苗定植前和定植后的蓟马发生为害期，选用2.5%多杀霉素悬浮剂500倍液喷雾防治，7～10天喷一次，共2～3次，可减少后期的为害。

在幼苗期、花芽分化期，发现蓟马为害时，防治要特别细致，地上地下同时进行，地上部分喷药重点部位是花器、叶背、嫩叶和幼芽等，地下可结合浇水冲施能杀灭蓟马的农药，以消灭地下的若虫和蛹。可选用2.5%多杀霉素水乳剂70～100克/升60升喷雾，或0.36%苦参碱水剂400倍液等喷雾防治，每隔5～7天喷一次，连续喷施3～4次。对药时适量加入中性洗衣粉或其他展着剂、渗透剂，可增强药液的展着性。

二、甜菜夜蛾

甜菜夜蛾（彩图13～彩图17）又叫贪夜蛾、白菜褐夜蛾、玉米叶夜蛾、橡皮虫，属鳞翅目夜蛾科，除了为害甘蓝、青花菜、白菜、萝卜等十字花科蔬菜外，还为害莴苣、番茄、辣椒、茄子、马铃薯、黄瓜、西葫芦、豆类、茴香、韭菜、大葱、菠菜、芹菜、胡萝卜等多种蔬菜。是一种间歇性大发生的害虫，不同年份发生量相差很大。高温有利于发生，若高温来得早，且持续时间长、雨量偏少，就有可能大发生，一般7～9月份为害较重，常和斜纹夜蛾混发。初孵化的幼虫群集叶背，拉丝结疏松网，在网内咬食叶肉，只留下表皮，受害部位呈网状半透明的窗斑小孔，干枯后纵裂。幼虫稍大后即分散活动，3龄后将叶片吃成孔洞或缺刻，严重时仅留下叶脉和叶柄，至菜苗死亡，造成缺苗断垄至毁种。4～5龄的幼虫昼伏夜出，具假死性，这些高龄幼虫钻蛀青椒、番茄果实，造成落果、烂果。

（1）农业防治　甘蓝、花椰菜、萝卜等蔬菜采收后，要及时清除残茬，减少虫源。在虫卵盛期结合田间管理，提倡早晨、傍晚人工捕捉大龄幼虫，挤抹卵块，这样能有效地降低虫口密度。

（2）性诱成虫　在每年发生初期，应用甜菜夜蛾性诱剂，各厂家性诱剂产品的性诱效果差异较大，要筛选应用高效诱芯，使用甜菜夜蛾诱捕器诱捕，将黑色诱芯插入诱捕器瓶顶中间槽，并旋转

90°固定，将诱芯嵌入于诱芯柄上锯槽内，呈“S”形固定于柄上，沿封口剪开诱芯其中的一端。将装好诱芯的瓶盖旋转固定于诱捕器上。将下部的内螺纹瓶套安装好，取一可乐瓶旋好或捕虫袋绑紧，并由铁丝穿过诱捕器边上的两孔绑在竹竿上，置于田间。诱捕器设置高度一般为0.8～1.0米，每2亩左右设置1个。诱捕器的设置重点应在目标田的外围，密度稍密，把虫口诱出目标田。在目标田中心部位稍稀，诱杀残存在目标区虫口，提高性诱控制作用。被捕获的死虫每隔2～3天清理1次，诱芯每30～60天换1次，换下的废弃诱芯要回收集中处理，不能随意丢弃在田间，否则会直接影响性诱防治的效果。

(3) 灯光诱杀 利用甜菜夜蛾的趋光性，可在田间用黑光灯、高压汞灯及频振式杀虫灯诱杀成虫，降低虫口密度。在甜菜夜蛾年度发生始盛期开始至年度发生盛末期止，应用频振式杀虫灯，每天晚上开灯诱杀成虫。每15～20亩1架。灯具的安装高度应根据不同作物类型有所不同。叶菜类等低矮的作物类型0.8～1.0米，豇豆等棚架作物类型1.2～1.5米。灯具最好安装在田角边，不要安装在田中央。

(4) 生物防治 甜菜夜蛾二至三龄幼虫盛发期，每亩用20亿PIB/毫升甜菜夜蛾核型多角体病毒悬浮剂75～100毫升，或300亿PIB/克甜菜夜蛾核型多角体病毒水分散粒剂4～5克，对水30～45升喷雾，用药间隔期5～7天，每代次连续2次。喷药要避开强光，最好在傍晚喷施，防止紫外线杀伤病毒活性。也可用10亿PIB / 毫升苜蓿银纹夜蛾核型多角体病毒悬浮剂800～1000倍液，或100亿孢子金龟子绿僵菌悬浮剂每亩20～33克喷雾，10～14天喷一次，共2～3次。

三、小菜蛾

小菜蛾（彩图18～彩图21）又称菜蛾、方块蛾，其幼虫称为小青虫、两头尖、扭腰虫。属鳞翅目菜蛾科，露地、保护地都发生，主要为害甘蓝、紫甘蓝、青花菜、花椰菜、芥菜、菜心、白菜、油菜、萝卜等十字花科植物。南方3～6月和8～11月是发生盛期，且秋季重于春季。小菜蛾的幼虫在苗期常集中为害。以幼虫啃食蔬菜叶片为害，1～2龄幼虫仅取食叶肉，留下表皮，在菜叶上形成透明斑，俗称“开天窗”；三、四龄幼虫可将菜叶食成孔洞和缺刻，严重时全叶被吃成网状，甚至仅剩叶脉，影响植株生长发育或包心，造成减产。3龄后尚能向下蛀食茎秆髓部造成腐烂。虫粪污染蔬菜食用部位，降低商品价值。在苗期常集中心叶为害，影响包心。在十字花科留种株上，为害嫩茎、幼荚和籽粒。为害白菜时，可导致软腐病的发生。当小菜蛾轻度发生时，农民往往不重视，发现为害严重时才打药防治，又由于小菜蛾对农药的抗性较强，故难以控制。在生产上应综合防治。其绿色防控方法有以下几种，可结合应用。

（1）农业防治　由于小菜蛾主要在十字花科蔬菜上发生为害，所以应尽量避免小范围内十字花科蔬菜的周年连作，从而减少虫源。蔬菜采收后及时清除田间残株老叶，或立即翻耕，减少虫源。结合田间管理，及时摘除卵块和虫叶，集中消灭。

（2）喷灌法　合理利用小菜蛾怕雨水的特点，在干旱时改浇水灌溉为喷灌方式，通过人工造雨措施可减轻小菜蛾的发生与为害。

（3）应用杀虫灯、黄板复合植物源诱剂诱杀成虫　应用频振式杀虫灯和植物源诱剂黄色诱虫黏胶板诱杀成虫，减少田间卵量。利用小菜蛾成虫的趋光性，在成虫发生期的晚间在田间设置黑光灯诱杀成虫，高度约1.5米，灯下安装毒瓶用来杀虫，下部放水缸，开灯时间19：00～21：00，成虫对黑光灯都很敏感，特别是菜蛾科成虫，无论从哪个方向飞来的成虫碰到黑光灯的玻璃就掉入水缸，每天早上水面上都有很多成虫，多的时间达成千上万只。一般每10亩设置一盏黑光灯。

（4）性诱剂迷向法防治　在春季平均温度回升到15℃时起，在田间应用迷向型小菜蛾诱芯，干扰小菜蛾成虫交配，减少田间有效卵量，控制为害。每60平方米左右投1个诱芯。诱芯的放置高度以略高于作物叶面，每60～80天换1次诱芯，防治效果可达

45%～60%。

(5) 性诱剂诱捕法防治 利用性诱剂诱杀，可挂性诱器诱捕，或用铁丝穿吊诱芯（含人工合成性诱素 50 毫克/个）悬挂在水盆水面上方 1 厘米处，水中加适量洗衣粉，或悬挂自制诱捕罩，每只诱芯诱蛾半径可达 100 米，有效诱蛾期 1 个月以上。

目前市场上已有小菜蛾诱芯配合黄板诱杀小菜蛾（彩图 22），安装方便，效果也较好。小菜蛾性信息素诱捕器（板）包括黄板＋小菜蛾 PVC 微管诱芯，小菜蛾性信息素船形诱捕器＋诱芯两种类型。使用时每亩用诱捕器 3 套，悬挂至高于作物表面 20 厘米处，每 4～6 周需要更换诱芯。以外围密、中间稀的原则悬挂。定期检查黏胶板，黏满的黏胶板需要更换。用性诱剂防治小菜蛾，在蛾峰期及田间始见卵时用药剂防治，可收到良好的防治效果，该方法对天敌安全，不影响菜田生态平衡，较单一药剂防治减少施药次数，可以降低农药残留，具有保护生态环境的优点。用性诱剂防治时宜连片使用，适当缩减药盆之间的距离，并与田间查卵相结合，掌握好药剂防治时间。

(6) 微生物农药防治 在低龄幼虫发生高峰期，选高含量苏云金杆菌菌粉 8000～16000 国际单位，每亩用量 100～200 克或500～1000 倍液，喷雾。乳剂每亩用量 250～400 毫升或 300～500 倍液，喷雾。应用时注意温度，适用的温度为 20～28℃，避免在高温与低温下应用。适量加用 0.1%的洗衣粉，可增加防治效果。

还可选用 70 亿个活孢子 / 克白僵菌粉剂 750 倍液，或 0.3%印楝素乳油 800～1000 倍液、2.5%鱼藤酮乳油 750 倍液、2%苦参碱水剂 2500～3000 倍液、0.5%藜芦碱醇溶液 800～1000 倍液、0.65%茴蒿素水剂 400～500 倍液、绿僵菌菌粉对水稀释成每毫升含孢子 0.05 亿～0.1 亿个的菌液生物农药喷雾防治。

(7) 应用小菜蛾颗粒体病毒制剂防治 小菜蛾颗粒体病毒可防治小菜蛾、菜青虫、银纹夜蛾等。对化学农药、苏云金杆菌等已产生抗性的小菜蛾具有明显的防治效果。防治十字花科蔬菜小菜蛾，可用 40 亿 PIB/克小菜蛾颗粒体病毒可湿性粉剂 150～200 克/亩，加水稀释成 250～300 倍液喷雾，遇雨补喷。或每亩用 300 亿 PIB/毫升小菜蛾颗粒体病毒悬浮剂 25～30 毫升喷雾，根据作物大小可以适当增加用量。除杀菌剂农药外可与苏云金杆菌混合使用，具有增效作用；不可与强碱性物质混用。

四、斜纹夜蛾

斜纹夜蛾（彩图 23～彩图 27）又名莲花夜蛾、莲纹夜盗蛾、五花虫、花虫等。属鳞翅目夜蛾科，是一种食性很杂的暴食性害虫，可为害包括十字花科蔬菜、瓜类、茄果类、豆类、葱、韭菜、菠菜、莲藕、水芹菜以及粮食、经济作物等近 100 科的 300 多种植物。斜纹夜蛾发育最快的温度为 29～30℃，每年的 7～10 月为害最为严重，故称为高温害虫。以幼虫咬食叶片、花蕾、花及果实为害，初孵幼虫群集，2 龄幼虫逐渐分散啃食叶片下表皮及叶肉，仅留上表皮呈透明斑；4 龄以后进入暴食期，咬食叶片，仅留主脉。5～6 龄幼虫占总食量的 90%。在包心叶菜上，幼虫还可钻入叶球内为害，蛀空内部，并排泄粪便，造成污染，使之商品价值降低。

(1) 农业防治　前作收获后，要及时清除残茬，减少虫源。全田换茬时要深耕灭蛹。安排合理的耕作制度，搭配种植诱集作物，利用斜纹夜蛾嗜好在芋叶产卵的习性，诱集害虫，然后集中杀灭，可明显降低虫口基数。可利用成虫集中产卵的特点，采摘卵块；也可利用 1～2 龄幼虫群集为害的特点，摘除群集的幼虫。此外，还可采用人工捕捉大龄幼虫的方法。将上述摘除的卵块或幼虫集中销毁。

(2) 性诱剂诱杀成虫　使用斜纹夜蛾性诱剂诱杀成虫，效果较好。斜纹夜蛾 6～9 月为盛发期，7～8 月为害最重，因此适宜于 6～10 月间进行性诱剂诱杀。各厂家性诱剂产品的性诱效果差异较大，要进行筛选应用高效诱芯，将黑色诱芯插入诱捕器瓶顶中间槽，并旋转 900 固定，将诱芯嵌入于诱芯柄上锯槽内，呈“S”形固定于柄上，沿封口剪开诱芯其中的一端。将装好诱芯的瓶盖旋转固定于诱捕器上。将下部的内螺纹瓶套安装好，取一可乐瓶旋好或捕虫袋绑紧，并由铁丝穿过诱捕器边上的两孔绑在竹竿上，置于田间。诱捕器设置高度一般为0.8～1.0米，每2亩左右设置一个。诱捕器的设置重点应在目标田的外围，密度稍密，把虫口诱出目标田，在目标田中心部位稍稀，诱杀残存在目标区虫口，提高性诱控制作用。被捕获的死虫每隔2～3天清理1次，诱芯每30～60天换1次，换下的废弃诱芯要回收集中处理，不能随意丢弃在田间，否则会直接影响性诱防治的效果。

(3) 灯光诱杀成虫　在斜纹夜蛾年度发生始盛期开始至年度发生盛末期止，应用频振式杀虫灯，每天晚上开灯诱杀成虫。每15～20亩1架。灯具的安装高度应根据不同作物类型有所不同。叶菜类等低矮的作物类型0.8～1.0米，豇豆等棚架作物类型1.2～1.5米。灯具最好安装在田角边，不要安装在田中央。应每隔12天收集1次诱杀的成虫，并清刷灯管上附着的死虫，以保持功效。

(4) 糖醋诱杀成虫　利用成虫趋化性配制糖醋液（糖：醋：酒：水＝3：4：1：2)，并加少量敌百虫以诱杀成虫。

(5) 生物药剂防治幼虫　应用斜纹夜蛾核型多角体病毒制剂(NPV)，斜纹夜蛾对NPV极敏感，在多阴雨天气，1次用药可在1个月连续不断造成感染斜纹夜蛾幼虫，并造成大量害虫死亡。在年度发生始盛期开始，掌握在卵孵高峰期使用300亿PIB/克斜纹夜蛾核型多角体病毒水分散粒剂10000倍液，每亩用量8～10克，每代次用药1次。喷药要避开强光，最好在傍晚喷施，防止紫外线杀伤病毒活性。

还可选用2.5%多杀霉素悬浮剂1200倍液、0.6%印楝素乳油每亩100～200毫升、每克球孢含400亿个孢子的白僵菌每亩25～30克、每毫升含100亿个孢子的短稳杆菌悬浮剂800～1000倍液等喷雾防治，10～14天喷一次，共喷2～3次。

五、烟粉虱

烟粉虱（彩图28～彩图30），又称棉粉虱、甘薯粉虱，俗称小白蛾，属同翅目粉虱科，为害番茄、黄瓜、西葫芦、茄子、豆类、十字花科蔬菜等多种蔬菜。烟粉虱虫口密度起初增长较慢，春末夏初数量上升，秋季上升迅速达到高峰。9月下旬为害达到高峰。10月下旬以后随着气温的下降，虫口数量逐渐减少。以成虫、若虫群集嫩叶背面刺吸汁液，使叶片退绿、变黄，甚至全株枯死，严重影响产量。由于刺吸汁液，造成汁液外溢又诱发落在叶面上的杂菌形成霉斑，严重时霉层覆盖整个叶面。霉污即是因粉虱刺吸汁液诱发叶片霉层。烟粉虱B型的若虫所分泌的唾液能造成一些植物如西葫芦、番茄、青花菜的生理紊乱，番茄表现为不均匀成熟，青花菜表现为白茎；在西葫芦上果实表现为不均匀成熟，叶子呈现银叶反应，初期为沿叶脉变白，以后全叶变为银白色或银色。可采取隔离、净苗、诱捕、生防和调控为核心的绿色防控技术体系，兼治温室粉虱和番茄黄化曲叶病毒病。

(1) 隔离　冬季寒冷和低温地区，烟粉虱在露地自然条件下不能越冬，合理安排茬口，在日光温室、塑料棚种植耐低温和烟粉虱非嗜食的蔬菜作物，如白菜、菠菜、芹菜、生菜、韭菜等，可有效抑制粉虱发生为害和有利切断烟粉虱生活年史，发挥生物阻隔、屏障的治理虫源基地作用。

棚室喜温果菜（如瓜茄豆类蔬菜）周年生产，是烟粉虱嗜食和主要为害寄主，应在清园后于棚室门窗和通风口覆盖40～60筛目防虫网，阻断烟粉虱成虫迁入，免受其害，切断烟粉虱的传播途径。

(2) 净苗　培育无虫苗，或清洁苗，控制初始种群密度是防治烟粉虱的关键措施。无虫苗系指定植菜苗不被粉虱侵染或带虫量很低，如大型连栋温室黄瓜、番茄苗的成虫发生基数应在0.002头/株以下，节能日光温室、塑料棚栽培低于0.004头/株。只要抓住这一环节，可使棚室受烟粉虱为害或受害程度明显减轻，也为应用其他防治措施打好基础。

培育无虫苗的方法：北方地区冬季初春苗房无露地虫源，保持苗房清洁无残株落叶、杂草和自生苗，避免在蔬菜生产温室内混栽育苗，提倡营养钵、营养盘和栽培基质培育无虫苗。南方地区提倡采用地热线法和适期晚育苗，避开露地虫源。夏秋季苗房育苗，可适期晚播，避开炎热天气，在通风口和门窗处配有40～60筛目防虫网，苗房覆盖遮阳网，进行避雨、遮阳、防虫育苗。

(3) 诱捕 研究显示烟粉虱对黄色与绿色的趋性差异显著，具有明显的趋黄性（彩图31）。在各种黄色中，以深黄的趋性最高，其次是浅黄、杏黄。因此，在保护地蔬菜田可悬挂深黄板诱杀作为综合防害的一项配套措施。在棚室蔬菜生长期悬挂黄色黏板，可选用规格为25厘米×40厘米或其他市售产品，每10～12米挂一块，每亩挂30～40块，随着植株生长调节其高度，保持黄板下沿稍高于植株顶部叶片的部位，通常1～2个月更换一次，持续诱捕烟粉虱成虫监测发生动态、控制其种群增长，兼治斑潜蝇、蚜虫、蓟马等重要害虫。也可自制黄瓜，将1米×0.2米废旧纤维板或硬纸板用油漆涂成橙黄色，再涂上黏机油，每亩地设置30块以上，置于行间，与植株高度相同，诱杀成虫。当板面黏满虫时，及时重涂黏油，7～10天重涂一次。

(4) 驱避 利用烟粉虱对银灰色的驱避性，可用银灰色驱虫网作门帘，防止秋季烟粉虱进入大棚和春季迁出大棚。或选用忌避材料，如大蒜汁液、芥末油对烟粉虱有很好的忌避作用，发生期在作物田喷施避虫。

(5) 生物防治 在加温及节能日光温室、大棚春夏季果菜上，作物定植后，即挂诱虫黄板监测，发现烟粉虱成虫后，每天调查植株叶片，当烟粉虱成虫发生密度较低时（平均0.1头/株以下），均匀布点释放丽蚜小蜂1000～2000头/(亩·次)。将蜂卡挂在植株中上部叶片的叶柄上，隔7～10天一次，共挂蜂卡5～7次，使成蜂寄生烟粉虱若虫并建立种群，有效控制烟粉虱发生为害。放蜂的保护地要求白天温度能达到20～35℃，夜间温度不低于15℃，具有充足的光照。可以在蜂处于蛹期时（黑蛹）时释放，也可以在蜂羽化后直接释放成虫。如放黑蛹，只要将蜂卡剪成小块置于植株上即可。若菜苗虫量稍高，可用安全药剂99%矿物油乳油300～500克/亩对水60升喷雾，7～10天喷雾一次，共喷2～3次，压低粉虱基数与释放丽蚜小蜂结合。注意不可随意提高浓度，将药液均匀地喷洒在叶片背面。同时，提倡放蜂寄生粉虱若虫和悬挂黄板诱捕成虫结合应用，可提高防治效果和稳定性。

（6）调控　将合理用药技术作为烟粉虱种群管理的一项辅助性措施，包括施药适期、耐药性治理的杀虫剂选择和轮换用药三方面，将其种群数量控制在经济允许水平以下。

六、黄曲条跳甲

黄曲条跳甲（彩图 32～彩图 34），别名菜蚤子、地蹦子、土跳蚤、黄跳蚤、黄条跳甲等，属鞘翅目叶甲科。主要为害甘蓝、花椰菜、白菜、萝卜等十字花科蔬菜，也能为害茄果类、瓜类和豆类蔬菜。翌春气温达 10℃以上时开始取食，达 20℃时食量大增。全年以春秋两季发生严重，秋季重于春季，湿度高的菜田发生重于湿度低的菜地。

成虫和幼虫自春到秋都能为害，以苗期受害最重。成虫群集在叶上取食为害，叶片背面尤多，使被害叶片上布满稠密的小椭圆形孔洞，呈百孔千疮，严重的叶片萎缩干枯、整株死亡。除为害叶片外，该虫还时常将蒴果表面、果梗、嫩梢咬成疤痕或咬断。成虫喜吃植物的幼嫩部分，作物苗期受害后不能生长，往往毁种。

幼虫生活在 5 厘米左右的土中，为害果菜类蔬菜的根，蛀食根皮，把根的表面蛀成许多弯曲的虫道，呈凹凸斑块，或蛀入根内取食，咬断须根，使叶片由内到外发黄萎蔫枯死。萝卜块根受害，造成许多黑褐色虫斑，最后使整个根系变黑腐烂，严重影响质量和产量。此外，成虫还能传播白菜软腐病。

防治黄曲条跳甲，应以农业的、物理的、生物的方法为主。并根据虫害的发生发展规律，适时用药，讲究用药方法，才能又快又好地控制。此外，即要防地上的成虫，还要特别注意防治地下的幼虫。

（1）农业防治　水旱轮作，或与非十字花科蔬菜轮作，或与紫苏等芳香类蔬菜间作或套种。种植前对土壤进行翻晒、曝晒以杀卵杀菌。彻底清除菜地残株落叶，铲除杂草，消灭其越冬场所和食料基地。有条件的菜地，每茬收获后，菜地灌水一周左右再放干整地种植。播种前每亩施入生石灰100～150千克，然后深翻晒土，即可消灭幼虫和蛹。

（2）物理防治　在菜园边设防虫网或建立大棚，防止外来虫源的迁入。

利用成虫的趋光性，在菜畦床上插黄板或白板，或晚上开黑光灯，诱杀成虫。或在菜畦床上铺地膜，有效防止成虫躲藏、潜入土缝中产卵繁殖。

利用黄曲跳甲性诱剂配合黄板进行诱杀，黄曲条跳甲性信息素诱虫板（黄板＋黄曲条跳甲PVC微管诱芯）。黄曲条跳甲嗅觉会对某种特殊的化合物产生特殊的趋性。根据这种生物特性，采用仿生合成技术以及特殊的工艺手段生产的黄曲条跳甲信息素仿生合成化合物。将合成的这种特殊的仿生化合物添加到诱芯中，安装到诱虫板上。通过诱芯缓释至田间，将黄曲条跳甲成虫引诱至诱虫板上并将其捕杀，从而减少田间虫口基数，达到生态治理目的。使用时，每亩安放15～20个，悬挂至作物顶部10～15厘米处，定期观察诱虫板上的虫口，粘满后及时更换诱虫板。把诱芯别在黄板的小孔上，注意不要剪开诱芯的封口。

（3）生物防治　采用植物源杀虫剂烟草渣对土壤进行种前处理。可每亩用100亿坚强芽孢杆菌可湿性粉剂400～1200克对水浇灌根部。还可用球孢白僵菌、昆虫病原线虫等生物药剂对黄曲条跳甲虫体或虫卵进行防治。或用0.65％茴蒿素水剂500倍液，或2.5％鱼藤酮乳油500倍液、1％印楝素乳油750倍液、3％苦参碱水剂800倍液等喷雾防治。

根据成虫的活动规律，有针对性地喷药。温度较高的季节，中午阳光过烈，成虫大多数潜回土中，一般喷药较难杀死。可在早上7～8时或下午5～6时（尤以下午为好）喷药，此时成虫出土后活跃性较差，药效好；在冬季，上午10时左右和下午3～4时特别活跃，易受惊扰而四处逃窜，但中午常静伏于叶底“午休”，故冬季可在早上成虫刚出土时，或中午或下午成虫活动处于“疲劳”状态时喷药。喷药时应从田块的四周向田的中心喷雾，防止成虫跳至相邻田块，以提高防效。加大喷药量，务必喷透，喷匀叶片，喷湿土壤。喷药动作宜轻，勿惊扰成虫。配药时加少许优质洗衣粉。施药应严格遵循安全间隔期。

七、蚜虫

蚜虫俗称蚰虫。蚜虫的种类非常多，有桃蚜、棉蚜、瓜蚜、萝卜蚜等40多种（彩图35～彩图39）。几乎能以所有的蔬菜作物为寄主植物，但主要是瓜类、茄果类、十字花科蔬菜。从上半年3月份起，随着气温的回升，蚜虫开始为害作物，并于4月中旬至6月份上中旬达到高峰，下半年蚜虫的为害高峰为8月下旬至11月上旬。

蚜虫为刺吸式口器害虫，以成虫或若虫群聚在叶片背面，或在嫩茎、嫩梢等生长点，花器上刺吸汁液为害。苗期被害，植株生长缓慢，叶片卷缩、畸形，直至枯死；成株期被害，叶片卷缩，严重影响光合作用，致使叶片提早干枯死亡，导致植株不能正常抽薹、开花、结实。蚜虫仅通过其口器取汁液直接为害，分泌的蜜露滴落在下部叶片上，引起霉菌病发生，阻碍叶片生理机能，减少植株干物质的积累。蚜虫还传播病毒病，造成更大的为害。

对蚜虫要“见虫就防，治早治小”，用药一定要均匀、周到，并注意叶背喷雾，使药液接触虫体。

（1）农业防治　根据蔬菜品种布局，优先选用适合当地市场需求的丰产、优质和耐虫品种。合理安排茬口，避免连作，实行轮作和间作。经常清除田间杂草，及时摘除蔬菜作物老叶和被害叶片。对已收蔬菜的或因虫毁苗的作物残体要尽早清理，集中堆积后喷药灭杀，或集中烧毁，减少蚜虫源。育苗时要把苗床和生产棚室分开，育苗前先将其彻底消毒，幼苗上有虫时在定植前要清理干净。保护地可采用高温闷棚法，方法是在收获完毕后不急于拉秧，先用塑料膜将棚室密闭3～5小时，消灭棚室中的虫源，避免向露地扩散，也可以避免下茬受到蚜虫为害。

（2）物理防治

① 黄板诱杀。利用蚜虫趋黄性，在大田或大棚内挂黄板诱杀，也可以将废纸盒或纸箱剪成30厘米×40厘米大小，漆成黄色，晾干后涂上油膏（机油与少量黄油调成），下边距作物顶部10厘米，大棚内每100米挂8块左右，每隔7～10天涂一次油膏。

② 银灰膜避蚜。蚜虫对不同颜色的趋性差异很大，银灰色对传毒蚜虫有较好的忌避作用。可在棚内悬挂银灰色塑料条（5～15厘米宽），也可用银灰色地膜覆盖蔬菜防治蚜虫，每亩用膜约5千克，或在蔬菜播种后搭架覆盖银灰色塑料薄膜，覆盖18天左右揭膜，避蚜效果可达80%以上，可减少用药1～2次，同时早春或晚秋覆膜还起到增温保温作用。

③ 安装防虫网。保护地的放风口、通风口可以安装25目左右的防虫网阻隔蚜虫从外边飞入，大棚可由门进入操作，注意进、出后随手关门。无论大、中、小棚，栽培空间均以所栽植株长成后不与防虫网接触为宜。

（3）生物防治

① 天敌治蚜。充分利用和保护天敌以消灭蚜虫。蚜虫的天敌种类很多，主要分为捕食性和寄生性两类。捕食性的天敌主要有瓢虫、食蚜蝇、草蛉、小花蝽等；寄生性的天敌有蚜茧蜂、蚜小蜂等寄生性昆虫，还有蚜霉菌等微生物。因此，在生产中对它们应注意保护并加以利用，使蚜虫的种群控制在不足以造成为害的数量之内。

② 植物源农药。植物源农药是指有效成分来源于植物体的农药，属于生物源农药中的一大类。植物体产生的多种具有抗虫活性的次生代谢产物，如生物碱类、类黄酮类、蛋白质类、有机酸类和酚类化合物等，均具有良好的杀虫活性。常用的药剂有：10%烟碱乳油500～1000倍液，该药药效只有6小时左右，低毒、低残留、无污染，不产生抗性，成本低；1%苦参碱可溶性液剂每亩50～120克喷雾防治，10～14天喷一次，共喷2～3次，有显著效果。

还可选用1%印楝素水剂800～1000倍液、15%蓖麻油酸烟碱乳油800～1000倍液、0.65%茴蒿素水剂400～500倍液、2.5%鱼藤酮乳油500倍液、0.65%茴蒿素水剂400～500倍液、0.5%藜芦碱醇溶液800～1000倍液喷雾防治。

③ 烟草石灰水溶液灭蚜。混合烟叶0.5千克、生石灰0.5千克、肥皂少许，加水30千克，浸泡48小时过滤，取液喷洒，7～10天喷一次，共2～3次，效果显著。

④ 洗衣粉灭蚜。洗衣粉的主要成分是十二烷基苯磺酸钠，对蚜虫有较强的触杀作用，用400～500倍液隔10天喷一次，喷2次，防治效果在95%以上。若将洗衣粉、尿素、水按0.2∶0.1∶100的比例搅拌混合，喷洒受害植株，可收到灭虫施肥一举两得的效果。

⑤ 植物驱蚜。如韭菜的挥发性气味对蚜虫有驱避作用，将蚜虫的寄主蔬菜与其搭配种植，可降低蚜虫的密度，减轻蚜虫的为害程度。

八、菜粉蝶

菜粉蝶（彩图40～彩图42），别名菜白蝶、白粉蝶，菜粉蝶的幼虫称为菜青虫。主要为害甘蓝、紫甘蓝、花椰菜、青花菜、芥蓝、球茎甘蓝、抱子甘蓝、羽衣甘蓝、白菜、萝卜等十字花科蔬菜，尤其是含有芥子苷、叶表面光滑无毛的甘蓝和花椰菜的主要害虫。以蛹越冬，大多在菜地附近的墙壁屋檐下或篱笆、树干、杂草残株等处，一般选在背阳的一面。具有春、秋两个发生高峰。

幼虫食叶，二龄前只能啃食叶肉，留下一层透明的表皮；三龄后可蚕食整个叶片，轻则虫口累累，重则仅剩叶脉，影响植株生长发育和结球，造成减产。虫口密度高时，幼虫啃食花蕾，造成菜株或花球腐烂。此外，虫粪污染花球，降低商品价值。在白菜上，虫口还能导致软腐病。三龄前多在叶背为害，三龄后转至叶面蚕食，四、五龄幼虫的取食量占整个幼虫期取食量的97%。

(1) 农业防治　春菜收获后及时清除田间残株败叶，并耕翻土地，消灭附着在上面的卵、幼虫和蛹，压低夏季虫口密度，减轻秋菜受害程度。

春季结球甘蓝等十字花科蔬菜宜选用生长期短的品种，并配合地膜覆盖等早熟栽培技术，使收获期提前以避开菜粉蝶的发生盛期，减轻为害。

成虫盛发期在清晨露水未干时人工捕捉，或在成虫活动时进行网捕。

（2）生物防治　注意天敌的自然控制作用，保护好赤眼蜂、微红绒茧蜂、凤蝶金小蜂等天敌。此外，还可在菜青虫发生盛期用每克含活孢子数 100 亿以上的青虫菌粉剂 500～1000 倍液，或 10000PIB/毫克菜青虫颗粒体病毒·16000 国际单位/毫克苏云金芽孢杆菌可湿性粉剂 800～1000 倍液、16000 国际单位/毫克苏云金芽孢杆菌可湿性粉剂 1000～1500 倍液、2%苦参碱水剂 2500～3000 倍液、0.5%藜芦碱可溶性液剂每亩 75～100 克、0.65%茴蒿素水剂 400～500 倍液等喷雾防治，10～14 天喷一次，共喷 2～3 次。

低龄幼虫发生初期，喷洒 16000 国际单位/毫克苏云金芽孢杆菌可湿性粉剂 800～1000 倍液，对菜青虫有良好的防治效果，喷药时间最好在傍晚。

（3）物理防治　用防虫网全程覆盖栽培。在塑料大棚、中棚或小棚骨架上覆盖防虫网，整地时一次性施足底肥，然后播种或移栽，再将网底四周用土压实，浇水时中小棚可直接从网上浇入，大棚可由门进入操作，注意进、出后随手关门。无论大、中、小棚，栽培空间均以所栽植株长成后不与防虫网接触为宜。适宜栽培速生叶类蔬菜或作育苗之用。

九、瓜实蝇

瓜实蝇（彩图 43～彩图 47）别名黄蜂子、针蜂等，幼虫称为瓜蛆，属双翅目实蝇科。我国发生较多的有两种：瓜实蝇和南亚果实蝇。主要为害瓜类、茄果类、豆类蔬菜和果树及其他野生植物，寄主广，约125种。该虫一年发生八代，世代重叠，次年4月开始活动，以5～6月为害最重。

成虫以产卵管刺入幼瓜表皮内产卵，幼虫孵化后即钻进瓜内取食，受害瓜先局部变黄，而后全瓜腐烂变臭，大量落瓜，即使不腐烂，刺伤处凝结着流胶，畸形下陷，果皮硬实，瓜味苦涩，品质下降。

(1) 农业防治

① 套袋护花。在幼果期，成虫产卵前对幼瓜进行套袋，丝瓜在开花后3～5天花谢前套袋，苦瓜等瓜果在瓜长2厘米前套袋，否则，瓜袋会影响雌花受粉。或幼瓜用草覆盖，可防止成虫产卵为害。套瓜后要尽量把瓜拉到瓜棚阴凉处，使瓜避免阳光直射。瓜袋可循环利用。套袋能有效防治瓜实蝇的为害，提高瓜类品质，而且不污染环境；但也存在诸多缺点，如费力费时、成本增加等。果实套袋技术旨在保护瓜果，不能降低瓜实蝇虫口数量。

② 田园卫生。及时摘除被害果并捡拾成熟的烂瓜、落地瓜，把烂瓜和落地瓜集中倒入装有药液的塑料大桶、大缸或水泥池中，密封盖严沤杀，以减少虫源。或集中深埋（1米深左右）、销毁或沤肥，防止幼虫入土化蛹，将被害果深埋以阻止成虫羽化，降低种群数量。翻耕土壤，可以杀死大部分土中过冬的幼虫和蛹。

③ 抗性品种的选育。抗性植物的选育在害虫的防治中起着非常重要的作用，这种方法对环境没有任何为害，还可大大减少瓜农的投入。广西野生苦瓜对瓜实蝇的抗性就较强。

(2) 生物防治　潜蝇茧蜂是瓜实蝇主要寄生物。斯氏线虫墨西哥品系对瓜实蝇的抑制作用，每平方厘米土壤中放入500只斯氏线虫侵染期幼虫，可以有效抑制瓜实蝇。此外，绿僵菌、玫烟色拟青霉、球孢白僵菌对瓜实蝇也有具致病性。应用不育技术防治野生实蝇，是目前较先进和环保的措施。通过释放不育雄虫，可以避免雌虫刺果产卵。

(3) 诱杀防治

① 性诱剂诱杀。用性诱剂进行诱捕，使雄性成虫数量减少，

从而减少与雌成虫交配的概率，大幅降低下一代虫口数量。目前使用的性引诱剂主要是诱蝇酮和甲基丁香酚。将性诱剂滴在棉芯上，放入诱瓶中，能诱捕瓜实蝇。其中整瓶扎针孔诱芯的引诱力、持效期都明显优于棉花球浸吸诱芯，诱捕范围可在15米以内。

② 针蜂雄虫性引诱剂（针蜂净）诱杀。在可乐瓶瓶壁上挖一小圆孔，用棉花制成诱芯滴上2毫升引诱剂和数滴敌敌畏挂在瓶内，一个月加一次引诱剂。每亩放1～2只。注意避阳光、防风雨。

③ 蛋白诱剂诱杀。蛋白诱剂能同时引诱瓜实蝇雌虫和雄虫，比性诱剂效果更好。目前，一种新型蛋白诱剂——猎蝇饵剂（简称GE-120）广泛用于瓜实蝇的防治。该产品的有效成分多杀霉素是一种源于放线菌的天然杀虫毒素。该产品除对瓜实蝇有效外，还能防治橘小实蝇、地中海实蝇等多种实蝇。

④ 采用性诱剂和蛋白诱剂相结合诱杀。在6～9月成虫盛发期，利用瓜实蝇性诱剂对雄虫进行诱杀，也可利用雌虫对蛋白诱剂的趋性诱杀雌虫。可在诱笼内同时放入性诱剂和蛋白诱剂，并加入少量杀虫剂，每亩放置引诱笼1～2个。

⑤ 设置“黏蝇纸”诱杀（彩图48）。黏绳纸是消灭蝇类害虫的一种简便工具，卫生无毒，不污染果蔬、人体及环境，并能对天敌寄生蜂无引诱作用。因此，在瓜实蝇的为害高峰期使用，能有效地降低虫口密度、减少为害。方法是，把它固定于竹筒（长约20厘米、直径7厘米）上，然后挂在离地面1.2米高的瓜架上，15～20平方米挂1张，每10天换纸1次，连续3次，防效显著。

⑥“稳黏”昆虫物理诱黏剂诱杀。“稳黏”昆虫物理诱黏剂能高效诱杀各类为害瓜果的实蝇雌虫和雄虫，它是利用实蝇专用天然黏胶及植物中提取的天然香味来诱引实蝇，使虫体黏于黏胶后自然死亡。将“稳黏”直接喷在空矿泉水瓶表面或任何不吸水的材料上，每150～250米挂1个矿泉水瓶于菜园外围阴凉通风处，略低于作物高度，小面积作物种植区每亩挂4个矿泉水瓶，大面积作物种植区每公顷只需挂40个矿泉水瓶。从瓜果幼期、实蝇即将为害时开始施用，每隔10天补喷一次，效果良好。

十、黄守瓜

黄守瓜（彩图 49、彩图 50）通常指黄守瓜黄足亚种，别名守瓜、黄虫、黄萤等，属鞘翅目叶甲科，喜食菜瓜、黄瓜、丝瓜、苦瓜、西瓜等葫芦科栽培，也为害十字花科、豆科、茄科蔬菜。是瓜类苗期毁灭性害虫。

成虫取食幼苗、叶和嫩茎，使成圆形或半圆形缺刻（彩图 51），严重时叶肉吃光，并咬断瓜苗，造成死苗。也食害花和幼瓜。幼虫在土中咬食瓜根，导致瓜苗整株枯死，3 龄后蛀入主根及靠近地面的幼茎，使瓜秧失水萎蔫枯死。也蛀食贴地面生长的瓜条，引起腐烂。

（1）农业防治

① 提早移栽。用温床育苗，提早移栽，待成虫活动时，瓜苗已长大，可减轻受害。

② 合理间作。瓜类与甘蓝、芹菜及莴苣等间作可明显减轻受害。

③ 人工捕捉。成虫在早晨植株露水没干时不易飞翔，可人工捕捉，如果成虫正在杂草上取食，连草带虫一起拔除。

④ 网捕成虫。将白色纱窗布剪成（50～60）厘米×（30～40）厘米方块，缝成高 30～40 厘米、直径 15～18 厘米的圆筒，一端缝合。于幼瓜苗出土后 1～2 天内，在每穴幼苗周围插 4 根直径 1 厘米左右、高 40～50 厘米的小竹竿（或小木棍），竹竿入土深 10 厘米左右，然后将开口的一端向下罩在四根小竹竿上，罩住幼苗，纱窗布下端用土块压紧不留缝。幼苗茎蔓长 30 厘米以后揭去。

⑤ 在瓜苗周围间种早春蔬菜。在幼苗出土后用纱网覆盖的同时，在植株周围撒播苋菜、落葵、蕹菜等早春蔬菜，有阻止黄守瓜成虫产卵的作用。

⑥ 在植株周围撒草木灰。在揭去纱网、引蔓上架的同时，先拔去瓜苗附近的部分早春蔬菜，然后在其周围的土面上撒一层约 1 厘米厚的草木灰或稻谷壳，或锯木屑，还可采用地膜覆盖栽培，防

止成虫产卵和幼虫为害瓜苗植株根部。

⑦摘除部分雄花花蕾。雄花初现蕾时，摘除部分雄花花蕾，可提高产量，减少成虫。

(2) 生物防治 可将茶籽饼捣碎，用开水浸泡调成糊状，再掺入粪水中浇在瓜苗根部附近，每亩用茶籽饼 20～25 千克。也可用烟草水 30 倍浸出液灌根，杀死土中的幼虫。移栽前后至 5 片真叶前，消灭成虫和灌根杀灭幼虫是保苗的关键。可选用 0.5%印楝素乳油 600～800 倍液，或 2.5%鱼藤酮乳油 500～800 倍液等防治成虫。

十一、红蜘蛛

红蜘蛛（彩图 52、彩图 53），俗称红蛐、蛐虱子。属多食性害螨，以茄果类、瓜类和豆类蔬菜为主要寄主。在长江中下游地区一年发生 18～20 代，各代常重叠发生。4 月中下旬开始为害大棚内的茄果类、瓜类蔬菜，初发生时有一个点片阶段，后向四周扩散。同一作物上，叶片越老，受害越重，即先侵害老叶，再向上蔓延侵害新叶。成、若螨借助爬行或吐丝下垂扩散为害，高温低湿有利其发生。

红蜘蛛是螨类害虫，用肉眼看，能在叶片背面看到小红点，刺吸为害叶子背面，以成螨或若螨集聚成橘红至鲜红色的虫堆为害叶片，被害叶片上出现许多细小白点，严重时叶片成沙点，黄红色，即火龙状，导致失绿枯死，背面有吐丝结网。在植株幼嫩部位即生长点刺吸汁液，造成秃顶。

(1) 农业防治 清除上茬蔬菜拉秧后的枝叶集中烧毁或深埋，减少虫源。加强肥水管理，合理灌溉，增施磷肥，促进植株健壮生长。重点防止干旱，减轻为害。

(2) 利用天敌防治 红蜘蛛的天敌有拟长毛钝绥螨、瓢虫、草蛉、六点蓟马、小花蝽等，在释放捕食螨前尽量压低红蜘蛛的基数，用 99%矿物油 200 倍加 1%苦参碱·印楝素进行虫害防治，在药后 5～10 天，红蜘蛛发生密度较低时，按红蜘蛛与捕食螨的比例为3∶1释放拟长毛钝绥螨，从6月中旬开始，隔10天放一次，共释放2～3次。

十二、茶黄螨

茶黄螨又称黄茶螨、茶嫩叶螨、茶半跗线螨、侧多食跗线螨，俗称阔体螨、白蜘蛛。为世界性害螨。可为害辣椒（彩图54、彩图55）、茄子（彩图56、彩图57）、番茄、马铃薯、菜豆、豇豆、黄瓜、丝瓜、苦瓜、萝卜、芹菜、落葵、茼蒿等蔬菜作物。大棚茄子、辣椒、番茄等受害最重。一般减产10%～30%，严重的可达50%以上。由于其虫体小，加上为害特点颇似红蜘蛛、蓟马及生理性病害，故常未引起重视。其症状有时与病毒病相似，部分菜农误作病毒病防治，导致错过最佳防治时期，造成大面积减产。在南方，6月下旬降雨偏多，7～8月雨天较多、雨量适中的条件下，露地蔬菜茶黄螨发生量大，果蔬被害率高，以7～8月受害最重。

茶黄螨以成虫及幼虫的刺针吸食蔬菜的幼嫩部位，如幼叶、幼果等，造成为害。

叶片受害：成螨和幼螨集中在植株幼嫩部位刺吸汁液，致使嫩叶受害时皱缩、纵卷、变小，叶片增厚、僵硬、易碎，叶脉扭曲。叶片正面绿色，背面多呈黄白色至黄褐色，粗糙、发亮，具油渍状光泽或油浸状，叶片畸形窄小，皱缩或扭曲畸形，叶片从叶缘变褐，叶缘向下或向下卷曲，重症植株常被误诊为病毒病。

嫩茎受害：表皮木质化，呈黄褐色，僵硬直立，或扭曲成轮枝状。茎部和叶柄表皮木质化失去光泽。节间缩短。

生长点受害：不发新叶，萎缩，形成秃顶，变为黄褐色，植株矮小。

花蕾、幼果受害：逐渐萎缩，不能开花、结果，严重时可导致落花、落蕾。

果实受害：果柄、萼片及果皮表面木质化，变为黄褐色，生长受到抑制，果实受害后变小、僵化、变硬，丧失光泽成锈壁果，后期致使果实开裂。圆茄果实受害后果面形成典型木栓化网纹，肉质发硬，膨大后表皮龟裂，种子外露，呈开花馒头状。

区病毒病的区别：茶黄螨为害时叶片背面呈油质光泽、粗糙状，而病毒病无此特点；茶黄螨多在叶片背面为害，导致叶缘向下卷曲，而病毒病受害病叶叶缘多向上卷曲；茶黄螨为害时，用放大镜或显微镜观察叶片背面有茶黄螨。

（1）农业防治

① 清洁田园：搞好冬季防治工作。铲除田间和棚内杂草，早春特别要注意拔除茄科蔬菜田的龙葵、三叶草等杂草，以免越冬虫源转入蔬菜为害。蔬菜采收后及时清除枯枝落叶，集中烧毁，不留残存于枝条上的螨虫过冬。

② 轮作：调整种植结构，将嗜食寄主与非嗜食寄主轮作，切断食物链。如百合科与茄果类和瓜类轮作，十字花科与茄果类和瓜类轮作，对茶黄螨种群均有抑制作用。

③ 控制温湿度：利用茶黄螨生长发育对温湿度的要求，结合田间管理，进行大温差防治。将白天棚温升高至34～35℃，控制2～3小时，夜间降低温度至11～12℃，加强通风，降低棚室湿度。

④ 清除虫源：冬季育苗温室和生产棚室在育苗和定植前，采用硫黄粉熏蒸消灭虫源。每1000平方米温室用硫黄粉5千克拌入一定量的干锯末，在阴、雨、雪天的无风夜晚，分置2～3堆点燃，次日早晨开口放风，5～7天后育苗或定植幼苗。

⑤ 培育无虫（螨）壮苗：育苗期若有茶黄螨发生，在移栽前全面施药防治2次。不能从已发生茶黄螨的地区引进秧苗。

（2）生物或矿物制剂防治　尼氏钝绥螨、德氏钝绥螨、具瘤长须螨、冲蝇钝绥螨、畸螨对茶黄螨有明显的抑制作用，此外，蜘蛛、捕食性蓟马、小花蝽、蚂蚁等天敌也对茶黄螨具有一定的控制作用，应加以保护利用。还可选用生物制剂如0.3%印楝素乳油800～1000倍液、2.5%羊金花生物碱水剂500倍液、45%硫黄胶悬剂300倍液、99%机油（矿物油）乳剂200～300倍液等喷雾防治。因螨类害虫怕光，故常在叶背取食，喷药应注意多喷植株上部的嫩叶背面、嫩茎、花器和嫩果上。

十三、美洲斑潜蝇

美洲斑潜蝇（彩图 58、彩图 59）又称蔬菜斑潜蝇、蛇形斑潜蝇、甘蓝斑潜蝇等，是一种严重为害蔬菜生产的害虫，以黄瓜、菜豆、番茄、白菜、油菜、芹菜、茼蒿、生菜等受害最重。该虫一年发生 5～15 代，在南方可周年繁殖，北方则在温室、大棚内越冬。世代重叠严重。

成虫和幼虫均可为害，以幼虫为害蔬菜为主。雌成虫飞翔时刺伤叶片，进行取食和产卵，在表皮形成白色坏死产卵点和取食点，严重影响光合作用，大量蒸发水分，致叶片坏死。

幼虫在蔬菜叶片内取食叶肉，使叶片布满不规则蛇形虫道，多为白色，有的后期变成铁锈色。受害后叶片逐渐萎蔫，上下表皮分离、枯落，最后全株死亡。吃尽叶肉后，害虫还可钻进叶柄和茎部为害，致使幼苗倒折，植株枯萎。

鉴定美洲斑潜蝇，幼虫蛀食叶肉形成潜道，潜道不规则蛇形盘绕，不超过主脉，黑色虫粪交替排列在潜道的两侧。

由于美洲斑潜蝇虫体微小，繁殖能力强，成虫飞行，农药防治极易产生抗性，特别是对有机磷类、菊酯类农药均有较强的抗性。同时，田间世代重叠明显，蛹粒可掉落在土壤表层，有效控制美洲斑潜蝇发生与为害，必须采取综合防治措施。

（1）植物检疫　美洲斑潜蝇在国内分布虽广，但仍存在保护区。美洲斑潜蝇的卵、幼虫能随寄主叶片作远距离传播，因此要加强虫情监测并进行严格的检疫，特别应重视在蔬菜集中产区、南菜北运基地、瓜菜调运集散地、花卉产地等地实施严格检疫，防止该虫蔓延为害。严禁带叶片运输。带虫的材料应置于温室中 3～4 天，然后于 0℃以下冷藏 1～2 周，以杀死幼虫。

（2）农业防治

① 摘除虫叶。当虫量极少时，捏杀叶内活动的幼虫；或结合栽培管理，人工摘除呈白纸状的被害叶。化蛹高峰（50%）后一两天内搜集清除叶面及地面上的蛹，集中销毁。

② 培育无虫苗。通风口用20～25目尼龙纱网罩住，并应深翻土壤，埋掉土面上的蛹粒，使之不能羽化。幼苗定植前的苗床要集中施药防虫。

③ 清洁田园。蔬菜收获后，及时彻底清除棚室内有虫的残枝落叶及田园和周边杂草，并作为高温堆肥的材料或烧毁、深埋。

④ 合理布局。一方面要避免嗜食性寄主植物大面积连片种植，扩大非食性寄主植物的种植面积；另一方面在非嗜食性寄主植物的田边或田间套种几行嗜食性寄主植物作为诱虫带，集中防虫。此外还应注意嗜食性寄主与非寄主或劣食性寄主的轮作，如苦瓜、葱、大蒜、萝卜、韭菜、甘蓝、菠菜等。

⑤ 适时灌水和深耕。秋季作物收获后灌水浸泡7～10天，或当作物收获后深耕20厘米以上，露天冻晒10～15天（冬季11月12月份），第二年春季再种植斑潜蝇嗜好的寄主植物，美洲斑潜蝇虫口基数明显少于没有经过处理的地块。如果灌水和深耕同时进行，效果更好。

（3）物理防治

① 低温冷冻。冬季11月份以后到育苗之前，将棚室敞开、或昼夜大通风，使棚室在低温环境中自然冷冻7～10天，可消灭越冬虫源。

② 高温闷棚。用太阳能进行高温消毒杀虫。在夏秋季节，利用设施闲置期，采用密闭大棚、温室的措施，选晴天高温闷棚一周左右，使设施内最高气温达60～70℃，可杀死害虫，之后再清除棚内残株。菜园内，可采取覆盖塑料薄膜，深翻土，再覆盖塑料薄膜的方式，使其地温超过60℃以上，从而达到高温杀虫以及深埋斑潜蝇之卵的作用。

③ 黄板诱杀成虫。利用斑潜蝇的趋黄性，制作20厘米×30厘米的黄板，涂抹机油或黏虫液，在棚室内每隔2～3米挂一块，保持黄板的悬挂高度始终在作物顶上20～30厘米处，并定期涂机油保持黄板黏性。也可利用灭蝇纸诱杀成虫，在成虫的始盛期至盛末期，每亩设置15个诱杀点，每个点设置1张灭蝇纸诱杀成虫，3～

4 天更换 1 张。

④ 防虫网阻隔。设施栽培的棚室应设置防虫网，从根本上阻止潜叶蝇的进入。

(4) 生物防治 斑潜蝇天敌达 17 种，其中以幼虫期寄生蜂（如甘蓝潜蝇茧蜂）效果最佳。此外蜻象可食用斑潜蝇的幼虫和卵。因此应适当控制施药次数，选择对天敌无伤害或杀伤性小的药剂，保护寄生蜂的种群数量，这是控制斑潜蝇的最经济有效的措施。

十四、豇豆荚螟

豇豆荚螟（彩图 60～彩图 63），又称豇豆螟、豇豆蛀野螟、豆荚野螟、豆野螟、豆螟蛾、豆卷野螟，俗称大豆钻心虫；属鳞翅目螟蛾科。主要为害豇豆、扁豆、菜豆、绿豆、大豆、小豆、刀豆等，以豇豆受害最重。主要为害叶片、花瓣、嫩茎、嫩荚。成虫多将卵产在含苞欲放的花蕾或花瓣上。每年 6～10 月为幼虫为害期。以幼虫蛀食果荚种子、花瓣和嫩茎，被害豆类常造成大量落花、落荚、枯梢。

幼虫为害豆叶、花及豆荚，初孵幼虫即蛀入花蕾或花器，取食幼嫩子房、花药，被害花蕾或幼荚。3 龄以上的幼虫除少部分继续为害花外，大部分蛀荚为害，蛀入孔圆形，少数也可吐丝卷叶为害，在内蚕食叶肉，只留下叶脉。可缀联花与荚、荚与荚、荚与叶，钻入豆荚内，取食果粒和豆荚。多在两荚碰接处或在荚与花瓣、叶片及茎秆贴靠处蛀入，荚内及蛀孔外堆积绿色粪便，被害荚在雨后常致腐烂。受害豆荚味苦，不能食用。

(1) 农业防治

① 种植抗虫品种。抗豆荚螟品种主要体现在拒产卵，导致豆荚螟末龄幼虫体重下降、蛹期延长、羽化的雌成虫个体较小和生殖退化。豆荚螟在抗性差的豇豆品种上产卵量多，不同品种的花和荚上的幼虫数量存在显著差异，说明不同豇豆品种对豆荚螟的抗性有显著差异。

② 栽培措施。与豆荚螟非嗜食作物间作。利用温室、塑料大棚、塑料中棚、地膜设施对菜豆、豇豆进行春提早或秋延后栽培，使结荚期避开或部分避开为害高峰期，可减少施药次数，或免施农药。调节株、行距均是减轻豆荚螟为害的有效手段。此外，通过合理安排茬口，避免与豆类作物连作，因为连作为豆荚螟提供连续为害的机会，加剧豆荚螟的暴发。

③ 加强田间管理。结合施肥，浇水，铲除田间、地边杂草和残株一起挖坑堆沤灭虫源，清除落花、落叶和落荚，以减少成虫的栖息地和残存的幼虫和蛹。收获后及时清地翻耕灭茬、晒土，促使病残体分解，减少虫源和虫卵寄生地。

（2）物理防治

① 灯光诱杀。在菜田设置黑光灯诱杀成虫。每亩菜地设置一盏，灯光高度为1.5米左右，下置水盆，盆内滴些煤油，使灯距水面20厘米左右。

由于成虫对黑光灯的趋性不如白炽灯强，灯下蛾峰不明显，集中连片种植的建议从5月下旬至10月份于晚间21：00～22：00在豇豆田间放置频振式杀虫灯或悬挂白炽灯诱杀成虫，灯位要稍高于豆架，每1.2公顷设置一盏。

② 人工采摘被害花荚和捕捉幼虫。豆荚螟在田间的为害状明显，被害花、荚上常有蛀孔，且蛀孔外堆积有粪便。因此，结合采收摘除被害花、荚，集中销毁，切勿丢弃于田块附近，以免该虫再次返回田间为害。

③ 使用防虫网。在保护地使用防虫网，对豆荚螟的防治效果明显，与常规区相比，防效可达到100%，有条件的地区可在豆荚螟的发生期全程使用防虫网，可大幅度提高豇豆的产量。

（3）生物防治

① 性信息素诱杀。利用雄蛾性腺粗提物进行虫情预测预报，根据性腺粗提物进行田间诱捕。采用蓝色水盆式诱捕器，硅橡胶塞诱芯进行诱蛾，以诱芯含5头和7头雌蛾性信息素当量诱蛾效果最好。

② 自然天敌的保护和利用。豆荚螟的天敌主要包括微小花蝽、屁步甲、黄喙蜾蠃、赤眼蜂、安塞寄蝇、菜蛾盘绒茧蜂等寄生性天敌；蠼螋、猎蝽、草间钻头蛛、七星瓢虫、龟纹瓢虫、异色瓢虫、草蛉和蚂蚁等捕食性天敌；真菌、线虫等致病微生物。凹头小蜂是寄生蛹的优势种。

③ 生物药剂防治。用16000国际单位/毫克苏云金芽孢杆菌每亩100～150克制剂可以引起豆荚螟幼虫很高的死亡率。在幼虫未入荚前喷洒白僵菌菌粉2～3千克，加细土4.5千克，控制效果很好。还可选用0.36%苦参碱可湿性粉剂1000倍液或25%多杀霉素悬浮剂1000倍液等生物制剂喷雾防治。

十五、瓜绢螟

瓜绢螟（彩图64～彩图69），又名瓜螟、瓜野螟、瓜绢野螟，属鳞翅目螟蛾科。是一种适应高温的害虫，8～9月气温偏高、雨量偏少，发生则重。主要为害黄瓜、丝瓜、苦瓜、冬瓜、西瓜等葫芦科蔬菜，还可为害番茄、茄子、马铃薯等。在长江以南，1年发生5～6代，7～9月份为幼虫盛发期。

通过幼虫取食为害。初孵幼虫为害叶片时，先取食叶片下表皮及叶肉，仅留上表皮，使叶片呈灰白斑。虫龄增大后，能吐丝把叶片连缀，左右卷起，幼虫在卷叶内为害，将叶片吃成穿孔或缺刻，仅留叶脉。虫量大时，可将整片瓜地叶片吃光。幼虫可为害瓜果，取食瓜的表皮，呈花斑，或将整个瓜的表皮吃掉呈麻皮状，而后钻入瓜内，取食皮下瓜肉，使瓜腐烂变质。严重影响瓜果产量和质量。还可潜蛀瓜藤，使瓜藤的先端枯萎。

(1) 农业防治　瓜果采收后，将枯藤落叶收集沤埋或烧毁，可压低下代或越冬虫口基数。在幼虫发生期间，可人工摘除卷叶或幼虫群集取食（叶的一部分只有网状上表皮、透明）的叶片，置于特别保护器中，可使害虫无法逃走，集中消灭。

(2) 物理防治　利用成虫趋光性诱杀成虫，可于成虫盛发期间在田间安装频振式杀虫灯或黑光灯诱杀成虫。在瓜绢螟发生前，提倡采用防虫网覆盖防治瓜绢螟兼治黄守瓜。

在瓜菜面积较大的地方，于每年5～10月，每亩用2个瓜绢螟性诱器，诱杀成虫。

(3) 保护天敌 该虫天敌主要有卵寄生的拟澳洲赤眼蜂、幼虫寄生的菲岛扁股小蜂和瓜螟绒茧蜂。其中卵寄生的拟澳洲赤眼蜂寄生率较高，可达60%以上（8～10月间），对瓜绢螟的为害有明显的抑制作用，应加以保护利用。平均每叶幼虫密度在1头以下时，产量不受影响，即对叶片被食有补偿作用，应注意发挥该作用。当日平均温度在17～28℃之间时，要特别注意检查田间卵被寄生率，当寄生率达到60%以上时，要尽量避免施用化学杀虫剂。

(4) 生物防治 可选择应用螟黄赤眼蜂防治瓜绢螟。此外，在幼虫发生初期，及时摘除卷叶，置于天敌保护器中，使寄生蜂等天敌飞回大自然或瓜田中，但害虫留在保护器中，以集中消灭部分幼虫。选用16000单位苏云金杆菌可湿性粉剂800倍液，或用植物源农药1%印楝素乳油750倍液、2.5%鱼藤酮乳油750倍液、3%苦参碱水剂800倍液进行喷雾。印楝素对瓜绢螟具有多种生物活性，主要表现为幼虫的拒食、成虫产卵的忌避、生长发育的抑制和一定的毒杀活性。

十六、玉米螟

玉米螟（彩图70～彩图73）又称玉米钻心虫，幼虫是钻蛀性害虫，造成的典型症状是心叶被蛀穿后，展开的玉米叶出现整齐的一排排小孔。雄穗抽出后，玉米螟幼虫就钻入雄花为害，往往造成雄花基部折断。雌穗出现以后，幼虫即转移雌穗取食花丝和嫩苞叶，蛀入穗轴或食害幼嫩的籽粒。另有部分幼虫由茎秆和叶鞘间蛀入茎部，取食髓部，使茎秆易被大风吹折。受害植株籽粒不饱满，青枯早衰，有些穗甚至无籽粒，造成严重减产。

(1) 农业防治 玉米螟幼虫绝大多数在玉米秆和穗轴中越冬，翌春在其中化蛹。4月底以前应把玉米秆、穗轴作为燃料烧完，或作饲料加工粉碎完毕。并应清除苍耳等杂草越冬寄主，这是消灭玉米螟的基础措施。

(2) 性诱剂诱杀　首先制作诱捕器，即自制一直径30厘米的塑料盆，内盛清水，可加适量洗衣粉，水面距盆沿2厘米，水盆用三角架支撑在田间，高于作物10～20厘米，诱芯悬在水盆中间，距水面2厘米。性诱剂防治1代玉米螟，将诱盆放置在玉米田外围，盆间距离30米，每亩1个诱盆。水盆内水量不足时及时补充，诱到的蛾子及时捞出。性诱剂防治2代玉米螟，将诱捕器设置在田内，每亩地1个。放置时间和场所即在越冬代玉米螟成虫出现始期，在玉米螟主要交尾场所放置诱捕器（诱盆），诱捕时间为一个世代（30天左右）。

(3) 杀虫灯诱杀　针对有玉米秸秆集中堆放在村屯周围习惯的地区，将杀虫灯设置在村屯周边玉米秸秆集中堆放的开阔处，诱杀从玉米秸秆垛中羽化出的越冬代成虫。开灯时间一般为6月下旬至7月下旬。一般情况下，每台灯诱蛾半径100米，两台灯相隔200米以内，平均每台灯控制面积约100亩。

(4) 杀虫灯加性诱剂诱杀越冬代玉米螟成虫　把性诱剂挂在杀虫灯上，组合诱杀玉米螟成虫，填补杀虫灯诱杀的空白时段，比单独用灯和单用性诱剂诱杀效果分别提高32%和188.6%，降低了性诱成本，实现了对成虫的全天候诱杀。与单用杀虫灯一样设置和管理。

(5) 高压汞灯防治　高压汞灯是选用特制的诱虫灯，将灯设在村屯周围的开阔地，距房屋15米远以上，按每盏灯控制玉米面积130亩设置，每盏灯之间的距离150米，灯安置在一个木制三脚架上，用绝缘线将灯固定，灯泡距灯下诱水池约半尺。建池：在三脚架下平地修建原形水池，内径120厘米、高10厘米，一侧留有放水口，水池用砖和水泥修建，在开灯时池内加水6厘米，内放50克洗衣粉，诱虫期5～7天换1次池内水，每天早上捞出诱杀的死蛾。开灯时间每晚8点开灯，早4点关灯。

(6) 释放赤眼蜂　一般当越冬代玉米螟化蛹率达20%时，后推10天，为第一次释放蜂适期，间隔5～7天再放第二次，共放

2～3次。每亩释放赤眼蜂1.5万头，分2～3次释放。即第一次释放0.7万头，第二次释放0.8万头；或第一次释放0.4万头，第二次0.6万头，第三次0.5万头。每亩设置1～3个释放点，在释放时还要根据风向、风速设置点位，如风速大时，应在上头适当增加布点和释放量，下风头可适当减少。首先要按照放蜂量、放蜂点数及有效赤眼蜂头数，将赤眼蜂成品蜂卡撕成小块，用秫秸皮或针线别（缝）在放蜂点玉米植株中部叶片的背面距基部1/3处。

（7）白僵菌防治

① 利用白僵菌菌粉封垛防治。玉米螟幼虫集中在玉米秸秆垛中越冬，在5月中下旬越冬代玉米螟老熟幼虫化蛹前，进行白僵菌封垛。先计算玉米秸秆垛的体积，按每立方米喷每克含30亿活孢子的白僵菌菌粉0.25千克计算用量，以1∶10（细土或其他填充料）的比例制成菌粉待用。在玉米秸秆垛的侧面每隔一米左右用木棍向垛内捣洞，将喷粉器的喷管插入洞内进行喷粉，待对面（或上面）冒出白烟时停止喷粉，再喷其他位置，如此反复，直到全垛喷完为止。但用白僵菌封垛防效再好也满足不了玉米的防螟要求，只有使用白僵菌颗粒剂于玉米田逐颗投放才有可能达到目的。

② 利用白僵菌颗粒剂防治。在玉米新叶末期至大喇叭口期，把0.75千克的白僵菌高孢粉和80千克河沙（土沙也可）相拌，于大喇叭口期撒于玉米芯里即可。

（8）“生物导弹”防治（彩图74）　该技术是由中国科学院武汉病毒研究所研制，“生物导弹”技术是以昆虫病毒流行病学为基础，利用卵寄生蜂（赤眼蜂）将经过高新技术处理过的强毒力剂（病毒）传递到玉米螟卵块表面，使初孵幼虫感病死亡，达到控制目标害虫为害的目的。生物导弹防治集中了所有生物农药的优点，发挥了卵寄生蜂既是灭虫先锋又是传播病毒的媒介作用，具有双重杀虫效果。根据虫情监测情况，在一、二代玉米螟产卵高峰期或产卵始期至产卵盛末期作为最佳投“弹”时间。春玉米、夏玉米及秋播玉米中长势较好、叶片嫩绿的田块为重点防治对象田。将“生物导弹”产品挂在玉米叶片的主脉上，或摘除木枝条（每枝挂一枚）

插在玉米地，每亩按 15 米等距离（离田边 2 米）施放 4～5 枚，其中净作玉米地每亩投放 5 枚；套作玉米地每亩投放 4 枚。投弹后不能施用杀虫剂。

（9）喷洒苏云金杆菌防治玉米螟幼虫　当灯诱成虫达到高峰期，且田间卵孵化率达到 30％的时候，适时喷洒苏云金杆菌等生物制剂。一般在玉米大喇叭口期，每亩用 50000 国际单位／毫克的苏云金杆菌可湿性粉剂 25 克喷雾。

十七、菜螟

菜螟（彩图 75～彩图 77）又名钻心虫、剜心虫、萝卜螟、甘蓝螟、掏心虫、白菜螟、菜心野螟等，属鳞翅目螟蛾科，是世界性害虫。菜螟幼虫为害期在 5～11 月间，但以秋季为害最重。一般较适宜于高温低湿的环境条件，秋季干旱少雨温度偏高，为害严重。在长江中、下游地区，8～9 月份播种，3～5 叶的萝卜幼苗受害最重。气温在 24℃以下，相对湿度超过 70％时，幼虫将大量死亡。如果前茬是十字花科蔬菜，后茬又连种十字花科蔬菜，受害也较重。此外，地势较高、土壤干燥、干旱季节灌水不及时，都有利于菜螟的发生。该虫专门钻食幼苗期的新生组织部分，如生长点、心叶及根颈，形成许多无头苗，造成萎蔫以至死亡，引起缺苗断垄，且可传播软腐病。

幼虫吐丝结网将萝卜心叶形成一团，并躲在里面把萝卜心叶和髓吃空，只剩下几片外叶。受害轻的幼苗生长停滞，影响产量。严重时造成幼苗死亡，形成缺苗断垄现象。3 龄后幼虫除食心叶外，还可从心叶向下钻入茎髓，形成隧道，甚至钻食根部，造成根部腐烂。萝卜播种早受害重。

（1）农业防治　选好种植田，尽量避免与十字花科蔬菜连作。播前应提前做好前茬的清理工作，除掉田间的残株败叶，减少害虫来源。同时要适时晚播，使萝卜的 3～5 叶期与菜螟的盛发期错开，减轻它的为害。遇旱年要加强苗期的水分管理，勤浇水，增加田间的湿度。在间苗时要同时拔掉虫株，携出田外销毁。

（2）物理防治 结合间苗、定苗，拔除虫苗进行处理，根据幼虫吐丝结网和群集为害的习性，及时人工捏杀心叶中的幼虫，起到省工、省时、收效大的效果。

（3）生物防治

① 利用天敌。可利用赤眼蜂防治菜螟等蔬菜害虫。放蜂时应选择晴天上午8：00～9：00，露水已干，日照不烈时进行。一般发生代数重叠、产卵期长、数量大的情况下放蜂次数要多，蜂量要大。通常每代放蜂3次，第一次可在始蛾期开始，数量为总蜂量的20%左右；第二次在产卵盛期进行，数量为总蜂量的70%左右；第三次可在产卵末期进行，释放总蜂量的10%左右。每次间隔3～5天。放蜂的方法有成蜂释放法和卵箔释放法，亦可将两者结合释放。

② 生物药剂。用含活孢子量100亿/克的苏云金杆菌乳剂、杀螟杆菌或青虫菌粉，对水800～1000倍，喷雾防治。在气温20℃以上时使用，可以收到高效。

十八、 棉铃虫和烟青虫

棉铃虫（彩图78～彩图81）又名棉铃实夜蛾，烟青虫（彩图82、彩图83）又称烟夜蛾、烟实夜蛾。为害樱桃、番茄、黄秋葵、结球莴苣、皱叶甘蓝、抱子甘蓝、甜瓜、扁豆、荷兰豆、甜豌豆、甜玉米、菜用大豆等蔬菜。

棉铃虫以幼虫蛀食植株的花蕾、花器、幼果、种荚。也钻蛀茎秆、果穗、菜球等。早期食害嫩茎、嫩芽和嫩叶。花蕾和花器受害后，苞叶张开，变成黄绿色，易脱落。果实和种荚常被吃空或引起腐烂。菜球被钻蛀后因雨水、病菌侵入常引起腐烂、变质，不能食用或显著降低产品质量。

（1）农业防治

① 秋耕冬灌，压低越冬虫口基数。秋季对棉铃虫为害重的玉米、番茄等农田，进行秋耕冬灌破坏越冬场所，减少第一代发生量。

② 优化作物布局。在渠埂上点种玉米诱集带，选用早熟玉米品种。利用棉铃虫成虫喜欢在玉米喇叭口栖息和产卵的习性，每天清晨专人抽打心叶，消灭成虫，减少虫源。

③ 加强田间管理。结合田间管理随整枝打杈摘除卵虫叶片、果实和嫩梢等，蛹期增加中耕和灌水，破坏棉铃虫正常化蛹。实施科学肥水管理，使用无害化有机肥，禁止使用含激素的叶面肥。

(2) 物理防治

① 人工捕杀幼虫。在幼虫为害期，到田间检查新叶、嫩叶，如发现有新鲜虫孔或虫粪时，找出幼虫杀死。

② 频振式杀虫灯诱杀。频振式杀虫灯每 60 亩安装一盏，接口处离地面 1.2～1.5 米，每隔 2～3 天清理一次接虫袋，但在诱杀高峰期，必须每天清理一次。

③ 性诱剂诱杀。成虫性诱剂每个控制面积为 1 亩，每个诱芯使用时间为 20 天左右。

④ 糖酒醋液诱杀。糖酒醋液配制比例为酒 1 份、水 2 份、糖 3 份、醋 4 份，采用诱集器进行诱杀，每亩设立 5～6 个。放置糖酒醋液的器皿，离地面高度 1.5 米左右。

⑤ 杨柳枝诱杀。剪取 60～70 厘米长的杨柳带叶枝条，每 10 根 1 把，扎紧基部，再捆在小木桩上，插于田间，插的高度应稍高于蔬菜顶部，于黄昏插把，早晨露水未干时捕捉成虫。每亩插10～15 把，5～10 天换 1 次，每代诱虫 15～20 天。

⑥ 黑光灯诱虫。每 45 亩左右安装 40 瓦黑光灯 1 盏。

⑦设置防虫网是春季、秋季以及越夏棚室栽培种植蔬菜的基本要求。

(3) 生物防治

① 释放天敌昆虫。棉铃虫的寄生天敌是很多的，利用棉铃虫天敌的寄生性，有目的地释放侧沟茧蜂、赤眼蜂、瓢虫、草蛉以及蜘蛛等。应用赤眼蜂防治棉铃虫，在棉铃虫产卵始期、盛期、末期释放赤眼蜂，每亩大棚、温室放蜂 1.5 万头，每次放蜂间隔期为 3～5 天，连续 3～4 次，卵寄生率可达 80%左右。以虫治虫是生产

有机蔬菜的基本要求和终极目标。

② 生物药剂。在卵孵化盛期，喷施苏云金芽孢杆菌乳剂等生物制剂200克/亩对棉铃虫有一定防治效果；也可用16000国际单位/毫克苏云金芽孢杆菌可湿性粉剂每亩100～150克制剂、20亿PIB/毫升棉铃虫核型多角体病毒悬浮剂每亩50～60毫升制剂、100亿活孢子/克杀螟杆菌粉每亩80～100克、0.5%苦参碱水剂每亩75～90克、0.3%印楝素乳油800～1000倍液、10%烟碱乳油每亩50～75克等喷雾防治，每7～10天喷雾一次，连续2～4次。

十九、种蝇

种蝇别名地蛆（指幼虫）、瓜种蝇、灰种蝇、种蛆、根蛆（彩图84、彩图85）等，为多食性害虫，为害瓜、豆、葱、蒜及十字花科蔬菜。1年发生2～5代。

地蛆为害作物时，可引起种子、幼芽、鳞茎和根茎腐烂发臭，出现成片死苗和植株枯黄死亡、毁种。地蛆为害播种后的种芽和幼茎，使种子不能出苗，幼茎死亡，地蛆常由地下部钻入已出土的幼苗，并向上蛀食心部组织，受害轻时，被害表皮完好，仅留蛀孔，为害大时使整株死亡，严重时造成毁种。此外，被害株的伤口被真菌、细菌侵染，引起根茎腐烂。

（1）农业防治

① 预测预报。幼虫孵化出来不久即钻入植物内为害，给防治带来很大的困难。因此，准确地进行预测预报，在最有利的时期进行防治是非常必要的。预测预报方法用查卵法，即从植物2～3叶期起，每日检查根部周围和土缝里是否有卵。如果被产卵的丛数达到10%，即应开始防治。

② 合理轮作换茬。尽量避免根部周围和土缝里是否有卵。如果被产卵的丛数达到10%，即应开始防治。

③ 清洁田园。彻底清除残体，集中深埋或燃烧处理。特别是冬季，采收后应及时处理残枝残体，减少再侵染源。

④ 深耕晒垡。尽早春耕，适时秋耕。深翻土壤30～40厘米，

利用高温杀灭虫卵，以减少种蝇的越冬基数，减少翌年初侵染源。

⑤ 护根育苗。提倡营养钵草炭基质育苗，浸种催芽，浇足底水后播种。

⑥ 科学施肥。施用腐熟的粪肥和饼肥，均匀、深施（最好做底肥），种子和肥料要隔开，可在粪肥上覆一层毒土或拌少量药剂。不用未经腐熟的粪肥及饼肥，这不但对幼苗有利，而且能减少对成虫的诱集。每亩施精制有机肥 50 千克，可替代农家肥，起到净化土壤、减少虫源在土壤中积累的作用。

⑦科学浇水。在种蝇已发生的地块，要勤灌溉，必要时可大水漫灌，能阻止种蝇产卵、抑制种蝇活动及淹死部分幼虫。灌水要与作物生长的需要统一考虑。

（2）物理防治

① 黄板诱杀。在各代成蝇盛发期，每亩挂黄色诱杀板 15 块，或挂 30 张黏蝇纸，10～15 天换一次，具有很好的杀虫效果。

② 糖醋诱杀成虫。将糖、醋、水按 1∶1∶2.5 的比例配制诱集液，并加少量锯末和敌百虫拌匀，放入直径 20 厘米左右的诱蝇器内，每天下午 3～4 时打开盆盖，次日早晨取虫后将盆盖好，5～6 天换液一次。注意废液不宜倒入有机菜地。

（3）生物防治　保护和利用天敌。地下害虫很多，如寄生蜂、步行虫、益鸟、绿僵菌、白僵菌等，应积极开展生物防治。

二十、韭菜迟眼蕈蚊（韭蛆）

韭蛆又叫韭菜蛆、根蛆，一般指韭菜迟眼蕈蚊，是韭菜生产中最主要、最顽固的防治对象。除为害韭菜外，还为害葱、蒜、花卉和中草药等。菜农随意喷打农药、生长激素以及农药肥料混杂超剂量使用，造成部分韭菜农药残留量超标、商品性下降，极易引发人和动物的慢性中毒，因此，要掌握好韭蛆的发生发展规律及为害特点，采取综合的绿色防控技术措施，以减少损失。

幼虫先取食韭菜叶鞘基部的嫩茎上端，春、秋两季主要为害韭菜嫩茎，根基腐烂，地上部分生长细弱，叶片枯黄萎蔫下垂，最后韭叶枯黄而死；夏季高温时向下移动，蛀入鳞茎取食，严重时鳞茎腐烂，整墩枯死。韭菜一旦被韭蛆为害，韭苗枯萎不能萌发新芽，有的虽然萌发了新芽，但长势细弱，要经过1～2年的培管才能恢复正常生长。

(1) 农业防治　选用抗性品种。一般不休眠品种对韭蛆抗性强于休眠型品种，生长势强的品种对韭蛆抗性更明显一些。

适期播种。春播韭菜应掌握在3月上中旬地膜覆盖播种，或采用沙箱等无土集中育苗，以尽早促进植株生长，增强抗病虫性。

采用基质代土育苗（栽培）。其栽培基质可用鲁青牌有机无土复合基质+每1立方米加45%复合肥100克。育苗工厂用钢丝床作栽培床，栽培基质摊铺厚度为5～10厘米（底垫农用薄膜），床上架设微喷。也可用328孔标准塑料穴盘，内填上述基质放在钢丝床在温室或大棚内直接栽培，收获时连盘上市鲜销。

增施商品有机肥、生物菌肥和微肥。施用充分腐熟的有机肥，在成虫发生盛期不要浇泼粪稀。施肥要做到开沟深施覆土。

在早春和秋末冬初，早晚各灌一次，连续灌水3天。灌水以淹没垄背为宜，使韭蛆窒息死亡。加入适量农药效果更佳。

韭菜割头刀时和割二刀后，用3%氨水搅拌均匀，停15～20分钟后灌根，可减轻韭蛆为害。春天韭菜萌发前，用竹签等物剔开韭根周围土壤，即晒根晾土，经5～6天幼虫干死。覆土前沟施草木灰（未经雨淋过的），可防治幼虫。

做好田园清洁。清除韭蛆繁殖场所，韭蛆对葱蒜气味较敏感，喜食腐败的东西，并在其上产卵，要及时清理菜畦里的残枝枯叶及杂草，降低幼虫孵化率和成虫羽化率。播种时提倡使用秸秆覆盖杂草，采用人工除草，禁止用化学除草剂除草。

(2) 生物防治

① 糖醋液诱杀成虫。用糖、醋、酒、水按3∶3∶1∶10的比例加入1/10的90%晶体敌百虫，配制成混合液，分装在瓷制容器内，80平方米面积上放1个，诱杀韭蛆成虫，5～7天更换一次，隔日加一次醋液。

② 草木灰防治。用铁锄在韭菜地里犁出一道深 5～10 厘米的沟，沟里撒上草木灰，用土把沟和草木灰盖住，再给韭菜浇一遍水。在韭菜地里撒上草木灰，不但地里不长韭蛆，还会给韭菜增加了肥料。

③ 使用牛马粪防治。每茬韭菜割完后，用发酵几天后再晾干的马粪和牛粪，铺在韭菜茬上再浇水，这样可以防止韭菜韭蛆的繁殖。不能使用鸡粪和猪粪当肥料，牛马粪只铺 1 厘米厚，既防治了韭蛆，又给韭菜补充了磷等养分。

④ 生物混合发酵物及生物菌肥防治。采用 5 亿/毫升微保久对准畦面均匀喷雾，每亩喷药量为 100 千克，喷雾力求均匀周到，当天灌水，水浸入土中约 10 厘米，保持土壤湿润。或用棕榈粕、花椒粕、蓖麻粕和牛羊粪混合发酵，其中牛羊粪各占 40%，其他 20%。发酵后即成有机肥料，韭菜收割后，用铁锄在韭菜空行间犁出一道深 5～10 厘米的沟，把发酵后的有机肥料撒上，用土盖上，既防治韭蛆又给韭菜增加了肥料。尤其是重茬或农药残留较严重的韭菜田，每亩用底肥动力王 100 千克作基肥施后定植，或在前茬收割后，在韭菜空行间犁出一道深 5～10 厘米的沟，把生物菌肥撒上，用土盖上，通过生物菌肥改善土壤微生物环境，增强韭菜抗病虫能力，降解土壤中毒素和农药残留。

⑤ 沼液防治。用发酵出池后的沼液防治韭蛆效果很好。早春及秋季韭蛆幼虫发生时，每茬韭菜割完后用沼液灌根，既可杀死韭蛆又增施有机肥。

(3) 物理防治

① 灯光诱杀。在韭菜田设置紫外光杀虫灯诱杀成虫。或频振式杀虫灯，5～10 月晚上开灯进行诱杀。

② 设置防虫网。有条件的，露地栽培和保护地栽培可设置防虫网浮面覆盖，防止韭蛆成虫侵入为害，防虫网密度为 40～60 目。

③ 覆盖隔离：韭菜收割后，及时在韭菜上覆盖塑料薄膜，3～5 天后，待韭菜气味消失后再揭开。

④ 黏虫胶：在成虫盛发期可用黏虫胶黏杀成虫。自制或市售

黏虫板均可，每亩悬挂60块为宜。

⑤ OZO系列臭氧水生成装置及臭氧防治技术。臭氧防治是利用臭氧的强氧化反应，氧化分解韭蛆体内葡萄糖所必需的葡萄糖氧化酶，直接与韭蛆的幼虫和成虫发生氧化反应，破坏其细胞壁、DNA和RNA，分解蛋白质、脂质类糖等大分子聚合物，使它的物质代谢和生长过程遭到破坏，并渗入细胞膜内作用于外膜脂蛋白和内部脂多糖，使细胞壁发生通透性畸变，致害虫死亡。经过对比分析，用臭氧水两次14天后防治效果就可达到79.01%，且对韭菜无药害、无残留。

⑥ DT-90型土壤电处理机防治技术。待出齐苗后的第四周开始进行电处理，每120平方米地块处理2小时。电极每隔30～60厘米放一块。每隔4周重复处理一次。土壤连作障碍电处理机在土壤含水量13%～33%时，对于土壤害虫，该机主要通过脉冲电流进行杀灭；而病菌病毒主要通过土壤水分电解产生的氧化性气体，比如酚类气体、氯气和微量原子氧进行灭活；根系分泌的有毒有机酸主要是通过电极附近产生的电化学作用消解；土壤盐化和碱化离子的消除则主要是通过电极附近发生的氧化还原作用进行。当土壤表层（距地表面0～15厘米）的含水量在20%～35%时进行处理，对韭蛆等根际微小害虫的处理时间应在2～3小时。

（4）生物农药防治

① 1.1%苦参碱粉剂：每亩用2～4千克对水50～60千克灌根。

② 根蛆净：根蛆净是一种高效生物菌剂，其主要成分是能够产生新型抗虫蛋白的荧光假单胞菌，能有效防治各种地下害虫。每亩用含荧光假单胞菌10亿个/毫升的根蛆净水剂300毫升灌根，防效可达90%以上。

③ 苏云金杆菌：每亩用8000国际单位/毫升苏云金杆菌可湿性粉剂5～6千克，对韭蛆的防治效果可达75%以上，且持效期较长。

④ 病原线虫：应用小卷蛾线虫和异小杆线虫，防治效果可达

60%～70%。线虫制剂目前已有商品出售。

二十一、蛴螬

蛴螬（彩图 86）又名白地蚕、白土蚕、蛭虫、地漏子，是东北大黑鳃金龟的幼虫。几乎为害各种蔬菜作物。蛴螬始终在地下活动，一般当 10 厘米土温达 5℃时开始上升到土表活动，13～18℃时活动最旺盛，23℃以上则往深土中移动，至秋季土温下降到其活动适宜范围时，再移向土壤上层，因此，蛴螬在春、秋季为害最重，尤其小雨连绵天气为害严重。

蛴螬的幼虫始终生活在地下为害，啃食萌发的种子，咬断各种蔬菜秧苗的根茎，致使全株死亡，造成缺苗、断垄（彩图 87）。还可蛀食块根、块茎，使作物长势衰弱，降低产量和质量；蛴螬的咬口整齐，虫口还有利于病菌的侵入，诱发病害；成虫仅食害树叶及部分作物叶片。

（1）农业防治

① 适时秋耕深翻。对于蛴螬发生严重的田块，在深秋或初冬翻耕土地，这样不仅能直接杀死一部分蛴螬，而且将大量蛴螬暴露于地表，使其被冻死或被天敌啄食，从而减轻第二年的为害。

② 合理安排茬口。避免与大豆、花生、玉米等喜食寄主套作，重发生地块实行水旱或葱蒜类轮作。

③ 避免施用未充分腐熟的有机肥。蛴螬对未充分腐熟的有机肥有强烈的趋性，常产卵于其内，如施入大棚内，则会带入大量虫源；而充分腐熟的有机肥不仅可改良土壤的透水、通气性，提供土壤微生物活动的良好条件，使根系发育快、秧苗整齐而粗壮，增强秧苗的抗虫性，而且由于蛴螬喜食腐熟的有机肥，也可减轻其对秧苗的为害。

④ 合理灌溉。土壤温湿度直接影响蛴螬的活动，蛴螬发育的最适土壤含水量为 15%～20%，土壤过干过湿均会迫使蛴螬向土壤深层移动，而且土壤过干或过湿，则使其卵不能孵化，幼虫致死，成虫的繁殖和生活力严重受阻，所以，在蛴螬发生区内，在不

影响蔬菜生长发育的前提下，对于灌溉要加以控制。大棚内由于温度高，幼苗较集中，往往受害早而重，应从营养土的堆制开始采取有效措施加以防范。

（2）人工捕杀　利用成虫的假死性，在集中的作物上振落捕杀。发现菜苗被害，挖出土中的幼虫。

（3）诱杀成虫

① 灯光诱杀：利用成虫的趋光性，在其成虫盛发期，用黑光灯或黑绿单管双光灯（发出一半黑光一半绿光）诱杀成虫。每30亩菜田设40瓦黑光灯1盏，距地面30厘米，灯下挖一土坑（直径约1米），铺膜后加满水再加微量煤油封闭水面。但早晚开灯诱集，清晨捞出死虫，并捕杀未落入水中的活虫。

② 糖醋液诱杀：将糖：醋：水（1：3：6）诱盆置于田间地头诱杀。

③ 性信息素诱杀：暗黑鳃金龟子成虫的性引诱剂已经研发成功。在成虫发生高峰期，1小时内可引诱到700只左右雄性暗黑鳃金龟子，连续使用，可使金龟子各占群数量下降80%。目前已有商品出售，具体使用方法可参见产品使用说明书。

（4）生物防治　生物防治是综合防治蛴螬的方法之一，应积极试验并用于防治实践。主要有苏云金杆菌（每克含100亿个芽孢）、卵孢白僵菌粉剂（每克含40亿个芽孢）、绿僵菌或拟青霉菌粉剂（每克含20亿个活孢子）等。

病原真菌：生产上使用较多的防治蛴螬的病原真菌是布氏白僵菌和金龟子绿僵菌。每亩用卵孢白僵菌（每克含15亿～20亿个孢子）2.5千克，拌湿土70千克，于蔬菜幼苗移栽时施入土中，防治效果可达70%～90%。绿僵菌采用菌肥和菌土的施用方式，每亩用菌剂2千克（每克含23亿～28亿个孢子），虫口减退率可达70%左右。

病原细菌：每亩用苏云金杆菌乳剂300克配制毒土施用，毒土用量一般为50千克左右，防治效果在20%～78%之间；配制毒饵的平均虫口减退率可达65%左右。另外，外国公司已有防治日本金龟子的芽孢杆菌商品制剂，名称为“Doom”。

病原线虫：昆虫病原线虫是昆虫的专性寄生性天敌，主要包括斯氏线虫科和异小杆线虫科，对土栖性和隐蔽性害虫有特殊的防效。如利用广东省昆虫研究所研制的昆虫病原线虫制剂（绿草宝，或新线虫 DD-136 制剂）防治蛴螬，每亩用量为 1.5 亿头，效果很好。

（5）天敌昆虫的保护利用　天敌主要有茶色食虫虻、金龟子黑土蜂等。土蜂是寄生金龟子幼虫蛴螬的重要天敌，可对蛴螬起到良好的自然控制作用。人工种植或保护蜜源植物（蛇床、水芹、老山芹、茴香、珍珠梅、香蓼、东方蓼、老牛错等）是科学利用土蜂防治蛴螬的有效途径。

二十二、小地老虎

小地老虎（彩图 88、彩图 89）又名土蚕、地蚕、黑土蚕、黑地蚕、切根虫。属鳞翅目夜蛾科。该虫只在幼虫阶段为害农作物，可为害所有蔬菜作物幼苗，以豆类、茄果类、瓜类、十字花科蔬菜为害最重。喜温暖潮湿的条件，最适发育温度为 13～15℃，河流湖泊地区或低洼内涝、雨水充足及常年灌溉地区，土质疏松、团粒结构好、保水性强的壤土、黏壤土、沙壤土均适合于小地老虎的发生。尤其在早春菜田及周缘杂草多、可提供产卵的场所，蜜源植物多，可为成虫提供补充营养的情况下，将会形成较大的虫源，从而出现严重的为害。

小地老虎主要为害春播蔬菜幼苗，刚孵化的幼虫常常群集在幼苗上的心叶或叶背上取食，把叶片咬成小缺刻或网孔状。幼虫 3 龄后白天潜伏在表土层中，夜间到地面上为害，把蔬菜幼苗近地面的茎部咬断，还常将咬断的幼苗拖入洞中取食，其上部叶片往往露在穴外，使整株死亡，造成缺苗断垄以至毁种。也可全身钻入茄子、辣椒果实或白菜、甘蓝叶球中，严重影响蔬菜产量和质量。

（1）农业防治

① 清洁田园。蔬菜收获后及时清除田间杂草，剔除残留土壤

中的农膜碎片；早春注意防除菜田及周围杂草，防止成虫在杂草上产卵，减轻为害。对于已经产卵并发现1～2龄幼虫的，则应先喷药然后除草，以免个别幼虫入土隐蔽。清除的杂草要远离菜田，集中销毁或作堆肥。

② 深翻土壤。深秋或初冬深耕翻土，不仅能直接杀死部分越冬蛹和幼虫，还可将害虫暴露于地表，使其被冻死、风干，或被天敌食之、寄生，以有效减少发生基数。

③ 合理轮作。利用小地老虎多为害旱地作物的特点，采取旱地作物与水稻实行2～3年的水旱轮作，可明显降低虫口密度。

④ 肥料处理。在成虫产卵期，大棚施用的露天灰肥或覆盖用枯草，应沤制或喷药处理后再入棚，防止小地老虎卵随肥、草入棚。

(2) 物理机械防治

① 灯光诱杀成虫：小地老虎成虫具有趋光性，可利用黑光灯进行诱杀。也可在5～10月份，在蔬菜上方50～100厘米处安装频振式杀虫灯，隔1天收集昆虫袋和清理杀虫电网，每盏灯可控制40亩左右的范围。

② 性诱剂诱杀：利用雌性小地老虎性信息素的仿生品——性诱剂，诱捕其雄性成虫，从而减少雌性成虫交配及产卵的机会，降低田间虫量。目前小地老虎性信息素诱芯及其配套诱捕器（船形或桶形）已经商品化。使用方法：在成虫发生期，将诱芯及诱捕器悬挂于田间，距离作物上方15厘米左右，每亩棋盘式配置3～5套为宜。

③ 糖醋液诱杀成虫：利用小地老虎成虫的趋化性，可自制糖醋液，春季利用糖醋液诱杀越冬代成虫，按糖6份、醋3份、白酒1份、水10份、90%敌百虫1份调匀，或用泡菜水加适量农药，在成虫发生期设置，将诱液放于盆内。傍晚时放到田间，位置距离地面1米高，次日上午收回。对其雌、雄成虫均有一定的防治效果。

④ 新鲜植物诱杀：用新鲜杨树或柳树的枝叶扎成把，在40%

乐果乳油 50 倍稀释液中浸泡，10 小时后取出，于傍晚前插入田间，每亩插 10 枝，次日清晨收回，可诱杀小地老虎成虫。

⑤ 堆草诱杀幼虫：在育苗或定植前，小地老虎仅以田间杂草为食，因此可选择小地老虎喜食的苜蓿、泡桐叶、莴苣叶、苦荬菜、艾蒿、白茅等杂草堆放在田间，每亩放 100 堆左右，每堆面积约 10 平方厘米，于第二天清晨堆捕杀幼虫，如此连续 5～10 天，即可将大部分幼虫消灭。

⑥ 草把诱卵：用稻草或麦秆扎成草把，插于田间引诱成虫产卵，每亩置 3～5 把，每 5 天更换一次，更换下的草把要集中烧毁或灭卵。

⑦人工挑治：清晨扒开缺苗附近的表土，可捉到潜伏的高龄幼虫，连续几天效果良好。还可将泡桐叶或莴苣叶置于田内，清晨捕捉幼虫。

（3）生物防治　于低龄幼虫盛发期，可用生物药剂苜核·苏云菌悬浮剂（苜蓿银纹夜蛾核型多角体病毒每毫升 1×10^{7} PIB、苏云金杆菌每微升 2000 国际单位）500～750 倍液对蔬菜进行灌根，由于病毒可在病虫体内大量繁殖，并在土壤中传播和不断感染害虫，因此具有持续的控害作用。

另外，白僵菌、绿僵菌类等生物药剂，是能够寄生于多种害虫的真菌，通过体表或取食作用进入害虫体内，并在害虫体内不断增殖，不断在害虫种群中传播，致其死亡。一般采用灌根或毒土等方法施用。由于不同厂家和产品所使用的菌株和有效成分含量等不同，防治对象及效果也会有很大差异，因此在购买和使用此类产品时，应仔细阅读产品说明书，选择正确的产品及使用方法。施药宜在阴天全天或晴天下午 4 时后进行，可以提高防效。

二十三、蝼蛄

蝼蛄又称土狗子、小蝼蛄、拉蛄、拉拉蛄等。属直翅目蝼蛄科，寄主以辣椒、黄瓜、菜豆、豇豆、茄子、番茄、扁豆等常规蔬菜为主。以蔬菜种子和幼苗为寄主。一般在清明前后上升到土表活动，在洞口可顶起一小土堆，并于5～6月达到最活跃的时期。温室、温床、大棚和苗圃内由于环境温度较高，蝼蛄的活动时间有所提前，加上一般采用集中育苗，受害较为严重。进入6月下旬后，天气炎热，蝼蛄陆续钻入深层土中越冬。此外，土壤潮湿对蝼蛄活动有利，会加重对蔬菜秧苗的为害。土壤干旱，则蝼蛄活动减弱。温暖湿润、多腐殖质的壤土或沙壤土，以及堆过栏肥或垃圾的地方作苗床地，则蝼蛄较多，为害较重。蝼蛄昼伏夜出，以夜间9～11时活动最盛。

以成虫和若虫在地下为害，取食播下的种子、幼芽或将幼苗咬断，受害的根部仅剩丝状维管束呈乱麻状，常造成缺苗、断垄。蝼蛄的活动将土表土窜成许多虚土隧道，使苗根脱离土壤，形成“吊根”，失水而死，可使幼苗成片死亡。

（1）搞好预测预报　蝼蛄的生活周期很长，长期生活于地下，数量变动较稳定。因此，通过调查，就可以准确地预报出发生的数量和为害程度，从而为有计划、有步骤、及时防治打下基础。预测预报的方法是在10000平方米的面积内，选2～3个点，每个点1平方米，掘地深30～70厘米，仔细寻找幼虫。一般1平方米0.3头虫时为轻度发生，0.5头以上时为严重发生。

（2）农业防治　秋后收获末期前后，进行大水灌地，使向土层下迁的成虫或若虫被追向上迁移；并适时进行深耕翻地，把害虫翻上地表冻死。夏收以后进行耕地，可破坏蝼蛄产卵场所。注意不要施用未腐熟的有机肥料，在虫体活动期，追施一定量的石灰，可驱使蝼蛄向地表迁动。实行合理轮作，改良盐碱地，有条件的地区实行水旱轮作。保持苗圃内的清洁，育苗前做好土壤消毒工作；播种苗栽种时，要先把种子进行消毒，然后播种。

（3）物理机械防治

① 人工诱杀成虫。蝼蛄羽化期间，可用灯光诱杀，晴朗无风闷热天诱集量最多。夏秋之交，黑夜在苗圃中设置灯光诱虫，并在灯下放置有香甜味的、加农药的水缸或水盆进行诱杀。

② 人工捕杀。早春沿蝼蛄造成的虚土堆查找虫源，发现后，

挖至45厘米深处即可找到蝼蛄。或在蝼蛄发生较重的地里，在夏季蝼蛄的产卵盛期查找卵室，先铲去表土，发现洞口，往里挖14～24厘米，即可找到虫卵，再往下挖8厘米左右可挖到雌虫，将卵和雌虫一并消灭。

③ 食物诱杀。利用蝼蛄喜欢的食物，如新鲜的马粪、炒香的谷物等，在食物中加杀虫剂而将其诱杀。在田间挖30厘米见方、深20厘米的坑，内堆湿润马粪并盖草，每天清晨捕杀蝼蛄。还可在菜园中间堆一小堆马粪，然后在马粪堆上方1.5米处拉一盏电灯，晚上照明，利用蝼蛄的趋光性和趋粪性，蝼蛄夜间飞向电灯然后落到粪堆上，便钻入粪堆里，第二天再翻动粪堆抓住蝼蛄，一周时间基本抓完蝼蛄。

（4）生物防治　利用昆虫病原微生物，如病毒、细菌、真菌、立克次体和线虫等进行生物防治害虫；绝大多数鸟类是食虫的，保护鸟类、严禁随意捕杀鸟类也是生物防治的重要措施。在苗圃除保护附近原有的鸟类外还应人工悬挂各种鸟箱招引，使其在苗圃周围捕食蝼蛄。还可以利用不育的蝼蛄与自然发生的蝼蛄交配，使其产生不育群体，减少蝼蛄发生量。

二十四、蜗牛和蛞蝓

蜗牛（彩图90～彩图93）有灰巴蜗牛和同型巴蜗牛两种，蜗牛又名水牛。主要为害甘蓝、紫甘蓝、花椰菜、青花菜、白菜、萝卜、菠菜、苋菜、樱桃萝卜、辣椒、茄子、番茄、豆类、瓜类、薯类、玉米等。蜗牛为陆生软体动物，生活在农田，庭院、公园、林边杂草丛或乱石堆中，常在雨后爬出来为害蔬菜。一年繁殖1～2次。蜗牛喜阴湿，如遇雨天，则昼夜活动产生为害；干旱时，白天潜伏，夜间活动。

灰巴蜗牛主要取食蔬菜作物的叶、幼苗、地下块茎及果实。将蔬菜幼苗咬断，造成缺苗断垄，甚至整块地仅剩个别植株，为害叶片，造成缺刻、孔洞，严重时仅余叶脉；初孵化的同型巴蜗牛幼螺只取食叶肉，留下表皮，稍大的个体则用齿舌将叶、茎舐磨成小孔将其吃断。取食造成的伤口还易诱发软腐病等，导致菜叶、菜株、果实腐烂坏死。

蛞蝓（彩图 94）为害茄科、十字花科、豆科等多种蔬菜及作物。野蛞蝓食性杂，为害幼苗，会造成缺苗，叶、花、果受其啮食或被其粪便污染后，极易引起细菌的侵染，造成霉变或腐烂。由于有昼伏夜出的习性，密度小的时候不易被人察觉，往往会贻误除杀。

（1）农业防治　清洁田园，及时中耕，以破坏蜗牛和蛞蝓的栖息地和产卵场所，减少虫源。推进秸秆综合利用措施，提高秸秆利用率，减少废弃秸秆，可在一定程度上降低菜田蜗牛和蛞蝓的为害。秋冬深翻地，把卵和越冬成虫翻至地表，晒死、冻死或被天敌取食。在发生严重地块，冬春季和秋季翻耕土地时留一块杂草地，以引诱蜗牛和蛞蝓，然后集中消灭。及时彻底清除田间、畦面的杂草和作物残体。不施用未腐熟的有机肥。

（2）物理防治

① 人工捕杀。晴天傍晚，一般在傍晚 19：00 以后蜗牛开始活动时进行捕捉，捕捉的最佳时间为 20：00～21：00，连续捕杀 3～4 个晚上基本可以控制蜗牛的为害；也可在雨后、阴天或晴天清晨捕捉，但效果不佳；或是利用树枝、杂草、菜叶等作诱集堆，每隔 3～5 米放置 1 堆，诱使蜗牛潜伏在诱集堆下，次日清晨再集中捕捉、捣碎深埋。

② 放鸭啄食。在清晨、傍晚或阴雨天气蜗牛活动期间，释放鸭子到田间啄食蜗牛，但要注意回避作物的幼苗期和结实期，否则得不偿失。

③ 撒生石灰带。在作物物间或四周撒生石灰，可显著减轻蜗牛和蛞蝓为害，一般用量为每亩 3～5 千克，也可增加到 5～10 千克。地面潮湿时收效较差，注意不要将生石灰撒到叶面上，以免叶片受损。此法保苗效果较好。

（3）生物防治　每亩用茶籽饼粉 3～5 千克撒施，或用茶籽饼粉 3 千克加水 50 千克浸泡 24 小时，以后取其滤液进行喷雾。

用1%食盐水，或2%～5%甲酚皂1000倍液，或硫酸铜1000倍液，在下午16时以后或清晨蛞蝓等入土前，全株喷洒。

二十五、番茄黄化曲叶病毒病

番茄黄化曲叶病毒病（彩图95、彩图96）为近年来发现的新型毁灭性番茄病害，在自然条件下只能由烟粉虱以持久方式传播，被称为粉虱传双生病毒，是一种暴发性、毁灭性病毒。苗期在播种后25天左右即可出现轻微为害症状，染病番茄植株矮化，生长缓慢或停滞，顶部叶片常稍褪绿发黄、变小，叶边缘上卷，叶片增厚，叶质变硬，叶背面的叶脉常显紫色。生长期染病，表现为上部叶片黄化变小，叶片边缘上卷，叶片皱缩，增厚，卷曲，上部节位开花困难，果形小、成熟慢，致使产量与质量严重降低，染病植株生长缓慢或停滞，明显矮化。我国原有的番茄品种均不抗番茄曲叶病毒（TYLCV），传播媒介烟粉虱的入侵和全国性的传播蔓延，是该病暴发流行的主要原因。针对该病的发生流行规律，应以夏秋季番茄育苗和栽培为保护重点，以农业防治为主，包括种植抗病品种，清除毒原和综合防控传毒媒介烟粉虱等措施。

（1）农业防治

① 适当施肥：在栽培上适当控制氮肥用量，增施钾肥、钙肥、有机肥，促进穴盘苗保护组织、机械组织的形成，促进植株生长健壮，提高植株的抗病能力。叶面喷施1%过磷酸钙、1%磷酸二氢钾500倍液，均可提高植株耐病性。

② 种植抗病品种：是防治该种病毒病的经济有效措施。适合保护地栽培的品种有飞天、光辉、阿库拉、忠诚、迪利奥、飞腾等。适宜南方露地栽培的品种有拉比、莎丽、琳达、维拉、奥斯卡、斯科特等。可用于保护地越冬及露地秋延后栽培品种如齐达利、赛特科、瑞美兹、贝多芬、粉曼丽等，串收小果品种有凯蒂、盛艳等；樱桃番茄迪兰妮、多美欧、齐达利、凯特2号、千粉1101、安德利2号等。除了上述国外公司的品种外，近年国内育成的浙粉701、浙粉702、浙杂301、浙杂501、金棚10号、金棚11

号等，樱桃番茄圣桃 3 号、74-112、抗 TY 千禧等抗耐病性较强，可结合产地环境条件、不同生产方式和市场需求，经试种成功后因地制宜选用。

由于不同品种抗病基因和地区间病毒株系的差异，以及该种病毒易产生变异和病毒间重组等复杂因素的影响，抗病品种的表现有时不稳定。经过试种选抗病性强、商品性状好的品种扩大应用，并与防控烟粉虱的措施相结合，才能充分发挥抗病品种的作用。

③ 培育无病壮苗：番茄幼苗期最易感染病毒，植株发病后的受害损失亦最严重。保持育苗房清洁卫生，避免混栽，彻底清除杂草、自生苗及前茬蔬菜植株的残枝落叶，防止烟粉虱残存滋生。调整育苗期，苗房的通风口和缓冲门安装 50 目防虫网，防止烟粉虱成虫迁入传播病毒。每 10 平方米苗床面积挂一块黄色黏虫板监测成虫，一旦发现虫情立即进行药剂防除。

番茄工厂化育苗一旦染病，病毒就会随商品苗远距离传播，病苗被当地烟粉虱成虫侵染后即可终身带毒扩大传播，造成该病大范围流行。工厂化育苗应遵循清洁生产的理念，严格操作规程，培育无病虫壮苗，保障安全生产，防止成为病苗和烟粉虱的传播、扩散基地。

④ 接种疫苗：番茄育苗期采用黄化曲叶病毒疫苗接种防疫是最经济有效的方法。接种疫苗后，可刺激机体产生抗黄化曲叶病毒的免疫力，用于黄化曲叶病毒病的预防，同时对花叶病毒、小叶病毒、蕨叶病毒、条斑病毒均有效。

⑤ 避免嫁接传毒：如果接穗或砧木带毒，通过嫁接，病毒未脱离活体寄主便可以相互传播，所以嫁接是病毒病传播的一条重要的途径。在培育嫁接苗时要避免从病毒母株上取接穗，同时也要淘汰有病毒的砧木。受接穗和砧木亲和力影响，嫁接也会将病株中其他病毒同时传播。嫁接育苗应选择耐逆、抗病、与接穗亲和性强、对产品品质无不良影响的砧木品种，提高幼苗的抗病性。如野力佐木 F1 番茄专用野番茄砧木、阿拉姆等。

⑥ 苗龄适当：培育适龄壮苗，苗龄过大，植株生长势弱，易

感染病毒病，定植后缓苗慢，并易引发其他病害。

(2) 生态防治 蔬菜育苗在相对封闭的设施环境中进行，具有高湿、高温、弱光、空气流动性差和昼夜温差大等小气候特征。蔬菜穴盘苗含水量高、保护组织不发达，为病原菌的侵染提供了“良好”寄主。因此必须加大环境控制技术防治蔬菜幼苗病毒病。

① 湿度：在育苗室内保持适宜空气湿度，选用无滴膜，以防滴水造成局部湿度过大。

② 温度：一般高温、干旱年份有利于烟粉虱迁飞、传毒以及病毒的增殖，发病重；高温还会缩短病毒潜育期。因此，要适时通风降温，并采用强制通风和降温设备，以避免棚内高温。

③ 光照：控制适宜光照强度，强光时加强遮光，弱光时应当补光，提高幼苗抗病能力。

(3) 防控烟粉虱 烟粉虱是刺吸式害虫，成虫喜欢无风温暖天气，有趋黄性，气温低于12℃停止发育，14.5℃开始产卵，随气温升高，产卵量增加，高于40℃成虫死亡。烟粉虱几乎每月出现一次种群高峰，每代15～40天，每雌产卵120粒左右，卵多产在植株中部嫩叶上。烟粉虱一旦感染病毒可终生传播。

① 释放丽蚜小蜂：在世界范围内烟粉虱有45种寄生性天敌，62种捕食性天敌，其中对烟粉虱影响较大的天敌是丽蚜小蜂。在栽培田内人工释放丽蚜小蜂，可有效控制烟粉虱的为害。在棚室番茄定植1周后或烟粉虱发生初期，单株虫量达到0.5～1头时，开始释放丽蚜小蜂。放蜂时将丽蚜小蜂的蜂卡挂在植株中上部的分枝上即可，丽蚜小蜂羽化后即可自动寻找烟粉虱并寄生粉虱幼虫。一般每隔7～10天释放一次，每次每亩释放2000～3000头，连续释放5～6次。应防止高湿或水滴润湿蜂卡而造成丽蚜小蜂窒息或霉变，不能羽化。棚室内应铺盖地膜，并正常通风，温度应控制在20～35℃、夜间15℃以上。

② 防虫网隔离：使用防虫网的目的是为了阻挡烟粉虱。育苗及定植棚室均设置60目的防虫网，严防烟粉虱侵入。如设施内温度过高，也可以只在下部风口处使用60目防虫网，上部风口处仍

使用 40 目防虫网。

③ 黄板诱杀：因烟粉虱成虫有趋黄色特性，在棚内于植株顶部略高处设黄板诱杀，每亩设 40～60 块，在植株顶端 10～15 厘米处悬挂黄板诱杀烟粉虱，以减少传毒媒介，避免感染病毒。也可用 1 米×0.2 米纤维板或硬纸板，涂成橙黄色，再涂一层黏油（可使用 10 号机油加少许黄油调匀），每亩设置 32～34 块，置于行间，与植株高度一致，黄板需 7～10 天重涂一次。

(4) 生物防治　可选用 2%氨基寡糖素水剂 300～400 倍液，或 4%嘧肽霉素水剂 200～300 倍液喷雾防治。用人工诱变获得致病力较弱的病毒株系即为弱毒疫苗。由于病毒株系间的干扰作用，弱毒株侵染植物后，能干扰强毒株的侵染，使之不表现症状或症状减轻，达到控制强病毒株系对植物的为害。如用弱毒株 N_{14} 100 倍液兑少量金刚砂，用空气压力为 2～3 千克力/平方厘米的压力喷枪喷雾等。

二十六、瓜类蔬菜枯萎病

瓜类蔬菜枯萎病（彩图 97～彩图 99）属真菌性病害，整个生长期都能发病，以开花、抽蔓到结果期发病最重。发病幼苗茎基部变为黄褐色，子叶萎蔫，后茎基部变褐而缢缩，可猝倒死亡。土壤潮湿时，根颈处产生白色绒毛状物。若幼苗受害早，未出土即已腐烂，或出土不久顶端呈现失水状，子叶萎蔫下垂。成株期发病，多数病株均从开花结瓜期开始显现症状。病株生长缓慢，下部叶片发黄，逐渐向上发展。病势发展缓慢时萎垂不显著，或表现为中午萎蔫，夜间恢复，反复数日后，全株萎蔫枯死。有时一株在开始时只有少数枝蔓萎垂，后逐渐蔓延到全株，有时主蔓枯萎，而在茎基部节上可长出不定根，有时也表现半株发病，半株健全。发病株到后期，茎基部表皮多纵裂，节部及节间出现黄褐色条斑，常流出松香状的胶质物。潮湿时长出白色至粉红色霉层，即病菌的分生孢子座及分生孢子。病株茎基部和根部变为黄褐色，腐烂，极易从土中拔出。横切病茎，可见维管束呈黄褐色。

（1）农业防治　选择5年以上未种过瓜类蔬菜的土地，与其他蔬菜实行轮作。选种抗病品种。从无病田、无病株上采种。科学育苗，选用无病土，并采用营养钵或塑料套分苗，便于培育壮苗，定植时不伤根，定植后缓苗快，增强寄主抗病性。加强栽培管理，施用充分腐熟肥料，减少伤口，小水勤浇，避免大水漫灌，适期中耕，提高土壤透气性，增强植株抗病力，结瓜期应分期施肥，切忌用未腐熟肥料。

（2）嫁接技术（彩图100～彩图102）　嫁接是防治瓜类枯萎病的有效方法。可提高幼苗的抗逆性和生长势，提早成熟，提高吸肥力，并大幅度提高西瓜产量。由于瓜类枯萎病一般不侵染或仅轻度侵染，用其他瓜类作物做砧木，和需要栽植的瓜类抗病品种为接穗进行嫁接，抗病的砧木根系在土壤中生根生长，却不感染枯萎病菌，目前应用广泛。据调查，苗期进行嫁接防治瓜类枯萎病，防效可达90%以上。同时可防治根结线虫病等多种土传病害。

① 砧木选择。黄瓜嫁接可选用黑籽南瓜或南砧1号作砧木，西瓜可选用瓠瓜、日本杂交南瓜等作砧木。其对黄瓜、西瓜品种不产生任何影响，根系发达，抗寒、抗旱、抗病，成活率高；延长植株寿命，促进连续生二茬瓜。

② 嫁接适期。播种时间根据定植期和苗龄来推算。砧木播期可根据播种时间及采用的嫁接方式适时播种。采用靠接法应提前播种接穗苗4～5天，采用劈接法或插接法先播砧木苗5～7天。砧木1心1叶，接穗2片子叶展平时嫁接效果最好。定植时白天气温在25℃以上，10厘米土温稳定在10～12℃为适宜期。

③ 嫁接技术。嫁接前3～4天对嫁接苗床浇一次透水。选择气温25℃左右、空气相对湿度90%以上的场所进行嫁接。嫁接时先用刀片轻轻将砧木顶端的生长点去掉，然后用竹签与切口处呈30°左右角斜插入砧木茎内，深0.6～0.8厘米。接穗在子叶以下1厘米处斜削，立即将接穗插入砧木的竹签内，完成嫁接。

④ 管理。接口愈合期需8～10天，白天26～28℃，夜间20～22℃。4～5天后通风降温。7天后，白天23～24℃，夜间18～

20℃。嫁接完毕后，苗床浇一次水，然后扣小拱棚，3～5天内严格密封遮光，保持空气相对湿度90%以上。嫁接后，前3天避光，3天后陆续见光。接口愈合后适当降低温度，并增加昼夜温差，进行炼苗，一般白天22～24℃，夜间10～15℃。

⑤ 定植嫁接苗。埋土应在嫁接口以下，防止病菌从嫁接口入侵。嫁接瓜不能压蔓，以免长自生根。如瓜蔓发生不定根，应及时抹掉。发现病害及时喷药，及时摘除砧木新叶。

二十七、马铃薯晚疫病

马铃薯晚疫病（彩图103～彩图105）是发生最普遍、最严重的病害，既造成茎叶枯斑和枯死，又引起田间和贮藏期间的块茎腐烂，一旦发生并蔓延，会造成非常严重的损失，轻者减产30%～40%，重者70%～80%，同时还能引起田间和窖藏的块茎腐烂。

马铃薯的根、茎、叶、花、果、匍匐茎和块茎都可发生晚疫病，最直观最容易判断的症状是叶片和块茎上的病斑。叶片发病，多从叶尖或叶缘开始，先发生不规则的小斑点，随着病情的严重，病斑不断扩大合并，感病的品种叶面全部或大部分被病斑覆盖。湿度大时，叶片呈水浸状软化腐败，蔓延极快，在感病的叶片背面健康与患病部位的交界处有一层褪绿圈，上有绒毛状的白色霉层，有时叶面和叶背的整个病斑上也可形成此种霉轮，干燥时叶片会变干枯，质脆易裂，没有白霉。块茎感病，形成大小不一、形状不规则的微凹陷的褐斑。病斑的切面可以看到皮下呈红褐色，其变色面积的大小、深浅，依发病程度而定，当湿度大、温度高时，病斑可蔓延到块茎的大部分组织，一旦感染其他腐生菌，可使整个块茎腐烂。

（1）农业防治　选用抗耐病品种，一般中晚或晚熟品种较抗晚疫病。在不同生态类型区域种植不同类型的抗病品种，做好品种的合理布局。选用无病种薯，贮藏前后、播前都要仔细挑选出无病种薯。窖藏期间要保持窖内通风，温度保持在3～4℃，相对湿度应保持在80%左右。

推广脱毒种薯。在严格按照国家及地方有关种植、病虫害防控等标准进行生产，经监测合格后，进行大面积推广。

整薯播种。在种薯带菌率较高的情况下，尽可能选择健康整薯播种，密度控制在每亩2000～2200株。

适期播种。因地制宜，适期播种，尽可能避开马铃薯生长后期晚疫病发病高峰期，以降低晚疫病感病概率。

起垄栽培。分大垄栽培和平作培土两种方法。大垄栽培，1垄1沟，总宽120厘米，沟宽30～40厘米，垄宽70～80厘米，垄高20～30厘米，垄上播种两行，行距30厘米。

平作培土。播种时按行距60厘米均匀种植，现蕾期培土起垄，高度20～30厘米，10天后再培土一次，形成垄作。

合理密植。按不同区域安排种植密度。一般干旱区种植密度可控制在每亩2000～2200株；半干旱区可控制在每亩3500株以内；二阴区及阴湿区种植密度控制在每亩4500株左右。在晚疫病重发区，应适当降低种植密度。

配方施肥。应多施有机肥，增施磷、钾肥，控制氮肥，一般每形成1000千克产量需氮、磷、钾量分别为5.5千克、2.2千克、10.2千克，应按田间土壤养分含量实测值，参照上述比例进行配方施肥。施钾肥以磷酸二氢钾、硫酸钾为主。适当施用稀土微肥，增强抗病性。

(2) 石灰消毒　开花前后加强田间检查，发现中心病株后，立即拔除，附近植株上的病叶也摘除，撒上石灰，就地深埋，然后对病株周围的植株用1∶1∶(100～200)波尔多液喷雾封锁，隔10天再喷一次，防止病害蔓延。

(3) 物理防治　种薯入窖前汰选，种薯入窖前晾晒1～2天，播前将出窖后种薯晒晾2～3天。同时淘汰病、烂薯和小老薯、畸形薯。淘汰的病、烂薯集中深埋等处理。

二十八、病毒病

秋冬季节的榨菜（彩图106）、叶用芥菜（彩图107）、萝卜

(彩图108)、菜薹(彩图109、彩图110)、大白菜(彩图111)、花椰菜(彩图112)、蚕豆(彩图113)等蔬菜，早春的茄果类(彩图114~彩图116)、瓜豆类蔬菜(彩图117~彩图121)等，几乎所有蔬菜种类都存在病毒病的问题。因为缺乏有效的化学防治药剂，当蔬菜病毒病发生后很难进行有效的防治。控制病毒病最有效的措施是通过检测检验等手段，避免带毒种子、栽培苗的使用，从而避免某一病毒病在某一地区的发生。

蔬菜病毒病的表现症状多种多样，且常因病毒复合侵染而使症状表现复杂。其主要症状是病株矮化，新生长的顶叶黄化、变小、皱缩、质脆，甚至卷曲或弯曲。以下以茄果类蔬菜病毒病为例，简述其类型。

花叶型：典型症状为病叶、病果出现不规则褪绿、浓绿与淡绿相间的斑驳，植株生长无明显异常，但严重时病部除斑驳外，病叶和病果畸形皱缩，叶明脉，植株生长缓慢或矮化，结小果，果难以转红或局部转红，僵化。

黄化型：病叶变黄，严重时植株上部叶片全变黄色，形成上黄下绿，植株矮化并伴有明显的落叶。

坏死型：包括顶枯、斑驳坏死和条纹坏死。顶枯指植株枝杈顶端幼嫩部分变褐坏死，而其余部分症状不明显；斑驳坏死可在叶片和果实上发生红褐色或深褐色病斑，不规则形，有时穿孔或发展成黄褐色大斑，病斑周围有一深绿色的环，叶片迅速黄化脱落；条纹状坏死主要表现在枝条上，病斑红褐色，沿枝条上下扩展，罹病部分落叶、落花、落果，严重时整枝枯干。

畸形型：表现为病叶增厚变小或呈蕨叶状，叶片皱缩。幼叶狭窄、严重时呈线状，后期植株节间缩短、矮化呈丛簇状。病果呈现深绿与浅绿相间的花斑，或黄绿相间的花斑，果面凸凹不平。病果易脱落。

病毒病的病原有很多种，如花叶病病毒和黄化坏死病病毒。花叶病病毒有黄瓜花叶病毒、烟草花叶病毒、蚕豆萎蔫病毒、马铃薯Y病毒、马铃薯X病毒、菊轻斑驳病毒、紫苜蓿花叶病毒等，黄化坏死病病毒主要有番茄斑萎病毒。据田间观察，病毒病在如下几种情况下均容易发生为害：秧苗带病，病毒病发病重，蔬菜病毒病高发与种苗消毒处理不到位致使种苗带病有很大关系；定植时间关系病毒病的轻重，主要是定植时的环境条件与发病程度有关，降雨量少，空气湿度小时，易诱发病毒病；病毒病高发与植株长势有关，长势健壮的植株发生病毒病的概率要小；高温干旱易诱发病毒病；蚜虫、粉虱、蓟马等虫害重，病毒病重；病毒病暴发与天气有关，干旱、高温，病毒病发病多；病毒病高发与营养供应有关，一般蔬菜在生殖生长期，由于营养供应不足，抗病性弱，发病重；重茬地病毒病发病重。而在生产中，要避免这些病毒病发生发展的各种环境因素是不易做到的，所以，病毒病有普遍、常发、难防等特点。

通过加强各种预防手段，可以把病毒病的发生和为害降低到最小程度，但应采取综合措施，具体如下。

(1) 使用无病毒种子、种苗　无病毒种子、种苗的使用是防治病毒病的重要措施，比如，在大田中常常使用脱毒马铃薯和脱毒草莓种苗等。对于广大的种植户而言，脱毒马铃薯与脱毒草莓种苗现在都较容易购买到；而一些种植大户也可以与具有组培条件的实验室或者育苗厂进行合作。对于无毒种子，国内较少提到，但随着PCR（聚合酶链反应）技术的发展与普及，种子检测已经变得快速、灵敏与经济。

(2) 选用抗病品种　使用抗病品种是最简单有效的手段。对于一些常发生的病毒病，可以有意识地选择商品性较好的抗性品种进行种植。对于某一品种，特别是抗病品种而言，遗传的一致性常常也是一个弱点，长期使用单一遗传性一致的品种，一段时间后往往导致抗性减弱或者消失，有时也会导致另一病害的发生。所以对于生产者而言，一方面需要注重抗病品种的选用，另一方面也需要有意识地进行优良品种的换种。

(3) 及时喷药消灭媒介害虫　蚜虫、粉虱、蓟马、线虫等是病毒病的传播者，要彻底防虫，且防虫要早，重点抓住苗期。有条件的可设置防虫网、黏虫板，杀虫时要蔬菜杂草一起喷，上茬下茬一起喷，防虫要从苗期到采收期一直不放松。在炎热的夏季可通过一段时间的夏季休耕，以及进行暴晒也能有效地降低土壤中的线虫数量。暴晒是指在潮湿的土壤上覆盖一层透明薄膜，这样在夏日强光条件下可以使表层5厘米处的土壤保持在50℃左右，这样处理数天能有效地降低土壤中包括线虫在内的植物病原物。

（4）热处理钝化病毒　在大田生产过程中常采用热处理的方法来钝化病毒，从而在一定程度上实现对病毒病的防治。有些病毒病主要是种子带毒，在育苗过程中，播种前将种子浸泡在45℃左右的热水中处理数分钟至半个小时，或1%高锰酸钾浸种10分钟，洗净后催芽或播种；对于在大棚内生长的蔬菜，当发生病毒病后可以采用闷棚热处理来钝化病毒。

（5）利用微生物菌肥与有机堆肥　从蔬菜病害生态防治的观点讲，蔬菜病害的发生是稳态的破坏，蔬菜病害的防治是平衡的重建。如何从蔬菜自身出发，增加蔬菜本身的抗性，使蔬菜、环境、病原菌之间的平衡不容易被破坏，并使之处于动态的平衡发展中，这就成为了现代绿色农业发展的重要要求。在现代绿色农业生产过程中，需要重视微生物菌肥与有机堆肥的利用。利用微生物菌肥与有机堆肥，一方面能调节土壤的理化性质，有助于蔬菜的生长；另一方面也能调节土壤的微生态环境，增加土壤的抑菌活性，诱导蔬菜的抗性，从而增加蔬菜的抗病性。

（6）及时除草　杂草尤其是多年生杂草，是各种病毒的重要携带者，铲除杂草，避免传毒害虫栖息、聚集、迁飞。

（7）生物药剂防治，防止进一步扩展　目前防治病毒病并无特效药，但用药防治是控制病毒病发展必不可少的方法。发病时，可用0.5%几丁聚糖水剂300～500倍液，或0.5%香菇多糖水剂每亩208～250克喷雾，7～10天喷一次，连续使用3～4次，也有一定的防控效果。

二十九、灰霉病

灰霉病是蔬菜主要病害之一，可为害青椒（彩图122、彩图

123)、茄子（彩图124)、番茄，也可为害豇豆（彩图125)、甘蓝（彩图126)、芹菜（彩图127)、生菜（彩图128)、莴笋（彩图129、彩图130)、黄瓜和草莓等作物。春季连续阴雨天气，低温寡照，棚室通风不及时，结露时间长，灰霉病便容易流行。另外，植株长势衰弱、田间密度过大、肥水管理不当都会加快此病扩展。

花、果、叶、茎均可感病。叶片发病，多由小叶顶部开始，沿支脉之间成楔形（或“V”形）发展，由外及里，初为水渍状，病斑展开后呈黄褐色，边缘有深浅相间的纹状线，界限分明。果实发病，青果由残留的花瓣、柱头或花托受侵染发病，分别向果实和果柄扩展。病斑沿花托周围逐渐蔓延至果面，致整个果面呈灰白色，上覆较厚的灰色霉层，呈水腐状。从脐部发病的病斑呈灰褐色，边缘有一深褐色的带状圈，界限分明。刚形成的幼果可受害，但病情不再扩展，果实可继续完成发育，成熟时形成直径约1厘米的圆形斑点，外缘淡绿色，中央银白色，严重的可致果实畸形。茎部发病，最初呈水渍状小斑点，向上下扩展后，变成长圆形或条状病斑，浅褐色。潮湿时表面生有灰色霉层，严重时病斑呈灰褐色，病斑以上枝叶枯萎死亡。

(1) 农业防治　精耕细作，合理密植，合理施用氮肥，及时放风排湿，每亩施用腐熟的农家肥2000千克，深翻耙细，深沟高畦。

加强温湿度管理。无论是苗床地，还是定植后的大棚等设施中，均应注意通风换气，降低空气和土壤湿度。对于茄果类、瓜类蔬菜，晴天上午适当推迟通风，当棚温上升至33℃时再通风，这样可抑制病原菌的活性，阻止其传播；下午棚内温度保持在20～25℃，晚上15～17℃。

清除病残。移栽前清除田间上茬作物残留的残根、老叶、烂叶，然后深埋土壤。田间发病后应及时摘除病叶、病花和病果，将带菌的叶柄、茎秆连带根部剪除。研究表明，摘除幼果上残留的花瓣和柱头可有效防止灰霉病传播，减少病菌来源，控制灰霉病的发生蔓延。

(2) 生态防治　棚室蔬菜可于晴天9：00后关棚，当棚温升至

32℃时开始放风，注意温度变化，下午保持棚温20～25℃，当棚温降至20℃时关棚，夜间棚温保持在15～17℃，早上开棚通风。阴天白天开棚换气。通过变温管理的大棚，发病较轻。

(3) 生物防治 发病前或发病初期，可施用10%多抗霉素可湿性粉剂每亩100～140克、0.3%丁子香醇可溶性液剂每亩85.8～120克、1000亿孢子/克枯草芽孢杆菌每亩40～60克、哈茨木霉菌可湿性粉剂300倍液，喷雾，10～15天喷一次，连续2～3次。或使用生物农药中草药水剂霉止（植物源中草药杀菌剂，内含紫草素、绿源酸等有效成分），发病初期用霉止300倍液喷雾，5～7天一次，连用2～3次。中后期用霉止30～50毫升加大蒜油10毫升喷雾，3天2次，连喷2～3次。

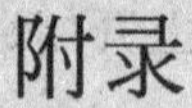

附录

有机植物生产中允许使用的投入品(GB/T 19630—2011)

土壤培肥和改良物质

类别	名称和组分	使用条件
植物和动物来源	植物材料(秸秆、绿肥等)	经过堆制并充分腐熟
	畜禽粪便及其堆肥(包括圈肥)	
	畜禽粪便和植物材料的厌氧发酵产品(沼肥)	
	海草或海草产品	仅直接通过下列途径获得:物理过程,包括脱水、冷冻或研磨;用水或酸和/或碱溶液提取;发酵
	木料、树皮、锯屑、刨花、木灰、木炭及腐殖酸类物质	来自采伐后未经化学处理的木材,地面覆盖或经过堆制
	动物来源的副产品(血粉、肉粉、骨粉、蹄粉、角粉、皮毛、羽毛和毛发粉、鱼粉、牛奶及奶制品等)	未添加禁用物质,经过堆制或发酵处理
	蘑菇培养废料和蚯蚓培养基质	培养基的初始原料限于本附录中的产品,经过堆制
	食品工业副产品	经过堆制或发酵处理
	草木灰	作为薪柴燃烧后的产品
	泥炭	不含合成添加剂,不应用于土壤改良,只允许作为盆栽基质使用
	饼粕	未经化学方法加工

续表

土壤培肥和改良物质

类别	名称和组分	使用条件
矿物来源	磷矿石	天然来源,镉含量≤90毫克/千克
	钾矿粉	天然来源,未通过化学方法浓缩,氯含量<60%
	硼砂	天然来源,未经化学处理、未添加化学合成物质
	微量元素	天然来源,未经化学处理、未添加化学合成物质
	镁矿粉	天然来源,未经化学处理、未添加化学合成物质
	硫黄	天然来源,未经化学处理、未添加化学合成物质
	石灰石、石膏和白垩	天然来源,未经化学处理、未添加化学合成物质
	黏土(如珍珠岩、蛭石等)	天然来源,未经化学处理、未添加化学合成物质
	氯化钠	天然来源,未经化学处理、未添加化学合成物质
	石灰	仅用于茶园土壤pH值调节
	窑灰	未经化学处理、未添加化学合成物质
	碳酸钙镁	天然来源,未经化学处理、未添加化学合成物质
	泻盐类	未经化学处理、未添加化学合成物质
微生物来源	可生物降解的微生物加工副产品,如酿酒和蒸馏酒行业的加工副产品	未添加化学合成物质
	天然存在的微生物提取物	未添加化学合成物质

续表

有机植物保护产品

类别	名称和组分	使用条件
植物和动物来源	楝素(苦楝、印楝等提取物)	杀虫剂
	天然除虫菊素(除虫菊科植物提取液)	杀虫剂
	苦参碱及氧化苦参碱(苦参等提取物)	杀虫剂
	鱼藤酮类(如毛鱼藤)	杀虫剂
	蛇床子素(蛇床子提取物)	杀虫、杀菌剂
	小檗碱(黄连、黄柏等提取物)	杀菌剂
	大黄素甲醚(大黄、虎杖等提取物)	杀菌剂
	植物油(如薄荷油、松树油、香菜油)	杀虫剂、杀螨剂、杀真菌剂、发芽抑制剂
	寡聚糖(甲壳素)	杀菌剂、植物生长调节剂
	天然诱集和杀线虫剂(如万寿菊、孔雀草、芥子油)	杀线虫剂
	天然酸(如食醋、木醋和竹醋)	杀菌剂
	菇类蛋白多糖(蘑菇提取物)	杀菌剂
	水解蛋白质	引诱剂,只在批准使用的条件下,并与本附录的适当产品结合使用
	牛奶	杀菌剂
	蜂蜡	用于嫁接和修剪
	蜂胶	杀菌剂
	明胶	杀虫剂
	卵磷脂	杀真菌剂
	具有驱避作用的植物提取物(大蒜、薄荷、辣椒、花椒、薰衣草、柴胡、艾草的提取物)	驱避剂
	昆虫天敌(如赤眼蜂、瓢虫、草蛉等)	控制虫害

续表

有机植物保护产品		
类别	名称和组分	使用条件
矿物来源	铜盐(如硫酸铜、氢氧化铜、氯氧化铜、辛酸铜等)	杀真菌剂,防止过量施用而引起铜的污染
	石硫合剂	杀真菌剂、杀虫剂、杀螨剂
	波尔多液	杀真菌剂,每年每公顷铜的最大使用量不能超过6千克
	氢氧化钙(石灰水)	杀真菌剂、杀虫剂
	硫黄	杀真菌剂、杀螨剂、驱避剂
	高锰酸钾	杀真菌剂、杀细菌剂;仅用于果树和葡萄
	碳酸氢钾	杀真菌剂
	石蜡油	杀虫剂,杀螨剂
	轻矿物油	杀虫剂、杀真菌剂;仅用于果树、葡萄和热带作物(例如香蕉)
	氯化钙	用于治疗缺钙症
	硅藻土	杀虫剂
	黏土(如:斑脱土、珍珠岩、蛭石、沸石等)	杀虫剂
	硅酸盐(硅酸钠,石英)	驱避剂
	硫酸铁(三价铁离子)	杀软体动物剂

续表

有机植物保护产品		
类别	名称和组分	使用条件
微生物来源	真菌及真菌提取物(如白僵菌、轮枝菌、木霉菌等)	杀虫、杀菌、除草剂
	细菌及细菌提取物(如苏云金杆菌、枯草芽孢杆菌、蜡状芽孢杆菌、地衣芽孢杆菌、荧光假单胞杆菌等)	杀虫、杀菌剂、除草剂
	病毒及病毒提取物(如核型多角体病毒、颗粒体病毒等)	杀虫剂
其他	氢氧化钙	杀真菌剂
	二氧化钙	
	二氧化碳	
	乙醇	
	海盐和盐水	
	明矾	
	软皂(钾肥皂)	
	乙烯	
	石英砂	
	昆虫性外激素	
	磷酸氢二铵	
诱捕器、屏障	物理措施(如色彩诱器、机械诱捕器)	
	覆盖物(网)	

续表

清洁剂和消毒剂	
名称	使用条件
醋酸(非合成的)	设备清洁
醋	设备清洁
乙醇	消毒
异丙醇	消毒
过氧化氢	仅限食品级的过氧化氢,设备清洁剂
碳酸钠、碳酸氢钠	设备消毒
碳酸外、碳酸氢钾	设备消毒
漂白剂	包括次氯酸钙、二氧化氯或次氯酸钠,可用于消毒和清洁食品接触面。直接接触植物产品的冲洗水中余氯含量应符合GB 5749—2006的要求
过乙酸	设备消毒
臭氧	设备消毒
氢氧化钾	设备消毒
氢氧化钠	设备消毒
柠檬酸	设备消毒
肥皂	仅限可生物降解的。允许用于设备清洁
皂其杀藻剂/除雾剂	杀藻、消毒剂和杀菌剂,用于清洁灌溉系统,不含禁用物质
高锰酸钾	设备消毒

参考文献

[1] 王迪轩．有机蔬菜科学用药与施肥技术．北京：化学工业出版社，2011.

[2] 杨普云，赵中华．农作物病虫害绿色防控技术指南．北京：中国农业出版社，2012.

[3] 徐映明，朱文达．农药问答精编．北京：化学工业出版社，2011.

[4] 傅建炜，陈青．蔬菜病虫害绿色防控技术手册．北京：中国农业出版社，2013.

[5] 廖华明，宁红，秦蓁．茄果类蔬菜病虫害绿色防控技术百问百答．北京：中国农业出版社，2010.

[6] 高振宁，赵克强，肖兴基，郜崇妹．有机农业与有机食品．北京：中国环境科学出版社，2009.

[8] 冯坚等．英汉农药名称对照手册．北京：化学工业出版社，2009.